JN099951

新・標準
プログラマーズ
ライブラリ

RISC-V
で学ぶ
コンピュータ
アーキテクチャ
完全入門

吉瀬謙二 Kenji Kise

技術評論社

まえがき

コンピュータアーキテクチャは、より良いコンピュータの構成を模索し、設計し、実現するための方式です。コンピュータアーキテクチャを学ぶために、コンピュータが処理できる命令を定義する命令セットアーキテクチャの選択が重要になります。本書では、オープンな命令セットアーキテクチャとして注目されているRISC-Vを採用します。RISC-Vを採用するプロセッサやコンピュータを設計・実装して販売する場合でもライセンス料を支払う必要はありません。RISC-Vを利用することで、コンピュータアーキテクチャを理解するだけでなく、独自のコンピュータを開発して販売することも可能です。

シンボルを配置して配線する回路図としてハードウェアを記述できますが、ハードウェアを記述するために設計された言語を利用してテキスト形式でハードウェアを記述する方法が普及しています。本書では、ハードウェア記述言語のVerilog HDLを利用してハードウェアを記述して、シミュレーションによって動作しているハードウェアの状態を確認しながらコンピュータアーキテクチャの理解を深めます。

コンピュータアーキテクチャの学習のために、VLSIチップを設計・開発して動作させることは開発期間と開発費用の点で困難です。本書では、コンピュータなどのハードウェアを手軽に実装して動作させることができるFPGAと呼ばれるデバイスを活用します。

コンピュータアーキテクチャを学ぶためには、（1）コンピュータアーキテクチャの重要な概念を理解すること、（2）理解した概念を利用してハードウェアを設計すること、（3）設計したハードウェアを実装すること、（4）実装したハードウェアをシミュレーションして動作を確認したり性能を評価したりすること、（5）FPGAなどを活用して実装したハードウェアを動作させて正しさを検証したり性能を確認したりすることが大切です。

本書では、これらの（1）～（5）を通じてコンピュータアーキテクチャの本質を学ぶことを目指します。特に、オープンな命令セットアーキテクチャのRISC-Vを採用し、ハードウェア記述言語のVerilog HDLでハードウェアを記述し、FPGAでハードウェアを動作させるところまでの広い範囲を扱うところに特徴があります。

本書の執筆にあたり多くの方々にご協力いただきました。米田友洋先生、馬場智子さん、篠田芽久仁さん、下岡紀暁さん、山田悠嗣さんに感謝します。また、技術評論社の神山真紀編集長には企画から出版まで多大なご尽力をいただきました。ここに深く感謝します。最後に、支え続けてくれた留美と柊馬に感謝します。

それでは、楽しみながらコンピュータアーキテクチャを学んでいきましょう。

2024年1月

吉瀬 謙二

本書を利用される方へ

● 学習環境について

本書はコンピュータアーキテクチャを学ぶために、オープンな命令セットアーキテクチャとして注目されているRISC-Vを採用しています。

学習には、回路図としてハードウェアを記述することが欠かせませんが、ハードウェア記述言語のVerilog HDLを利用しています。記述したハードウェアを、シミュレーションによって動作を確認しながら、コンピュータアーキテクチャの理解を深めます。

シミュレーションに使用するソフトウェアの導入方法は、本書のサポートページで紹介しています。

また、実装したハードウェアを動作させて検証したり、性能を確認したりするための手軽な方法として、FPGAと呼ばれるデバイスの活用があります。第9章では、FPGA評価ボードを利用して、本書で設計・実装するプロセッサを含むコンピュータを動作させる方法を紹介しています。

なお、FPGA評価ボードをお持ちでない方も、本書で紹介するACRiルームに利用者登録すると、FPGA評価ボードを含むサーバ計算機にリモートアクセスすることによって、無償での学習が可能となります。

● サポートページについて

本書のサポートページから、掲載しているVerilog HDLなどのサンプルコードをダウンロードすることができます。

例えば、第3章の「コード3-1」として掲載しているVerilog HDLの記述に対応して、「code3-1.v」という名前のテキスト形式のファイルを提供しています。拡張子がvのファイルはVerilog HDLの記述です。

サポートページからは、「演習問題」の解答をダウンロードすることもできます。

サポートページURL

https://gihyo.jp/rd/cabook

CONTENTS

第3章 ハードウェア記述言語 Verilog HDL 49

第 1 章

//////////////////////////////////

イントロダクション

この章では、まず、コンピュータの基本構成と性
能について考えます。次に、コンピュータなどの
ハードウェアを手軽に実装して動作させることが
できるFPGA（field programmable gate array）
と呼ばれるデバイスについて説明します。

1-1 コンピュータの基本構成

コンピュータの基本的なハードウェア構成を図1-1に示します。コンピュータは**プロセッサ、記憶装置、入力装置、出力装置**によって構成されます。

コンピュータの内部では、プロセッサが実行する小さい処理の単位である**機械命令**（machine instruction）を記憶装置から取り出して、その指示に従ってプロセッサに格納されているデータ、あるいは記憶装置から取り出したデータに対する演算をおこないます。また、得られた演算の結果は、プロセッサの内部に格納したり、記憶装置に格納したりします。コンピュータの外部からのデータを記憶装置に書き込むのが入力装置であり、記憶装置から読み出したデータを出力するのが出力装置です。

記憶装置を**メインメモリ**、プロセッサを**CPU**（central processing unit）と呼ぶことがあります。

図 1-1
コンピュータを
構成する主な
ハードウェア

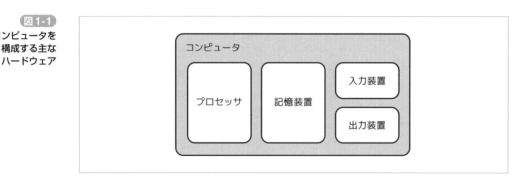

この図において、記憶装置を中央に描くことに注目してください。コンピュータでは、入力装置からのデータを記憶装置に格納して、そこから必要とするデータを取り出してプロセッサが処理します。つまり、記憶装置を経由してデータを受け渡します。出力の場合にも、プロセッサが生成したデータを記憶装置に格納して、そこから必要とされるデータが出力装置によって出力されます。

このように、機械命令とデータを記憶装置に格納する方式のコンピュータを**ノイマン型コンピュータ**と呼びます。本書で扱うのもノイマン型コンピュータです。

コンピュータの例として、一般的なパーソナルコンピュータの構成を考えましょう。出力装置として**液晶ディスプレイ**を利用し、入力装置として**キーボードとマウス**を利用します。また、記憶装置として**DRAM**（dynamic random access memory）を利用し、オペレーティングシステムの**Windows**や**Linux**や、アプリケーションプログラムを動作させます。

本書のタイトルに含まれている**コンピュータアーキテクチャ**（computer architecture）とは、より良いコンピュータの構成を模索し、設計し、実現するための方式です。本来、建築あるいは建築様式を意味する**アーキテクチャ**（architecture）という単語の前に、コンピュータという単語を追加した専門用語です。

次に、コンピュータが実行するソフトウェアについて見ていきましょう。プロセッサが実行する小さい単位の処理が機械命令です。誤解が生じない範囲で、**機械命令**のことを**命令**と呼ぶことがあります。例えば、**RISC-V**（リスクファイブと読む）という**命令セットアーキテクチャ**（instruction set architecture, **ISA**）に含まれるaddi x5, x6, 1という命令は、レジスタx5に、レジスタx6に格納されている値と1の加算の結果を格納します。C言語で表現するとx5 = x6 + 1になります。ここで、**レジスタ**とは、プロセッサの内部で値を保持できるハードウェアです。あるプロセッサが処理できる命令の集合（セット）の構造（アーキテクチャ）が命令セットアーキテクチャです。

先に見たaddi命令がひとつの加算を実現するように、ある命令によって実現できる処理は限られるので、さまざまな種類の命令の集まりによってプログラムを構成します。そのような命令の集まりを**命令列**（instruction sequence）と呼びます。例えば、2個のaddi命令からなる命令列を次に示します。

```
addi x1, x2, 7
addi x3, x4, 9
```

最初のaddi命令は、レジスタx1に、レジスタx2に格納されている値と7との加算の結果を格納します。次のaddi命令は、レジスタx3に、レジスタx4に格納されている値と9との加算の結果を格納します。このように、命令を記述してプログラミングする言語のことを**アセンブリ言語**と呼びます。

C言語とRISC-Vのアセンブリ言語によるプログラムの例を考えます。ここでは、7から9までの整数を足し合わせて、合計値の24を求めるプログラムを考えます。

プログラム例をコード1-1に示します。各行の左端の数字は、説明のために追加した行番号であり、実際のコードには含まれません。今後も、説明のためにコードの各行の左端に行番号を追加することがあります。

コード 1-1
C言語による
7から9までの
合計値を求める
プログラム

```
1    int funct() {
2        int x10 = 7;
3        x10 = x10 + 8;
4        x10 = x10 + 9;
5        return x10; }
```

このC言語のプログラムでは、1行目でfunctという名前の関数の定義を開始します。2行目で、整数型のintで指定される変数x10に7を代入した後に、3〜4行目で、その値に8と9を足し合わせることで、7から9までの合計値を求めます。5行目のreturnによって、求めた合計値を返しながら、関数functを終了します。

コード 1-2
RISC-Vの
アセンブリ言語
による7から9
までの合計値を
求めるプログラム

```
1    funct:
2        addi x10, x0, 7
3        addi x10, x10, 8
4        addi x10, x10, 9
5        ret
```

RISC-Vのアセンブリ言語で記述した同様のプログラムをコード1-2に示します。1行目では、先のC言語の関数名と同じfunctという文字列で、この命令列を呼び出すための**ラベル**を定義します。アセンブリ言語では、行頭からコロン（:）までの文字列がラベルです。

2行目のaddi命令はレジスタx10にx0の値と7の加算結果を格納します。RISC-Vでは、レジスタx0は常に値が0の特別なレジスタとして定義されています。このため、このaddi x10, x0, 7はレジスタx10に7を格納する命令になります。3行目の命令でレジスタx10の値と8の加算結果をレジスタx10に格納し、4行目の命令でレジスタx10の値と9の加算結果をレジスタx10に格納します。最後に、5行目のret命令によって、この命令列を終了して呼び出し元のコードに戻ります。

アセンブリ言語では、プロセッサがサポートしている命令を記述できます。例えば、RISC-Vのアセンブリ言語のプログラムには、RISC-Vの命令セットアーキテクチャに含まれる命令を記述できます。一方で、C言語では、コンピュータやプロセッサの構成をあまり意識することなくプログラムを記述できます。このため、C言語は**高水準プログラミング言語**と呼ばれます。一方、アセンブリ言語で記述する

プログラムはプロセッサの構成に強く依存します。このため、アセンブリ言語は**低水準プログラミング言語**と呼ばれます。

　本書では、命令セットアーキテクチャとしてRISC-Vを利用します。その他に、**x86**（エックスハチロクと読む）、**ARM**（アーム）、**MIPS**（ミップス）などが広く利用されています。

　命令セットアーキテクチャは、基本的な設計方針の違いから、**RISC**（reduced instruction set computer）と**CISC**（complex instruction set computer）に分類できます。RISCは**縮小命令セットコンピュータ**とも呼ばれて、シンプルな機能の命令を採用します。RISC-V、ARM、MIPSは前者のRISCに分類されます。一方、命令に複雑な機能を詰め込んで高速化を目指すCISCの代表がx86です。

　本書で扱うRISC-Vは、RISCとしてシンプルな機能で理解しやすい命令を利用するので、コンピュータアーキテクチャを学ぶときの最初の命令セットアーキテクチャとして適しています。また、RISC-Vには**オープン**という特徴があります。具体的には、RISC-Vの仕様が公開されており、それを自由に利用できます。このため、RISC-Vを採用するプロセッサやコンピュータを設計・実装して販売する場合でも、RISC-V命令セットアーキテクチャを利用するためのライセンス料を支払う必要はありません。RISC-Vを利用することで、コンピュータアーキテクチャを理解するだけでなく、独自のコンピュータを開発して販売することも現実的な選択肢になります。

　オープンという特徴に加えて、RISC-Vには**モジュール式**という特徴があります。32ビットの基本になる整数演算の命令セットとして**RV32I**が定義されて、これに拡張機能をモジュールとして追加することで、利用する命令セットアーキテクチャを決めていきます。例えば、RV32Iに、乗算と除算を定義するRV32**M**を追加したものは**RV32IM**と呼ばれます。また、RV32Iに、単精度の浮動小数点演算を定義するRV32**F**を追加したものは**RV32IF**と呼ばれます。これらのふたつを追加したものは**RV32IMF**と呼ばれます。本書では、基本になるRV32Iを利用します。

1-2 ▶ コンピュータの性能

先に述べたように、「コンピュータアーキテクチャは、より良いコンピュータの構成を模索し、設計し、実現するための方式」です。ここで、良いコンピュータを決める重要な尺度が**性能**（performance）です。

コンピュータの利用者にとって、あるプログラムを起動してから終わるまでの時間、すなわち**実行時間**（execution time, elapsed time）が短いコンピュータの方が、実行時間が長いコンピュータよりも性能が高くなります。例えば、先に示した7から9までの合計値を求めるプログラムの実行時間が1msec（1ミリ秒）であれば、すぐに終わったように感じてあまり苦情はないでしょう。一方、この実行に10時間を要するコンピュータは、実用的ではない悪いものと判断されるでしょう。

このように、実行時間が短いと性能が高くなるため、コンピュータの性能は実行時間の逆数として定義します。あるプログラムをあるコンピュータXで動かしたときの実行時間をExecution Time on Computer Xの省略としてExTimeXと書くことにしましょう。また、コンピュータXの性能をPerformance of Xの省略としてPerfXと書くことにしましょう。そうすると、性能は実行時間の逆数なので、PerfX＝1/ExTimeXになります。

次に、2台のコンピュータの性能を比較することを考えましょう。あるプログラムをあるコンピュータXで動かしたときの性能をPerfX、同じプログラムを別のコンピュータYで動かしたときの性能をPerfYとします。これらの性能の比率によって定義されるSpeedup＝PerfX/PerfYを、コンピュータYに対するコンピュータXの**速度向上率**（speedup）と呼びます。性能は実行時間の逆数なので、Speedup＝ExTimeY/ExTimeXです。

（例題）あるプログラムをコンピュータYで実行したところ30秒が必要でした。また、同じプログラムをコンピュータXで実行したところ10秒が必要でした。この結果から、コンピュータYに対するコンピュータXの性能向上率を求めてください。

解答 コンピュータYの実行時間が30秒なので、ExTimeY＝30secです。また、コンピュータXの実行時間が10秒なので、ExTimeX＝10secです。Speedup＝ExTimeY/ExTimeXなので、Speedup＝30/10＝3になります。このことから、コンピュータYに対するコンピュータXの速度向上率は3になります。すなわち、コンピュータXはコンピュータYよりも3倍の高い性能を持ちます。

このように、コンピュータの性能はプログラムの実行時間に基づいて定義されます。実行時間は、状況によって**応答時間**（response time）、経過時間（elapsed time）、**レイテンシ**（latency、遅延時間）と呼ばれることがあります。

次に、実行時間ではコンピュータの性能を定義できない例を考えましょう。Webサーバと呼ばれるコンピュータは、他の多数のコンピュータからの要求を受け付けて適切なWebページの内容を提供します。このWebサーバで動かすプログラムは、意図的に終了させなければ、終わることなく処理を継続します。このため、そのプログラムの実行時間によって性能を求めることはできません。この場合には、例えば、1秒あたりにどれだけの処理を実行できるかという尺度を利用してコンピュータの性能を定義します。この尺度を**スループット**（throughput）と呼びます。また、決まった時間に転送できるデータ量として示すスループットを**バンド幅**（band width）と呼ぶことがあります。

コンピュータの性能として、実行時間の逆数やスループットといった尺度から適切なものを選択して利用します。その他に、長期にわたって正しく動き続ける**信頼性**、できるだけ少ない消費電力で動作する**電力効率**といった尺度が利用されます。

ここまでは、コンピュータの性能を求めるために、「あるプログラム」を実行したときの実行時間やスループットを考えてきました。それでは、どのようなプログラムを利用して性能を求めれば良いでしょうか。利用者AはプログラムAを頻繁に使うのでそれを利用してコンピュータの性能を定義して、利用者BはプログラムBを頻繁に使うのでそれを利用してコンピュータの性能を定義して、といった評価を繰り返すと、利用者ごとに異なるたくさんの性能が必要になり、コンピュータの性能を定義することが難しくなります。

これを解決するためには、**ベンチマークプログラム**と呼ばれるコンピュータの性能を評価するために作成されたプログラムあるいはプログラム集を利用します。Dhrystone、Coremarkとよばれるベンチマークや、SPEC、Embenchといったベンチマークスイート（ベンチマーク集）が広く利用されています。

1-3 特定用途向け半導体とFPGA

　販売されている半導体チップの多くは、高性能で低消費電力という要望に応えるために、**特定用途向け半導体**（**ASIC**, application specific integrated circuit）として製造されています。

　例えば、販売されているCorei7-11700Kプロセッサは、そこで利用されるアーキテクチャに向けて最適化して製造されたASICです。そのASICとして製造されたチップはCorei9-12900Kといった異なるアーキテクチャのプロセッサに変更できません。また、AIの推論処理を高速化するアクセラレータとして使うこともできません。

　ASICの開発には高い費用と長い開発期間が必要になるため、コンピュータアーキテクチャの学習のためにASICを設計・開発することは容易ではありません。

　一方、**FPGA**（field programmable gate array）の発展により、個人のレベルでも独自のコンピュータを設計して手軽に動かせるようになっています。このFPGAが、あるときはRISC-Vプロセッサとして動作したり、あるときはAIアクセラレータとして動作したり、また、あるときは**発光ダイオード**（LED, light emitting diode）を点滅させるシンプルなハードウェアとして動作したりします。

図1-2
FPGAボードの例

　本書で扱うコンピュータやプロセッサの学習において、学んだハードウェアを動作させて挙動を確認することは重要なプロセスです。このようなFPGA評価ボードを利用してハードウェアの動作を確認しながら学習を進めると良いでしょう。

　筆者が代表として活動しているアダプティブコンピューティング研究推進体（**ACRi**）では、100枚を超えるFPGAボードとサーバ計算機をリモートからアクセスして利用できるACRiルームを運営しています。こちらに利用者として登録することで、ハードウェア開発用のツールがインストールされて整備されたサーバ計算機を利用して、無償で簡単にFPGAを利用したハードウェア開発を始めることができます。

図1-3
ACRiルームの
サイト

ACRiルームURL

https://gw.acri.c.titech.ac.jp/wp/

演習問題

Q1 販売されているパーソナルコンピュータ（PC）で利用される3個の入力装置と3個の出力装置を挙げてください。

Q2 できるだけ高い動作周波数で動作して、5万円以内の予算で購入できるPC用のプロセッサを見つけてください。その最大の動作周波数はどのような値になるでしょうか。

Q3 コンピュータの記憶装置としてDDR5という規格のメモリが利用されています。32GBの容量のDDR5メモリと64GBの容量のDDR5メモリの価格を調べましょう。64GBのメモリの価格は、32GBのメモリの価格の2倍より高いでしょうか、低いでしょうか。

Q4 コンピュータアーキテクチャは、建築あるいは建築様式を意味するアーキテクチャの前にコンピュータという単語を追加した専門用語です。同様に、アーキテクチャの前に単語を追加した3個の専門用語を見つけてください。

Q5 販売されている携帯電話に搭載されているプロセッサが採用している命令セットアーキテクチャが何なのか調べてください。また、それはRISCなのか、それともCISCなのかを調べてください。

Q6 あるプログラムAをコンピュータYで実行したところ30秒を要しました。また、同じプログラムAをコンピュータXで実行したところ15秒を要しました。この結果から、コンピュータYに対するコンピュータXの性能向上率を求めてください。

Q7 あるプログラムAをコンピュータYで実行したところ30秒を要しました。また、同じプログラムAをコンピュータXで実行したところ15秒を要しました。別のプログラムBをコンピュータYで実行したところ100秒を要しました。また、同じプログラムBをコンピュータXで実行したところ10秒を要しました。この結果から、プログラムAとBを続けて実行する場合に、コンピュータYに対するコンピュータXの性能向上率を求めてください。

第 **2** 章

//////////////////////////////

ディジタル回路
の基礎

ビット（bit）は0か1の値のどちらかを表します。
このような0または1のディジタルな情報を利用す
る回路のことをディジタル回路と呼びます。この
章では、コンピュータアーキテクチャの理解に欠
かせないディジタル回路の基礎を見ていきます。

2-1 組み合わせ回路

入力が決まると、それによって出力が一意に決まるディジタル回路のことを**組み合わせ回路**（combinational circuit）と呼びます。組み合わせ回路を記述するには、入力のすべてのパターンに対して、どのような出力になるかを列挙する表を作ります。このような表のことを**真理値表**（truth table）と呼びます。

例えば、1ビットの入力、1ビットの出力の組み合わせ回路であれば、組み合わせ回路の「入力が決まると、それによって出力が一意に決まる」という性質と「ビットは0か1しか取りえない」という性質から、0と1のそれぞれの入力における出力を決めてやります。

この章では、明示的に指定しない配線の幅は1ビットとします。n本（nは自然数）の配線を入力とすることをn入力、n本の配線を出力とすることをn出力と呼びます。

1入力あるいは2入力で、1出力の組み合わせ回路のことを**論理ゲート**（logic gate）と呼びます。いくつかの論理ゲートの構成を見ていきましょう。

2-1-1 NOTゲート

NOTゲートは、1入力、1出力の論理ゲートです。また、図2-1の左に示す真理値表のように、入力をa、出力をbとして、入力aが0のときに出力bが1になり、入力aが1のときに出力bが0になる論理ゲートです。

図2-1の右に、NOTゲートのシンボルを示します。このようなシンボルは、回路図としてハードウェアを記述するときに利用します。シンボルでは信号が左から右に流れるように書くことが一般的です。左からの配線aが、三角形と丸で表現されるNOTゲートの入力になり、その丸からの出力が配線bに接続されます。

ビットの演算では、0を**反転**すると1になり、1を反転すると0になります。NOTゲートは入力を反転して出力する組み合わせ回路です。

図2-1
NOTゲートの真理値表（左）とシンボル（右）

入力	出力
a	b
0	1
1	0

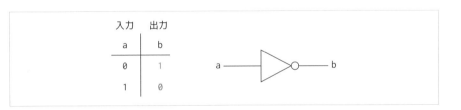

2-1-2 ANDゲート

ANDゲートは、2入力、1出力の論理ゲートです。また、図2-2の左に示す真理値表のように、入力のaとbの少なくともひとつが0のときに出力が0になり、入力のaとbがともに1のときに出力が1になる論理ゲートです。ANDゲートのシンボルを図2-2の右に示します。

図2-2
ANDゲートの真理値表（左）とシンボル（右）

入力		出力
a	b	c
0	0	0
0	1	0
1	0	0
1	1	1

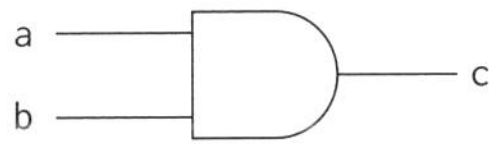

2-1-3　ORゲート

ORゲートは、2入力、1出力の論理ゲートです。また、図2-3の左に示す真理値表のように、入力のaとbがともに0のときに出力が0になり、aとbの少なくともひとつが1のときに出力が1になる論理ゲートです。ORゲートのシンボルを図2-3の右に示します。

図2-3
ORゲートの
真理値表 (左) と
シンボル (右)

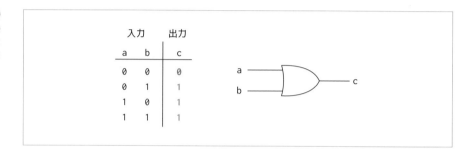

慣れるまでは、ANDゲートとORゲートのシンボルの区別が難しいかもしれません。補足として、その場合の対処法のひとつを紹介します。「ANDゲートの最初のアルファベットのAに直線が多いのでANDゲートのシンボルにおける入力側が直線で、ORゲートの最初のアルファベットのOに曲線が多いのでORゲートのシンボルにおける入力側が曲線になっている」と覚えると良いでしょう。

2-1-4　NANDゲート

NANDゲートは、2入力、1出力の論理ゲートです。また、次ページの図2-4の左に示す真理値表のように、入力のaとbの少なくともひとつが0のときに出力が1になり、入力のaとbがともに1のときに出力が0になる論理ゲートです。NANDゲートのシンボルを図2-4の右に示します。

図2-4
NANDゲートの
真理値表（左）と
シンボル（右）

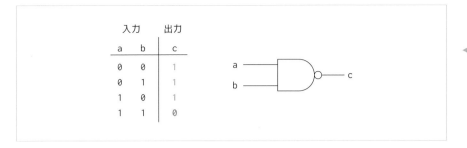

NANDはNot-ANDから名付けられた論理ゲートです。ANDゲートの出力にNOTゲートを接続して、ANDゲートの出力を反転させた回路と同じ動作になります。図の右に示すシンボルにおいて、出力cが接続されている小さな丸がNOTゲートによる1と0の反転を表します。

2-1-5 NORゲート

NORゲートは、2入力、1出力の論理ゲートです。また、図2-5の左に示す真理値表のように、入力のaとbがともに0のときに出力が1になり、aとbの少なくともひとつが1のときに出力が0になる論理ゲートです。NORゲートのシンボルを図2-5の右に示します。

図2-5
NORゲートの
真理値表（左）と
シンボル（右）

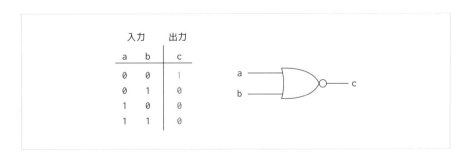

NORはNot-ORから名付けられた論理ゲートです。ORゲートの出力にNOTゲートを接続して、ORゲートの出力を反転させた回路と同じ動作になります。図の右に示すシンボルにおいて、出力cが接続されている小さな丸がNOTゲートによる1と0の反転を表します。

2-1-6 XORゲート

XOR（exclusive OR）ゲートは、2入力、1出力の論理ゲートです。また、図2-6の左に示す真理値表のように、入力をaとb、出力をcとして、入力のどちらかひとつが1のときに出力が1になり、そうでないときに出力が0になる論理ゲートです。XORは**排他的論理和**と呼ばれることがあります。XORゲートのシンボルを図2-6の右に示します。

図2-6
XORゲートの
真理値表（左）と
シンボル（右）

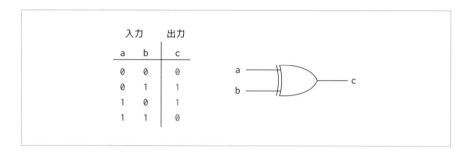

これまでに見てきたNOT、AND、OR、NAND、NOR、XORの各ゲートを適切に配置して、それらを適切な配線によって接続することで任意の組み合わせ回路を実現できます。

2-1-7 2入力の論理ゲートと多入力の回路

これまでに見てきた2入力の論理ゲートを3以上の多入力に拡張することを考えましょう。まずは、ANDゲートの拡張を見ていきます。n入力（nは3以上の整数）の**AND回路**は、入力の少なくともひとつが0のときに出力が0になり、入力のすべてが1のときに出力が1になる回路です。

次ページの図2-7の左に示すように、2個の2入力のANDゲートを使用して、a、bを入力とするANDゲートの出力を次のANDゲートの入力のひとつに接続する構成により、3入力のAND回路を実現できます。ここで、a、b、cは入力、dは出力です。この3入力のAND回路のシンボルを図2-7の右に示します。

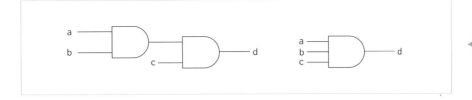

図2-7
ANDゲートによる
3入力の
AND回路 (左) と
シンボル (右)

　図2-8の左に示すように、3個の2入力のANDゲートを利用して、4入力のAND回路を実現できます。ここで、a、b、c、dは入力、eは出力です。この4入力のAND回路のシンボルを図2-8の右に示します。

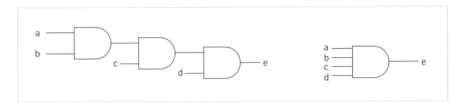

図2-8
ANDゲートによる
4入力の
AND回路 (左) と
シンボル (右)

　このように、n入力のAND回路は、n−1個の2入力のANDゲートを利用して実現できます。

　次に、OR回路について考えましょう。n入力 (nは3以上の整数) の**OR回路**は、入力のすべてが0のときに出力が0になり、入力の少なくともひとつが1のときに出力が1になる回路です。3入力のOR回路は、図2-8のANDゲートをORゲートに置き換える構成により、2個の2入力のORゲートで実現できます。AND回路と同じ考え方により、n入力のOR回路は、n−1個の2入力のORゲートを利用して実現できます。

　ANDゲートをXORゲートに置き換えることで、n−1個の2入力のXORゲートを利用した同様の構成によってn入力の**XOR回路**を実現できます。

　n入力の**NAND回路**は、n入力のAND回路の出力を反転したものです。また、n入力の**NOR回路**は、n入力のOR回路の出力を反転したものです。

2-1-8 マルチプレクサ

マルチプレクサ（multiplexer）は3入力、1出力の組み合わせ回路です。図2-9の左に示す真理値表のように、入力をc、a、b、出力をdとして、cが0であればaをdに出力し、cが1であればbをdに出力する回路です。

この真理値表のcが0になる上側の4行では、真理値表の破線の四角で示すように、入力aの値と出力dの値が上から順に0、0、1、1と同じになります。また、cが1になる下側の4行では、入力bの値と出力dの値が上から順に0、1、0、1と同じになります。すなわち、cが0であればaが出力され、cが1であればbが出力されます。

図2-9
マルチプレクサの
真理値表（左）と
シンボル（右）

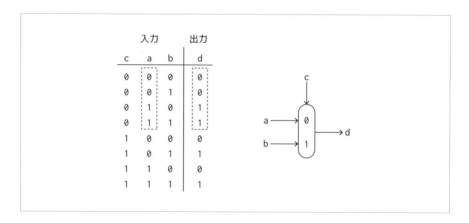

図2-9の右にマルチプレクサのシンボルを示します。cが0のときに選択される入力が上側になることを明示するために上側の入力に0を、cが1のときに選択される入力が下側になることを明示するために下側の入力に1を記入しています。

例題 次ページの図2-10に示すANDゲート、ORゲート、NOTゲートを利用して実現される回路の真理値表を示してください。また、真理値表を比較することで、この回路とマルチプレクサが等価になることを確認してください。ここで、等価とは、任意の入力に対して、ふたつの回路が同じ出力になることを指します。

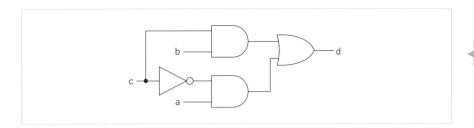

図2-10
AND、OR、NOT
ゲートで
実現した
マルチプレクサ

解答 入力のc、a、bがそれぞれ0、0、0のとき、図の上側のANDゲートと下側のANDゲートの出力がともに0になるので、それらを入力とするORゲートの出力dは0になります。

c、a、bがそれぞれ0、0、1のとき、上側のANDゲートと下側のANDゲートの出力がともに0になるので、それらを入力とするORゲートの出力dは0になります。

c、a、bがそれぞれ0、1、0のとき、上側のANDゲートとの出力が0、下側のANDゲートの出力が1になり、それらを入力とするORゲートの出力dは1になります。

このように、入力のc、a、bを変化させた8パターンの入力における出力を求めることで真理値表を作成すると、それは図2-9に示すマルチプレクサの真理値表と同じになります。このことから、図2-10に示す回路とマルチプレクサが等価であり、この回路によってマルチプレクサを実現できることがわかります。

例題 図2-9に示すマルチプレクサの真理値表から、ANDゲート、ORゲート、NOTゲートを利用してマルチプレクサを実現してください。

解答 cが1のときにはbの値が出力されます。すなわち、cが1であり、かつ、bが1のときに出力dが1になります。

同様に、cが0のときにはaの値が出力されます。すなわち、cの反転が1であり、かつ、aが1のときに出力dが1になります。

これらから、「cが1であり、かつ、bが1のとき」、または、「cの反転が1であり、かつ、aが1のとき」に出力dが1になります。すなわち、cとbを入力とするANDゲートの出力と、NOTゲートによるcの反転とaを入力とするANDゲートの出力を入力とするORゲートの出力がdになります。

これは、図2-10に示す回路と一致します。

2-2 順序回路

順序回路（sequential circuit）は、入力に加えて、回路に含まれる**記憶素子**の状態によって出力が決まる回路です。この記憶素子の値を更新するタイミングとして利用される信号が**クロック信号**（clock signal）です。まず、クロック信号について考えましょう。

2-2-1 クロック信号

典型的なクロック信号の波形を図2-11に示します。このクロック信号にclkという名前を付けます。この波形は、横軸が時間経過を表し、縦軸が信号の値を表します。信号の値は、低い部分が0を、高い部分が1です。このように、一定の周期で0と1を繰り返す信号がクロック信号です。

図2-11
クロック信号の波形

クロック信号で値が0から1に変化する箇所を**立ち上がりエッジ**（positive edge）と呼びます。これを明確にするために、立ち上がりエッジを上向き矢印で示したクロック信号を図2-12に示します。

図2-12
立ち上がりエッジを強調したクロック信号の波形

クロック信号の立ち上がりエッジから次の立ち上がりエッジまでの期間を**クロックサイクル**（clock cycle）と呼びます。連続するたくさんのクロックサイクルを区別するために、CC1、CC2、CC3、...といったラベルを付けることがあります。ラベルを付加した波形を図2-13に示します。本書では、これらのラベルを**クロック識別子**と呼ぶことにします。

図2-13
各クロックサイクルを区別するためにラベルを付加したクロック信号の波形

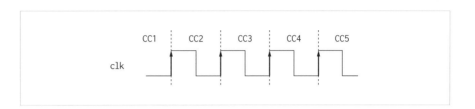

クロックサイクルの逆数は**動作周波数**（operating frequency）と呼ばれます。1秒のクロックサイクルであれば1Hzの動作周波数になります。クロックサイクルを1/1000に短くすると動作周波数は1000倍になり、1ミリ秒のクロックサイクルで1KHzの動作周波数になります。同様に、クロックサイクルを1/1000に短くすることを繰り返すと、クロックサイクルと動作周波数の関係は、1マイクロ秒のときに1MHz、1ナノ秒のときに1GHzになります。

正確で高い動作周波数のクロック信号をディジタル回路として作り出すことは困難です。このため、**クロックオシレータ**と呼ばれる専用のデバイスが作り出すクロック信号をプロセッサなどのチップへの入力として利用します。

2-2-2 レジスタ

順序回路で利用される記憶素子として、1ビットの状態を保持する**レジスタ**（register）について見ていきます。

レジスタのシンボルを次ページの図2-14に示します。四角のなかのRはレジスタを区別するためのラベルです。図2-14の左に示すシンボルでは、信号aとクロック信号clkを入力して、信号bを出力します。回路が煩雑にならないように、図の右に示すように、クロック信号を省略したシンボルを利用することがあります。

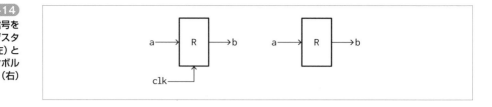

図2-14
クロック信号を
明示するレジスタ
のシンボル（左）と
省略したシンボル
（右）

本書で利用するレジスタは、クロック信号の立ち上がりエッジで入力aの値を保持して、少し遅れてから保持した値をbに出力します。この動作のレジスタは、**エッジトリガ型Dフリップフロップ**と呼ばれることがあります。**立ち下がりエッジ**（negative edge）を使うレジスタも利用できますが、ハードウェア構成を簡単にするために立ち上がりエッジのみを利用します。

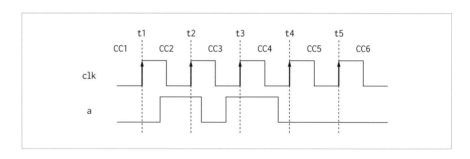

図2-15
レジスタの
動作例のための
入力

レジスタの動作を確認しましょう。図2-15の上段がクロック信号clkで、下段に示す信号aの波形をレジスタの入力として与えます。クロック信号の立ち上がりの時刻として、t1からt5のラベルを追加しています。この場合に、レジスタの出力bがどうなるか考えましょう。

レジスタの出力bを追加した波形を次ページの図2-16に示します。まず、t1からt5の時刻の入力aの値を青色で示します。時刻t1における入力aの値が0なので、時刻t1から少し遅れて出力bが0になります。「少し遅れて」と表現した時間をdとすると、時刻t1+dで出力bが0になります。

次に、時刻t2における入力aの値が1なので、時刻t2+dで出力bが1に変化します。次に、時刻t3における入力aの値が1なので、時刻t3+dで出力bは1を維持します。次に、時刻t4における入力aの値が0なので、時刻t4+dで出力bが0に変化します。最後に、時刻t5における入力aの値が0なので、時刻t5+dで出力bは0を維持します。

図2-16
出力bを追加した
レジスタの動作例

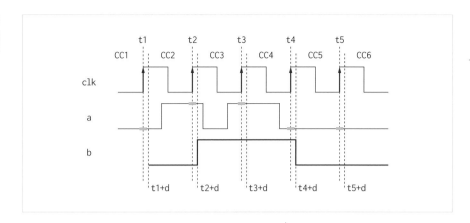

　出力bのt1+dまでの値はt1の前の立ち上がりエッジにおける入力aの値によって決まるので、この図では値を描いていません。

　このように、レジスタはクロック信号の立ち上がりエッジで入力の値を保持して、少し遅れてから保持した値を出力します。レジスタの動作では、「少し遅れてから」を意識することが重要です。

2-2-3 順序回路の例

　図2-17に示す順序回路の動作を考えましょう。この回路では、NOTゲートの出力aがレジスタR1の入力になり、レジスタR1の出力bがNOTゲートの入力になります。

図2-17
NOTゲートと
レジスタで
構成される
シンプルな
順序回路

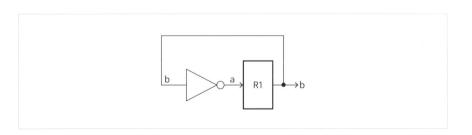

　この回路の波形を次ページの図2-18に示します。t1+dからの出力bの値は0または1の値を取り得ますが、ここでは0を仮定します。この仮定により、CC2のNOTゲートの入力は0になります。NOTゲートは入力の0を反転して1を出力しま

す。NOTゲートの動作は高速ですが、それでも、入力が与えられてから反転した結果を出力するまでには一定の時間を必要とします。また、この時間におけるNOTゲートの出力は不定値になります。そのことを明示するために、図では、t1+dでNOTゲートの入力が安定してからNOTゲートの出力が安定するまでのしばらくの間における信号aの不定値を灰色の四角で表しています。その後、CC2におけるNOTゲートの出力は1で安定します。

次に、t2における信号aの値の1をレジスタが取得して、t2+dからその値を出力します。それによってCC3のNOTゲートの入力bが1になり、灰色で示した時間の後に、NOTゲートは反転した値の0を出力します。つまり、CC3におけるNOTゲートの安定した出力aは0になります。

次に、t3における信号aの値の0をレジスタが取得して、t3+dからその値を信号bに出力します。それによってCC4のNOTゲートの入力bが0になり、灰色で示した時間の後にNOTゲートは反転した値の1を出力します。つまり、CC4におけるNOTゲートの安定した出力aは1になります。

これを繰り返すことで、図2-18に示す出力bの波形が得られます。クロック信号の立ち上がりエッジのt2、t3、t4、t5のそれぞれの時刻での出力bの値は、0、1、0、1になり、毎サイクル、反転された値がレジスタから出力されます。

図2-18
NOTゲートと
レジスタで
構成される
順序回路の波形

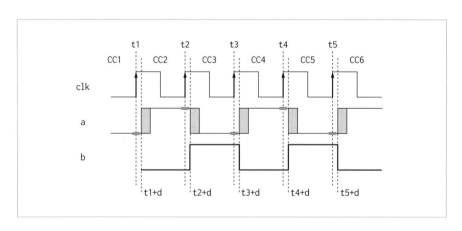

次に、次ページの図2-19に示す順序回路の動作を考えます。これは、先に見た回路にレジスタR2を追加して、レジスタR1の出力bをレジスタR2の入力として配線したものです。

図2-19
NOTゲートと
2個のレジスタで
構成される
順序回路

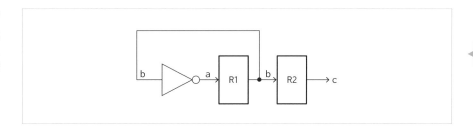

　この回路の波形を図2-20に示します。ただし、先の例と同様に、t1+dからの出力bの値が0になると仮定します。レジスタR2を除いた回路は、先に示した1個のレジスタとNOTゲートを利用した回路と同じなので、clk、a、bの波形は、先に示したものと同じです。

　暗い青色で示した、時刻t2のレジスタR1の出力bが0なので、レジスタR2はその値を取得してt2+dから信号cに0を出力します。同様に、時刻t3のレジスタR1の出力bが1なので、レジスタR2はその値を取得してt3+dから信号cに0を出力します。このように、レジスタR2の出力cは、レジスタR1の出力bを1クロックサイクルだけ遅らせたものです。

図2-20
NOTゲートと
2個のレジスタで
構成される
順序回路の波形

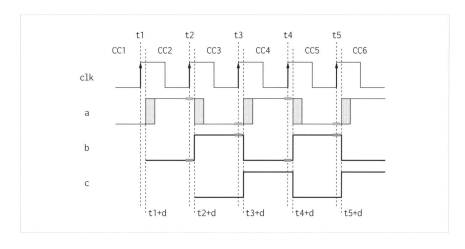

　この回路の波形を考えるときに、「レジスタはクロックの立ち上がりエッジで値を保持して、少し遅れてからではなく、直ちにその値を出力する」という、間違った動作に変更すると何が起こるでしょうか。

　このように考えたときの間違った動作の波形を次ページの図2-21に示します。時刻t2からのレジスタR1の出力bが1になり、時刻t3からのレジスタR1の出力bが0になります。この回路では、レジスタR1の出力bがレジスタR2の入力となっ

ています。このため、レジスタR2はクロック信号の立ち上がりエッジのt2におけるレジスタR1の出力bの値を保持しようとしますが、その時刻では出力bの値が0から1に変化しているので安定した値を保持できません。

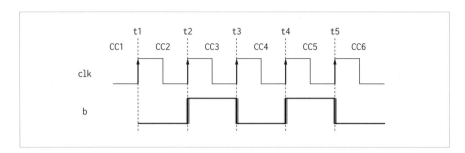

レジスタが値を取得するクロック信号の立ち上がりでは、そのレジスタの入力信号は安定している必要があります。これを満たすために、レジスタはクロック信号の立ち上がりエッジで入力の値を取得して、少し遅れてから値を出力する必要があります。

次に、よく利用される順序回路の例として、カウンタ回路とシフトレジスタの構成と動作を見ていきましょう。

2-2-4 カウンタ回路

カウンタ回路は、サイクルごとに0、1、2、3、...と値を1だけ増やす回路です。ただし値が最大値のときには0に戻ります。図2-17に示したNOTゲートとレジスタで構成されるシンプルな順序回路は、0、1、0、1、...という系列を生成する1ビットのカウンタ回路とみなすことができます。

ここでは2ビットのカウンタ回路を考えます。2ビットのカウンタ回路では、2ビットで表現できる最大値の3の次は0になるため、10進数で表現すると、0、1、2、3、0、1、2、3、...という系列を生成します。これを2進数で表現すると、00、01、10、11、00、01、10、11、...という系列になります。

次ページの図2-22に、2ビットのカウンタ回路の例を示します。2ビットカウンタの下位ビットをレジスタR1が保持し、上位ビットをレジスタR2が保持します。

図2-22
2ビットの
カウンタ回路

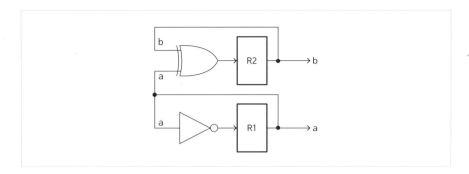

生成すべきR1の系列とR2の系列を書き出してみると、次のようになります。

R2の系列：0、0、1、1、0、0、1、1、0、0、...
R1の系列：0、1、0、1、0、1、0、1、0、1、...

　下位ビットのR1は、サイクルごとに0、1、0、1、...と反転する系列になります。これを生成するには、レジスタR1の出力aをNOTゲートで反転して、レジスタR1の入力とします。
　生成すべき系列をよく眺めてみると、R2、R1の出力がそれぞれ0、1あるいは1、0の青色のときに、次のサイクルの、上位ビットのR2の値が1（上の系列で下線を付けています）になっています。すなわち、レジスタR2の出力bとR1の出力aを入力とするXORゲートの出力をR2の入力とすれば良いことがわかります。

2-2-5 シフトレジスタ

　シフトレジスタは、次ページの図2-23に示すように、あるレジスタの出力をとなりのレジスタの入力として、数珠つなぎに接続する回路です。この図は4ビットのシフトレジスタの例です。レジスタR1の出力bをとなりのレジスタR2の入力として、R2の出力cをR3の入力として、R3の出力dをR4の入力とします。R1の入力は信号a、R4の出力は信号eとします。

図2-23
4ビットの
シフトレジスタ

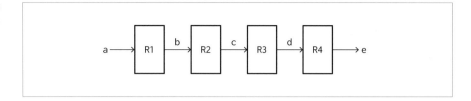

　レジスタR1の動作は、クロック信号の立ち上がりエッジの信号aの値を保持して、少し遅れてその値を信号bに出力するものでした。クロックの立ち上がりエッジに注目すると、レジスタは、あるクロック信号の立ち上がりエッジの入力信号の値を保持して、1クロックサイクル後のクロック信号の立ち上がりで、その入力を出力している回路とみなすことができます。

　この回路では4個のレジスタが並んでいるので、あるクロック信号の立ち上がりの入力aの値を保持して、4クロックサイクルの後に出力する回路になります。一般に、n個のレジスタが並んでいるシフトレジスタは、入力をnクロックサイクルだけ遅らせて出力する回路です。

2-3 やわらかいハードウェアとしてのFPGA

　ディジタル回路の学習のために、ASICを設計・開発することは開発期間と開発費用の点で容易ではありません。一方、ハードウェアの学習では、設計したハードウェアを実装すること、実装したハードウェアの動作を確認することで間違いに気づいたり、新たな発見で理解が深まったりします。

　設計・実装したディジタル回路を動作させるために、**やわらかいハードウェア**という特徴をもつFPGAを利用すると良いでしょう。ここでは、FPGAの概要について説明します。

　今、同じ入力に対してANDゲートとORゲートを切り替えて利用したいという例を考えます。図2-24の左に示した回路は、レジスタcの値が0のときにANDゲートの出力をマルチプレクサから出力し、レジスタcの値が1のときにORゲートの出力をマルチプレクサから出力する回路です。

　この回路で、レジスタcの値を0に設定してANDゲートとして利用している動作を図の中央に示します。ここでは、ANDゲートの出力がマルチプレクサから出力されることを示すため、マルチプレクサを配線に置き換えています。また、レジスタcの値を1に設定してORゲートとして利用している動作を図の右に示します。

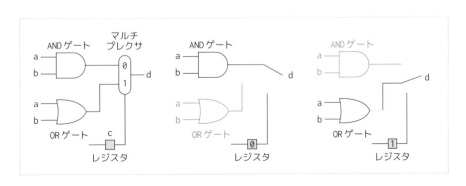

図2-24
ANDゲートに
なったりORゲート
になったりする
回路

　このように、図2-24の左に示した回路によって、状況に応じてANDゲートに

なったりORゲートになったりする回路を実現できます。しかし、この構成は「やわらかいハードウェア」ではなく、状況に応じてANDゲートになったりORゲートになったりする「かたいハードウェア」です。

2-3-1 ルックアップテーブル (LUT, look-up table)

FPGAは、図2-25の左に示す**ルックアップテーブル** (look-up table, **LUT**) と呼ばれるモジュールを活用することで「やわらかいハードウェア」になります。さまざまな構成のLUTが利用されていますが、ここではa、bを入力、cを出力とする2入力のLUTを考えます。r1〜r4の4個のレジスタと3個のマルチプレクサを持ち、それらが図2-25のように接続されます。

図2-25
2入力のルックアップテーブルの構成（左）と真理値表（右）

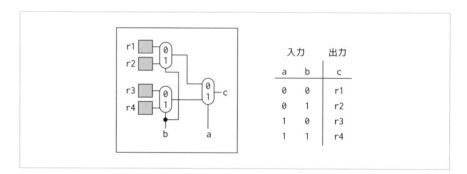

図2-26
入力a、bのパターンによるルックアップテーブルの動作

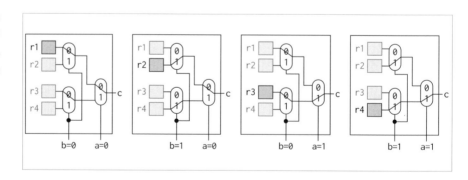

図2-26を見ながら、LUTの動作を確認していきます。図の左端は、入力のb=0、a=0（bが0で、aが0）のときの動作を示しており、r1の値がマルチプレクサで選択されてcに出力されます。図の左端から2番目は、b=1、a=0のときの動作を示

しており、r2の値がcに出力されます。同様に、b=0、a=1のとき、r3の値がcに出力されます。b=1、a=1のとき、r4の値がcに出力されます。

このように、LUTは、値を保持するレジスタr1～r4の値を、入力a、bで選択して出力する回路です。このLUTの真理値表を図2-25の右に示しました。

次に、このLUTに含まれるレジスタの値を適切に設定することで、2入力の任意の組み合わせ回路を実現できることを見ていきましょう。

図2-27に示すように、レジスタr1～r4の値をそれぞれ0、1、1、1に設定すると、入力がb=0、a=0のときにr1の値の0が出力され、それ以外の入力のときに1が出力されます。つまり、このLUTの動作は中央の真理値表で定義される組み合わせ回路と等価になります。この真理値表が、先に見たORゲートのものと同じことから、レジスタr1～r4の値を0、1、1、1に設定するLUTはORゲートとして動作することがわかります。

図2-27

LUTのレジスタを
0、1、1、1に
設定すると
ORゲートとして
動作

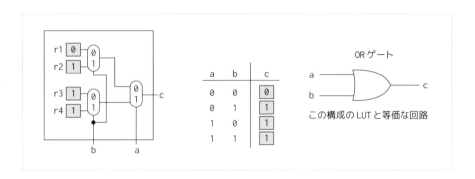

別の構成を考えます。図2-28に示すように、レジスタr1～r4の値をそれぞれ0、0、0、1に設定すると、入力がb=1、a=1のときにr4の値の1が出力され、それ以外の入力のときに0が出力されます。このLUTの動作は中央の真理値表で定義される組み合わせ回路と等価になり、ANDゲートとして動作することがわかります。

図2-28

LUTのレジスタを
0、0、0、1に
設定すると
ANDゲートとして
動作

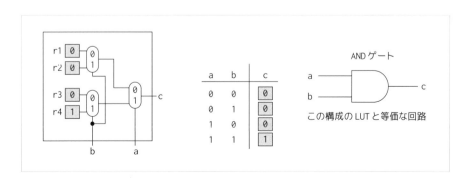

このように、真理値表の灰色の部分の値を変更して得られるどのような組み合わせ回路であっても、その値に従ってレジスタr1～r4の値を設定したLUTによって実現できます。

例題 図2-25に示した2入力のLUTの構成を参考に、入力をa、b、cとして、出力をdとする3入力のLUTの回路を描いてください。

解答 図2-29に3入力のLUTの回路図の例を示します。2入力のLUTのLUT1とLUT2を利用して、それらの出力を右端のマルチプレクサで選択する構成により、3入力のLUTを実現できます。3入力のLUTを利用して、3入力で1出力の任意の組み合わせ回路を実現できます。同様のやりかたで、4入力や5入力のLUTを構成できます。LUTの入力数をひとつ増やすごとに、2倍の数のレジスタ、2倍に1を加えた数のマルチプレクサが必要になります。

図2-29
2個の2入力の
LUTを利用して
実現した3入力の
LUTの構成

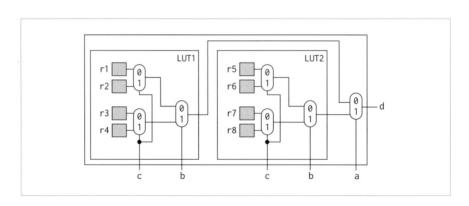

例題 図2-30に示すa、b、cを入力、dを出力とする回路を、図2-29に示した3入力のLUTで実現します。LUTのレジスタr1～r8に設定すべき値を示してください。

図2-30
a、b、cを入力、
dを出力とする回路

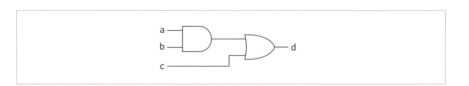

[解答] 与えられた回路の入力a、b、cに取り得るパターンの値を設定して出力d
を求めることで、図2-31に示す真理値表を作成します。この真理値表から、r1
～r8にはそれぞれ、0、1、0、1、0、1、1、1を設定すれば良いことがわかり
ます。

図2-31
a、b、cを入力、
dを出力とする
回路の真理値表

入力			出力
a	b	c	d
0	0	0	0
0	0	1	1
0	1	0	0
0	1	1	1
1	0	0	0
1	0	1	1
1	1	0	1
1	1	1	1

　ここまでは、理解しやすいように、2入力あるいは3入力のシンプルな構成の
LUTを示してきました。一方、販売されているFPGAはより洗練された構成のLUT
を採用しています。例えば、広く利用されているAMD Artix-7 FPGAファミリーで
は、図2-32に示す構成のLUTが利用されています。

図2-32
Artix-7 FPGAが
利用する2個の
5入力のLUTを
利用するLUTの
構成

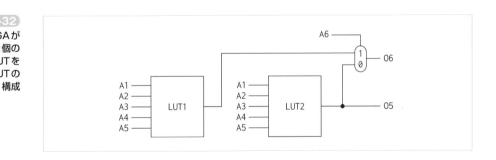

　図2-32に示すLUTは、先の例題で示した3入力のLUTの構成のように、5入力
のLUTのLUT1とLUT2の出力を右上のマルチプレクサで選択することで、A1～
A6を入力、O6を出力とする6入力のLUTとして動作させることができます。
　加えて、LUT2の出力を配線O5として出力します。これにより、入力A6を1に
固定することで、出力をO6とする5入力のLUT1と、出力をO5とする5入力の
LUT2という2個のLUTの構成として動作させることができます。

2-3-2 スライス

　n入力のLUTによって、n入力で1出力の任意の組み合わせ回路を実現できることを見ました。ここでは、LUTに加えてレジスタを利用することで順序回路を実現できる**スライス**と呼ばれるモジュールを見ていきます。

　図2-33に、レジスタr1〜r4を含む2入力のLUT、レジスタR、マルチプレクサ、レジスタr5を持つスライスの構成を示します。このスライスの入力はa、b、出力はc、dです。r1〜4はLUTで実現する回路を設定するためのレジスタ、r5はマルチプレクサを制御するレジスタであり、これらは回路が動作する前に値が設定されて、動作を開始してからは同じ値を維持します。

図2-33
LUTとレジスタR
とマルチプレクサ
を持つシンプルな
スライスの例

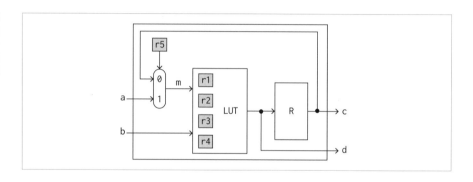

　例えば、マルチプレクサを制御するレジスタr5の値を0に設定すると、レジスタRの出力がLUTのひとつの入力になります。そのうえで、入力mの値を反転するNOTゲートになるようにLUTを構成すると、このスライスは、1ビットのカウンタとして先に説明した図2-34の回路として動作します。

図2-34
NOTゲートと
レジスタで
構成される
シンプルな
順序回路

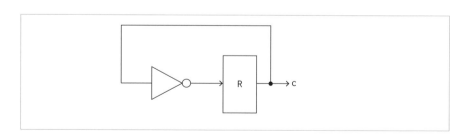

一方で、r5の値を1に固定すると、このスライスは、aとbを入力としてdを出力とする組み合わせ回路として、さらに、LUTの出力をレジスタRに格納してcに出力する順序回路として動作させることができます。

また、LUTは入力をそのまま出力する回路として動作できるので、このスライスはaの値を格納してcに出力するレジスタとして動作させることができます。

2-3-3　たくさんのスライスを搭載するFPGA

実用的な回路をひとつのスライスで実現することは困難です。このため、たくさんのスライスを2次元状に規則正しく配置して、それらの間にたくさんの配線とマルチプレクサを配置します。

図2-35に、規則正しく4個のスライスを配置した例を示します。この例では、中央に配置した配線とマルチプレクサによって、左に配置した2個のスライスslice1、slice2の出力を、右に配置した2個のスライスslice3、slice4に供給します。マルチプレクサを制御するレジスタr6を0に設定することで、slice2の出力c2がa3としてslice3の入力になります。また、このレジスタr6を1に設定することで、slice1の出力d1がa3としてslice3の入力になります。

図2-35

配線と
マルチプレクサを
利用して4個の
スライスを
配置した例

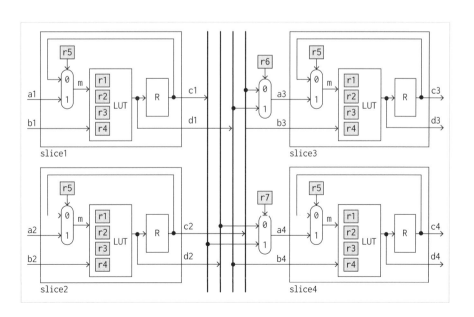

この例では、理解しやすいようにシンプルな構成のスライスを利用した例を示しました。一方、広く利用されているAMD Artix-7 FPGAファミリーのスライスは、図2-32に示したLUTを4個と、8個のレジスタなどを搭載します。また、Artix-7 FPGAのなかで最も小さいFPGAのXC7A12Tであっても2,000個のスライスを搭載し、最も大きいXC7A200Tは33,650個のスライスを搭載します。

このように、多数のLUTとレジスタを搭載して、それらのLUTの機能や、それらの接続を設定できるFPGAのやわらかいハードウェアという特徴によって、ユーザが設計・実装する回路をマッピングして動作させることができます。

2-3-4 コンフィギュレーション

FPGAの電源を入れてから、図2-35の灰色のレジスタの値を設定する作業をFPGAの**コンフィギュレーション**と呼びます。これにより、LUTやマルチプレクサをユーザの実装した回路として構成します。

電源を入れてから、コンフィギュレーションして、実装した回路として動作させるという流れが一般的なFPGAの使い方です。コンフィギュレーションの作業は数秒から数分で終了します。このため、動作させていた回路を上書きするコンフィギュレーションによって、別の回路として動かすこともできます。

小規模のFPGAの場合には、コンフィギュレーションは数秒で終了するので、例えば、あるプロセッサAとして動いていたFPGAを、数秒後に、異なる構成のプロセッサBとして使うこともできます。

このように、コンフィギュレーションによってLUTの動作やそれらの接続を設定して、ユーザが実装した回路として動かせるという特徴から、FPGAを**やわらかいハードウェア**と表現しています。

演習問題

Q1 NANDゲートのみを利用してNOTゲートを実現し、その回路図を示してください。

Q2 NANDゲートのみを利用してANDゲートを実現し、その回路図を示してください。

Q3 NANDゲートのみを利用してNORゲートを実現し、その回路図を示してください。

> ヒント NORゲートの入力をそれぞれ反転させたときの真理値表を書いてみましょう。

Q4 3個の2入力のXORを利用して4入力のXOR回路を実現し、その回路図を示してください。構成した4入力のXOR回路の入力信号をa、b、c、dとして、出力信号をzとします。入力に1が含まれないとき、1個だけ含まれるとき、2個だけ含まれるとき、3個だけ含まれるとき、4個のすべてが1のとき、のそれぞれの場合におけるzの値を示してください。

Q5 入力信号をa、出力信号をzとする6ビットのシフトレジスタの回路図を示してください。利用する6個のレジスタにはR1〜R6のラベルを付けてください。

Q6 図2-25のLUTを利用して、XORゲートを実現します。このときに、r1、r2、r3、r4に格納すべき値を示してください。

図2-25
2入力のルックアップテーブルの構成（左）と真理値表（右）

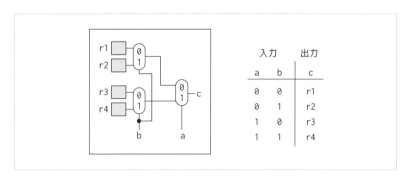

Q7 図2-29の3入力のLUTを利用して、4入力のLUTを実現する回路を示してください。入力信号をa、b、c、dとして、出力信号をzとします。構成した4入力のLUTを利用して、4入力のXOR回路を実現します。このときに、すべてのLUTのなかのレジスタに格納すべき値を示してください。

図2-29
2個の2入力の
LUTを利用して
実現した3入力の
LUTの構成

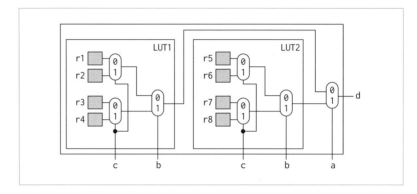

第 3 章

ハードウェア記述言語 Verilog HDL

これまでは、シンボルを配置して配線する回路図としてハードウェアを定義してきました。一方、ハードウェア記述言語 (Hardware Description Language, HDL) を利用してテキスト形式でハードウェアを定義する方法があります。

3-1 ANDゲートのモジュール記述

回路図には、ハードウェアを図形的にわかりやすく表現できる利点があります。ハードウェア記述言語には、テキスト形式で効率的にハードウェアを記述できたり、記述したハードウェアをシミュレーションによって動作させたりできる利点があります。

ハードウェア記述言語には、**Verilog HDL**、VHDL、SystemVerilog などがありますが、本書では Verilog HDL を利用します。Verilog HDL と VHDL は異なる言語です。Verilog HDL の省略形が VHDL ではありません。

入力を w_a、w_b として出力を w_c とする AND ゲートを持つ具体的な記述を見ていきましょう。モジュール m_AND_gate の回路図を図3-1 に示します。

図3-1
ANDゲートを持つ
モジュール
m_AND_gateの
回路図

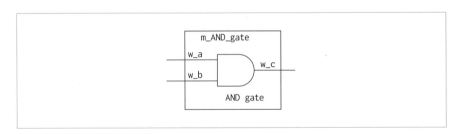

このモジュールの Verilog HDL の記述をコード3-1 に示します。

コード3-1
Verilog HDLの
コード

```
1   module m_AND_gate(w_a, w_b, w_c);
2     input  wire w_a, w_b;
3     output wire w_c;
4     assign w_c = w_a & w_b;
5   endmodule
```

1行目のmoduleで、入出力にw_a、w_b、w_cを使うことを指定してモジュールm_AND_gateの記述を開始し、5行目のendmoduleでモジュールの記述を終了します。

モジュール名には、識別子として利用できる任意の文字列を利用できますが、本書では、モジュールであることを明示するためにm_という文字列を最初に付けます。入力および出力の信号名にも識別子として利用できる任意の文字列を利用できますが、本書では、wire型の信号であることを明示するためにw_という文字列を最初に付けます。wire型の信号のことを、配線と呼ぶことがあります。

2行目で、入力（input）の配線としてw_a、w_bを宣言します。3行目で、出力（output）の配線としてw_cを宣言します。

4行目で、w_aとw_bの論理積（AND）の結果をw_cに接続します。4行目の&が、論理積の演算子です。配線の接続のために=を利用しますが、その接続先のw_cの前にassignを付けます。例えば、配線w_xにw_yを接続するには、assign w_x = w_y; と記述します。1行目から4行目に記述している文の最後には、C言語と同様にセミコロン;を付けます。

このコードで利用したmodule、input、wire、output、assign、endmoduleはVerilog HDLの予約語の一部です。予約語はモジュール名などの他の用途に利用してはいけません。

3-2 記述したモジュールのインスタンス化とシミュレーション

Verilog HDLには、ハードウェアの記述に加えて、記述したハードウェアを効率的にシミュレーションするためのしくみが含まれます。モジュールm_AND_gateをシミュレーションするためのモジュールm_topの回路図を、図3-2に示します。

図3-2
m_AND_gateを
シミュレーション
するための
モジュールm_top

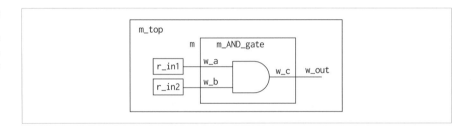

モジュールm_topの記述を、コード3-2に示します。

コード3-2
Verilog HDLの
コード

```
1  module m_top(); // this part is a comment
2    reg r_in1, r_in2;
3    wire w_out;
4    initial r_in1<=1;
5    initial r_in2<=1;
6    m_AND_gate m (r_in1, r_in2, w_out);
7    initial #1 $display("%d %d %d", r_in1, r_in2, w_out);
8  endmodule /* this part is also a comment */
```

モジュールm_topで、モジュールm_AND_gateのインスタンス（実体）を作成し、その入力を設定して、その出力を表示することで動作を確認します。C言語と同様に、1行目の//以降はコメントとして扱われます。また、8行目のように、/*と*/の内部もコメントになります。

2行目で、**reg**型の信号としてr_in1とr_in2を宣言します。reg型の信号は、

クロック信号などに同期して更新されるレジスタとして、あるいは、値を保持して
出力するために利用されます。本書では、reg型の信号であることを明示するため
にr_という文字列を最初に付けます。3行目で、w_outという配線を定義します。

4行目の記述で、**initial**が指定するシミュレーションの開始時（時刻0）にreg型
の信号r_in1の値を1に設定します。同様に、5行目の記述で、**initial**が指定する
時刻0にr_in2の値を1に設定します。4行目と5行目で利用されている**<=**は、**ノ
ンブロッキング代入**と呼ばれるreg型の信号への代入です。

6行目は、モジュールm_AND_gateのインスタンス（実体）を生成して、その入力
にr_in1とr_in2を、その出力にw_outを接続します。mはインスタンス名です。
インスタンスを生成する方法の詳細は後に説明します。

7行目で、C言語のprintfに対応する**$display**を利用して、r_in1、r_in2、
w_outの値を表示します。7行目のinitialの後に、指定した時間が経過するまで
待たせる命令#が使われています。この詳細については後に説明します。

iverilog（Icarus Verilog）と呼ばれるソフトウェアを利用して、記述したコード
をシミュレーションするコマンドを次に示します*。

＊iverilogの導入方
法については、本書
のサポートページを
参照してください。

```
$ iverilog code3-1.v code3-2.v
$ vvp a.out
```

コード3-1のコードがcode3-1.vというファイルに格納され、コード3-2のコー
ドがcode3-2.vというファイルに格納されているとします。これらのコードが記
述されたふたつのファイル名を引数に指定した1行目のコマンドiverilogで、シ
ミュレーション用のファイルのa.outを生成します。得られたa.outを2行目のコ
マンドvvpで実行します。

シミュレーションにより得られる表示を出力3-1に示します。

出力3-1

```
1 1 1
```

表示された数字は、それぞれr_in1、r_in2、w_outの値です。この表示から、
モジュールm_AND_gateの入力がともに1の場合、1と1を入力とするANDゲート
の出力は1なので、このモジュールの出力が1になることを確認できます。

このシミュレーションから、m_AND_gateの記述は正しいと判断できるかもしれ
ませんが、まだ安心できません。先のファイルを次ページのコード3-3のように書
き換えて、入力をともに0にしてシミュレーションしましょう。書き換える箇所は
4行目と5行目の青字の部分です。書き換えた内容をcode3-3.vというファイルに

格納します。

コード3-3
Verilog HDLの
コード

```
1   module m_top(); // this part is a comment
2     reg r_in1, r_in2;
3     wire w_out;
4     initial r_in1<=0;
5     initial r_in2<=0;
6     m_AND_gate m (r_in1, r_in2, w_out);
7     initial #1 $display("%d %d %d", r_in1, r_in2, w_out);
8   endmodule /* this part is also a comment */
```

次のコマンドで、シミュレーション用の実行ファイルのa.outを生成し、得られたa.outを実行します。

```
$ iverilog code3-1.v code3-3.v
$ vvp a.out
```

シミュレーションにより得られる表示を出力3-2に示します。

出力3-2

```
0 0 0
```

　表示された数字は、それぞれr_in1、r_in2、w_outの値です。この表示から、0と0を入力とするANDゲートの出力は0なので、正しい結果が得られたことを確認できます。これで、記述した回路が正しいという自信が深まりました。

　2入力のゲートの入力として取り得る4個のパターンについて、その結果を表示するコード3-4を利用して動作を確認しましょう。

　コード3-3からの変更は、青字で示す6〜11行目の追加と13行目の青字の部分です。このコードでは、6、7行目の記述で、時刻100にr_in1、r_in2をそれぞれ0、1に設定します。8、9行目で時刻200にr_in1、r_in2を1、0に設定します。10、11行目で、時刻300にr_in1、r_in2を1、1に設定します。

　12行目で、モジュールm_AND_gateのインスタンスを生成して、配線r_in1、r_in2、w_outを接続します。13行目の**always@**ブロックは、@以降の括弧のなかに書かれた事象が発生するたびに繰り返し実行することを指示します。always@(*)では、それ以降に利用されている何らかの入力が変化するたびという意味になります。

コード3-4
Verilog HDLの
コード

```
1    module m_top(); // this part is a comment
2      reg r_in1, r_in2;
3      wire w_out;
4      initial r_in1<=0;
5      initial r_in2<=0;
6      initial #100 r_in1<=0;
7      initial #100 r_in2<=1;
8      initial #200 r_in1<=1;
9      initial #200 r_in2<=0;
10     initial #300 r_in1<=1;
11     initial #300 r_in2<=1;
12     m_AND_gate m (r_in1, r_in2, w_out);
13     always@(*) #1 $display("%d %d %d", r_in1, r_in2, w_out);
14   endmodule
```

コンパイルしてシミュレーションすることで、出力3-3の表示を得ます。

出力3-3

```
0 0 0
0 1 0
1 0 0
1 1 1
```

各行で表示された数字は、それぞれr_in1、r_in2、w_outの値です。この結果がANDゲートの真理値表と同じことから、実装したモジュールm_AND_gateの記述がANDゲートとして正しいことがわかります。

Verilog HDLのビット演算子には、先に見た論理積の**&**の他に、論理和の**|**、排他的論理和の**^**、否定の**~**があります。

Verilog HDLの論理演算子には、論理積の**&&**、論理和の**||**、論理否定の**!**があります。

例題 コード3-1の記述を修正して、論理和のモジュールm_OR_gateを実装して、その動作をシミュレーションで確認してください。

解答 次ページのコード3-5のように、1行目の青字で示すモジュール名をm_OR_gateに修正します。また、4行目の青字の演算子を論理和の**|**に変更します。

```
1  module m_OR_gate(w_a, w_b, w_c);
2    input  wire w_a, w_b;
3    output wire w_c;
4    assign w_c = w_a | w_b;
5  endmodule
```

次のように、コード3-4の12行目の青字で示すモジュール名をm_OR_gateに修正します。

```
12  m_OR_gate m (r_in1, r_in2, w_out);
```

修正したコードのシミュレーションによって、出力3-4の表示を得ます。

```
0 0 0
0 1 1
1 0 1
1 1 1
```

これはORゲートの真理値表と同じです。このことから、実装したモジュールm_OR_gateの記述がORゲートとして正しいことがわかります。

　本書では、シミュレーションのための最上位のモジュール名を**m_top**あるいは**m_top_wrapper**とします。モジュールm_topには入力および出力の信号がありません。例えば、コード3-4の1行目では、m_topの後の括弧のなかに何も記述されていません。モジュールm_topとm_top_wrapperはシミュレーションのための記述です。それらは、文字列を表示する$displayのようなシミュレーション用の記述を含みます。

　次に、インスタンスを生成する方法を詳しく見ていきます。先に見たm_topの例のように、記述したあるモジュールを別のモジュールでインスタンス化（実体化）して利用します。インスタンス化では、モジュール名とインスタンス名を記述して、その後に、入力および出力に接続するwire型あるいはreg型の信号を列挙します。列挙した順番で、指定した信号が接続されます。

　コード3-1におけるモジュールm_AND_gateの入出力の記述は次のとおりで、w_aが1番目、w_bが2番目、w_cが3番目です。

```
1   module m_AND_gate(w_a, w_b, w_c);
```

一方、コード3-4で、モジュールm_AND_gateをインスタンス化する記述は次のとおりでした。

```
12   m_AND_gate m (r_in1, r_in2, w_out);
```

ここでは、モジュール名のm_AND_gateとインスタンス名のmを指定して、モジュールの入出力にr_in1、r_in2、w_outを指定してインスタンス化しています。

インスタンス名に続く括弧で列挙した順番で信号が接続されます。この例では、図3-3に示すように、1番目のr_in1がモジュールのw_aに、2番目のr_in2がモジュールのw_bに、3番目のw_outがモジュールのw_cに接続されます。図では、コードの括弧のなかで列挙した順番による接続をそれぞれ（1）、（2）、（3）で示しています。

図3-3
モジュールの
インスタンス化と
入出力を
接続する例

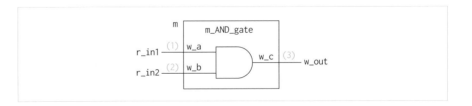

異なるインスタンス名を使うことで、同じモジュールの複数のインスタンスを生成できます。2個のインスタンスを生成する次の例題を考えましょう。

（例題）モジュールm_AND_gateのインスタンスm1とm2を利用する図3-4の回路をVerilog HDLで記述してください。r_in1、r_in2、r_in3を時刻0でそれぞれ1、1、0に設定してください。

図3-4
2個のインスタンス
を生成する例

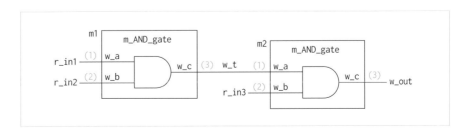

解答 解答をコード3-6に示します。7行目でm1という名前のインスタンスを、8行目でm2という名前のインスタンスを生成します。図3-4に示したように、インスタンスm1では、r_in1、r_in2、w_tの順番で列挙します。インスタンスm2では、w_t、r_in3、w_outの順番で列挙します。

コード3-6
Verilog HDLの
コード

```
1   module m_top();
2     reg r_in1, r_in2, r_in3;
3     wire w_t, w_out;
4     initial r_in1<=1;
5     initial r_in2<=1;
6     initial r_in3<=0;
7     m_AND_gate m1 (r_in1, r_in2, w_t);
8     m_AND_gate m2 (w_t, r_in3, w_out);
9     initial #1 $display("%d %d %d %d", r_in1, r_in2, r_in3, w_out);
10  endmodule
```

インスタンス化では、括弧のなかで列挙する信号の順番が重要です。

本書では、モジュールのインスタンス名として、**m0**、**m1**、**m2**、... のように mと重複しない数を連結した名前を利用します。ただし、ひとつのインスタンスしか利用しない場合には、数を省略して **m** というインスタンス名を利用することがあります。

3-3 文字列を表示するシステムタスク $display

文字列を表示する$displayの詳細を説明します。hello, worldを表示するコード3-7の記述を考えます。

コード3-7
Verilog HDLの
コード

```
1   module m_top();
2     initial $display("hello, world");
3   endmodule
```

1行目のmoduleで、入力および出力をもたないモジュールm_topの記述を開始し、3行目のendmoduleでモジュールの記述を終了します。

2行目のinitialにより、シミュレーション開始時（時刻0）から処理を始めることを指定します。**$display**は**システムタスク**と呼ばれ、C言語のprintfと同様の書式でメッセージを表示します。ただし、文字列の表示の後に改行されるので、C言語による同様のprintf("hello, world¥n")のように明示的に改行コードの¥nを書く必要はありません。$display("hello, world")という記述により、hello, worldという文字列を表示して改行します。システムタスクは、主にシミュレーションで利用できる便利な機能です。

$displayに似ている**$write**というシステムタスクも利用できます。こちらは、文字列の表示の後に改行されません。1行の表示を複数のシステムタスクに分けて記述したい場合には、$writeを利用すると良いでしょう。本書では、できるだけ$displayを利用していきます。

コード3-7のシミュレーションによって次の表示を得ます。

```
hello, world
```

　　$displayを利用して文字列を表示するためには、表示する時刻を指定する必要があります。例えば、コード3-8のようにinitialのない（時刻を指定しない）記述は間違いです。このコードはコンパイル時にエラーになります。

コード3-8

Verilog HDLの
コード

```
1  module m_top(); // this code has an error
2    $display("hello, world");
3  endmodule
```

3-4 ▶ ブロックの指定

　時刻0に、2個の $display を利用して hello, world in Verilog HDL と表示することを考えます。

コード3-9
Verilog HDLの
コード

```
1  module m_top(); // this code has an error
2    initial $display("hello, world");
3    $display("in Verilog HDL");
4  endmodule
```

　コード3-9の記述は文法エラーです。initialが時刻を指定するのは2行目の $display だけであり、3行目の $display の時刻が指定されません。このエラーを修正するには、2個のシステムタスクを**ブロック**としてまとめます。このように修正した記述をコード3-10に示します。

コード3-10
Verilog HDLの
コード

```
1  module m_top();
2    initial begin
3        $display("hello, world");
4        $display("in Verilog HDL");
5    end
6  endmodule
```

　2行目のキーワード**begin**でブロックが始まり、5行目のキーワード**end**でブロックが終わります。これらは、C言語の{ }に対応します。この記述により、2行目のinitialがブロック全体の時刻を指定します。

　このコードのシミュレーションの表示を出力3-5に示します。

出力3-5

```
hello, world
in Verilog HDL
```

3-5 指定した時間が経過するまで待たせる命令#

指定した時間が経過するまで待たせる命令#を利用して、ある時刻から、#に続く数字で指定する時間だけ遅らせてから処理を始めるように指示できます。ただし、これはシミュレーションのみで有効になる命令です。指定された時間だけ待たせるハードウェアを記述しているわけではありません。

この命令を利用した例をコード3-11に示します。

コード3-11
Verilog HDLの
コード

```
1  module m_top();
2    initial #200 $display("hello, world");
3    initial #100 $display("in Verilog HDL");
4  endmodule
```

このコードでは、2行目の#200により、initialが指定するシミュレーション開始時の時刻0から200の時間が経過した時刻200に、hello, worldを表示します。

また、3行目の#100により、initialが指定する時刻0から100の時間が経過した時刻100に、in Verilog HDLを表示します。この命令で指定する数字の単位は**ns**（ナノ秒）とするのが一般的です。#100は100nsの時間経過を指示していると考えましょう。

コード3-11のシミュレーションの表示を出力3-6に示します。

出力3-6

```
in Verilog HDL
hello, world
```

シミュレーションにおける時刻100にin Verilog HDLが表示され、時刻200にhello, worldが表示されます。結果として、コードに記述した順番ではなく、3行目の$displayが先に、2行目の$displayが後に処理されます。

例題 コード3-12のシミュレーションによる表示を示してください。

コード3-12
Verilog HDLの
コード

```
1   module m_top();
2     initial #200 $display("hello, world");
3     initial begin
4       #100 $display("in Verilog HDL");
5       #150 $display("When am I displayed?");
6     end
7   endmodule
```

解答 4行目の$displayはシミュレーション開始時の時刻0から100だけ経過した時刻100に表示されます。5行目の$displayは、時刻100から150だけ経過した時刻250に表示されます。このため、シミュレーションによる表示は出力3-7になります。

出力3-7

```
in Verilog HDL
hello, world
When am I displayed?
```

3-6 システムタスク $finishと $time

　システムタスク **$finish**はシミュレーションを終了させます。例えば、時刻210でシミュレーションを終了させるには、initial #210 $finish; と記述します。

　コード3-12に示した例題の記述に、時刻210でシミュレーションを終了させる記述を追加したコード3-13を示します。

コード3-13
Verilog HDLの
コード

```
1   module m_top();
2     initial #200 $display("hello, world");
3     initial begin
4       #100 $display("in Verilog HDL");
5       #150 $display("When am I displayed?");
6     end
7     initial #210 $finish;
8   endmodule
```

　このシミュレーションでは、5行目の時刻250に表示する$displayが処理される前にシミュレーションが終了するので、表示は出力3-8になります。

出力3-8

```
in Verilog HDL
hello, world
```

　$finishは、ある時刻でシミュレーションを終了させたいときや、ハードウェアのバグを見つけるために、ある条件でシミュレーションを終了させたいときに利用します。

　システムタスク **$time**は、64ビットのシミュレーション時刻を返します。

　複雑な回路のシミュレーションでは、どの表示がどの時刻に出力されたのかわかりにくい場合があります。その場合には、次ページのコード3-14のように時刻を表示します。$displayの " と " で囲まれる文字列のなかの**%3d**という記述によっ

て3桁の10進数で表示することを指定して、文字列に続くカンマの後に、システムタスクの$timeを記述します。

コード3-14
Verilog HDLの
コード

```
1  module m_top();
2    initial #200 $display("%3d hello, world", $time);
3    initial begin
4      #100 $display("%3d in Verilog HDL", $time);
5      #150 $display("%3d When am I displayed?", $time);
6    end
7  endmodule
```

シミュレーションによる表示は出力3-9になります。

出力3-9

```
100 in Verilog HDL
200 hello, world
250 When am I displayed?
```

これにより、それぞれの文字列が表示された時刻が100、200、250だとわかるので、ハードウェアの挙動を把握するための助けになります。

3-7 不定値xと ハイインピーダンスz

コード3-15の記述では、3行目で定義する配線w_dはどこにも接続されていません。また、6行目で時刻0にreg型の信号r_aの値を0に設定していますが、このとき、r_bの値を設定していません。シミュレーションの表示はどうなるでしょうか。

コード3-15
Verilog HDLの
コード

```
1   module m_top();
2     reg r_a, r_b;
3     wire w_c, w_d;
4     assign w_c = r_a & r_b;
5     initial begin
6          r_a<=0;
7       #100 r_a<=0; r_b<=1;
8       #100 r_a<=1; r_b<=0;
9       #100 r_a<=1; r_b<=1;
10      end
11      always@(*) #1 $display("%d %d %d %d %d", $time, r_a, r_b, w_c, w_d);
12    endmodule
```

このコードのシミュレーションによる表示を出力3-10に示します。各行の表示は、シミュレーション時刻、r_a、r_b、w_c、w_dの値です。

出力3-10

```
  1 0 x 0 z
101 0 1 0 z
201 1 0 0 z
301 1 1 1 z
```

w_dのように、どこにも接続されていない配線はどのような値をとるでしょうか。どこにも接続されていないということは、非常に高い抵抗に接続されていると

考えることもできます。この非常に高い抵抗に接続されている状態を**ハイインピーダンス**（high-impedance）と呼びます。

どこにも接続されないw_dの値は、シミュレーションでは、ハイインピーダンスを表す**z**になります。このため、この表示におけるw_dの出力はzになっています。assign w_d = z;のように、コードで明示的にzに設定した信号の値もzになります。

次に、r_bのように初期化されていないreg型の信号は**不定値**（unknown value）を表す**x**になります。この不定値を利用した演算結果が不定になる場合にはそれらもxになります（不定値は伝搬することがあります）。シミュレーションの表示における時刻1では、r_aが0に設定されていますが、r_bの値が設定されていないので、r_bの値が不定値のxになります。

時刻1の配線w_cの値は、0とxを入力とする論理積の出力です。ある入力が0であれば他方の入力がどのような値であっても論理積の出力は0になるため、時刻1におけるw_cの値は0と表示されます。

現実のディジタル回路の配線が取り得る値は0または1ですが、このように、そのシミュレーションにおける信号の取り得る値は0、1、x、zのどれかになります。シミュレーションの表示がxやzになる場合には、配線すべきところが適切に接続されていないなどの記述の間違いがあるかもしれません。

例題 コード3-15の4行目の論理積を次のように論理和に変更したコードのシミュレーションによる表示を示してください。

```
4    assign w_c = r_a | r_b;
```

解答 シミュレーションによる表示は出力3-11になります。

出力3-11

```
 10 x x z
101 0 1 1 z
201 1 0 1 z
301 1 1 1 z
```

時刻1の配線w_cの値は、0とxを入力とする論理和の出力になります。一方の入力が0で他方の入力がxの論理和の出力は不定値になります。このため、時刻1におけるw_cの値はxと表示されます。

3-8

複数本の信号線、数値の表現、default_nettype

Verilog HDL では、2本以上の信号線の束のことを**バス** (bus) と呼びます。reg型とwire型の信号線をバスとして宣言するには、reg、wireの後に [3:0] のように本数を指定します。例えばwire [3:0] cという記述は、c[3]、c[2]、c[1]、c[0] という4本の配線からなるバスの宣言になります。

コード3-16では、4ビットのバスとしてreg型のr_a、r_bを、4ビットのバスとしてwire型のw_cを宣言して利用します。

コード3-16
Verilog HDLの
コード

```
1   module m_top();
2      reg  [3:0] r_a, r_b;
3      wire [3:0] w_c;
4      assign w_c = r_a | r_b;
5      initial begin r_a<=4'b1010; r_b<=4'b1100; end
6      always@(*) #1 $display("%3d %b %b %b", $time, r_a, r_b, w_c);
7   endmodule
```

数値の表現では、' (シングルクォーテーション) より前の数字がビット幅を表し、'の後の**b**が2進数であることを表します。その他、16進数は**h**、10進数は**d**、8進数は**o**を利用します。例えば、4'b1010は4ビットの2進数で示された1010になります。数値の表現では大文字、小文字は区別しません。例えば、4'b1010、4'B1010、4'd10、4'ha、4'hAはすべて同じ値の表現になります。本書では、数値の表現に小文字を利用します。

数値の表現では、ビット幅を指定しないと32ビット、基数を指定しないと10進数になります。例えば、32'd77と77は同じ値の記述になります。システムタスク$displayと$writeでは、2進数で表示する**%b**を利用できます。

4行目のバスを入力とする論理和の | は、バスを構成するそれぞれの配線に対する論理和になります。すなわち、4ビットのバスに対するw_c = r_a | r_bは、

```
w_c[3] = r_a[3] | r_b[3]
w_c[2] = r_a[2] | r_b[2]
w_c[1] = r_a[1] | r_b[1]
w_c[0] = r_a[0] | r_b[0]
```

という配線ごとの記述をまとめたものです。

回路図では、バスを表すために、図3-5に示すように配線の本数を記入します。

図3-5
4ビットのバスを
入力と出力とする
ORゲートの回路

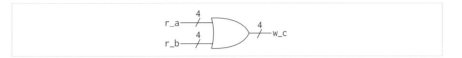

このコードのシミュレーションによる表示を出力3-12に示します。

出力3-12

```
1 1010 1100 1110
```

時刻1における4'b1010と4'b1100の論理和の出力は4'b1110になります。これを、上位ビットからのビットごとの論理和になる4個のORゲートの出力と捉えると、2進数の入力の11、10、01、00に対する出力が1、1、1、0であり、論理和の真理値表と同じになることがわかります。

数値の表現では、数字の間に_(アンダースコア)を挿入できます。例えば、9'b111111111では何個の1があるのか把握しにくいですが、4桁ごとに_を挿入して9'b1_1111_1111と記述すると見やすくなることがあります。

定義されていない信号を使うと、何がおきるでしょうか。コード3-17をシミュレーションしてみましょう。

コード3-17
Verilog HDLの
コード

```
1  module m_top();
2    wire [3:0] w_accommodation;
3    assign w_accommodation = 7;
4    initial #1 $display("%d", w_accommodation);
5  endmodule
```

3行目で接続している7という値が、4行目の$displayで表示されると思ったかもしれません。しかし、このコードのシミュレーションによる表示は1になります。

コードを良くみると、2行目で宣言しているw_acommodationと、3～4行目で記述しているw_accommodationが違っています。わざと紛らわしい単語を選択し

ました。このため、3行目では宣言されていないw_accommodationに7という値を接続することになります。

　Verilog HDLでは、定義されていない信号を使うと、1ビットの配線として扱われます。この規則のために、3行目はwire w_accommodation = 7;と同じ記述になります。つまり、1ビットの配線に10進数の7である3'b111を接続しているため、上位の2ビットが無視されて、その配線は最下位ビットの1に接続されます。4行目で、この値を表示するので、シミュレーションによる表示は1になります。

　定義していない信号を使用することで生じる予期しない動作を防ぐためには、コードの先頭に**`default_nettype none**という記述を追加します。この記述によって、定義されていない信号の標準の設定（default_nettype）を、1ビットの配線ではなく、なにもない信号（none）に設定します。このように修正した記述をコード3-18に示します。

コード3-18
Verilog HDLの
コード

```
1    `default_nettype none
2   module m_top();
3     wire [3:0] w_acommodation;
4     assign w_accommodation = 7;
5     initial #1 $display("%d", w_accommodation);
6   endmodule
```

　このように、1行目に`default_nettype noneを記述します。このコードは、宣言していない配線を利用しているので、間違った記述になります。そのため、このコードをコンパイルするときにエラーが出力されて、コンパイルの処理が止まります。

　Verilog HDLのコードの先頭には、`default_nettype noneを書くように心がけると良いでしょう。

三項演算子とマルチプレクサ

3-9

3

マルチプレクサは、入力をc、a、b、出力をdとして、cが1であればbをdに出力し、cが0であればaをdに出力する回路でした。このマルチプレクサは三項演算子の条件演算子（**?** :）を利用して、d = c ? b : aとして記述できます。三項演算子を利用してマルチプレクサを記述する例をコード3-19に示します。

コード3-19
Verilog HDLの
コード

```
1   module m_top();
2     reg  r_a, r_b, r_c;
3     wire w_d;
4     assign w_d = r_c ? r_b : r_a;
5     initial begin
6           r_c<=0; r_a<=0; r_b<=0;
7       #100 r_c<=0; r_a<=0; r_b<=1;
8       #100 r_c<=0; r_a<=1; r_b<=0;
9       #100 r_c<=0; r_a<=1; r_b<=1;
10      #100 r_c<=1; r_a<=0; r_b<=0;
11      #100 r_c<=1; r_a<=0; r_b<=1;
12      #100 r_c<=1; r_a<=1; r_b<=0;
13      #100 r_c<=1; r_a<=1; r_b<=1;
14    end
15    always@(*) #1 $display("%d %b %b %b %b", $time, r_c, r_a, r_b, w_d);
16  endmodule
```

4行目が三項演算子を利用したマルチプレクサの記述です。5～14行目で入力のレジスタの値を設定しています。

このコードのシミュレーションによる表示を次ページの出力3-13に示します。各行の表示は、それぞれ、時刻、r_c、r_a、r_b、w_dの値です。

出力3-13

```
          1 0 0 0 0
        101 0 0 1 0
        201 0 1 0 1
        301 0 1 1 1
        401 1 0 0 0
        501 1 0 1 1
        601 1 1 0 0
        701 1 1 1 1
```

この結果は、第2章の図2-9に示したマルチプレクサの真理値表と同じです。

図3-6
AND、OR、NOT
ゲートで実現した
マルチプレクサ

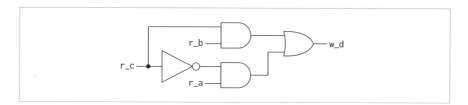

先に見たように、マルチプレクサは図3-6の回路で実現できます。このことから、モジュールm_topの4行目のマルチプレクサの記述は、次のように書き換えることができます。

```
4    assign w_d = (r_c & r_b) | (~r_c & r_a);
```

このコードの青字で示した4個の演算子が図3-6の論理ゲートに対応します。このように書き換えたコードのシミュレーションの表示は先のものと同じです。

3-10 ビット選択

多数の信号線として表現されるバスから、連続するビット列を選択して取り出すには、[ ]を利用して取り出す範囲を指定します。取り出す範囲は、終わりのビット番号、:（セミコロン）、始まりのビット番号で指定します。例えば、w_a[4:1]という記述によって、5ビット以上の配線w_aの4～1ビット目を取り出すことができます。

連続するビット列ではなく、単一のビットを選択するには、[ ]のなかにビット番号を書きます。例えば、w_a[7]という記述によって、8ビット以上の配線w_aの7ビット目を取り出すことができます。このビット選択を利用する記述をコード3-20に示します。

コード3-20
Verilog HDLの
コード

```
1  module m_top();
2    wire [7:0] w_a = 8'b11110101;
3    wire [3:0] w_b, w_c;
4    wire       w_d;
5    assign w_b = w_a[3:0];
6    assign w_c = w_a[4:1];
7    assign w_d = w_a[7];
8    always@(*) #1 $display("%b %b %b %b", w_a, w_b, w_c, w_d);
9  endmodule
```

これまでは、配線の宣言とその配線の接続を異なる行で記述していましたが、2行目のように、配線w_aの宣言とその8'b11110101への接続をまとめて記述することもできます。

5行目で、w_aの3～0ビット目を配線w_bに接続します。6行目で、w_aの4～1ビット目を配線w_cに接続します。7行目で、w_aの7ビット目を配線w_dに接続します。これにより、w_bの値は4'b0101、w_cの値は4'b1010、w_dの値は1'b1になります。

　このコードのシミュレーションによる表示を出力3-14に示します。

出力3-14

```
11110101 0101 1010 1
```

3-11 ▶ ビットの連結と複製

　波括弧で表現する連結演算子の{ }を利用すると、いくつかの信号を連結してビット長の大きいバスを作ることができます。例えば、信号w_aとw_bを連結するには、{w_a, w_b}と記述します。3個の信号w_a、w_b、w_cを連結するには{w_a, w_b, w_c}と記述します。同様の記述により、4個以上の信号を連結できます。

　また、{ }を利用して信号を複製できます。ある信号を波括弧で囲んで、その前に複製する回数を指定する数を記述し、さらにそれらを波括弧で囲みます。例えば、ある信号w_aを3回複製するには、{3{w_a}}と記述します。{4{w_a}}というw_aを4回だけ複製する記述は、{w_a, w_a, w_a, w_a}として4個のw_aを連結する記述と同じです。

　すべてのビットが1になる32ビットの信号を作るには、32ビットの0の反転として~32'd0と記述できますが、ビットの複製を利用して{32{1'b1}}と記述できます。

　例題　ビットの連結と複製を利用するコード3-21のシミュレーションによる表示を示してください。

コード3-21
Verilog HDLの
コード

```verilog
1  module m_top();
2    wire [3:0] w_a = 4'b1101;
3    initial #1 begin
4      $display("%b", {w_a, w_a});
5      $display("%b", {w_a, w_a, w_a});
6      $display("%b", {4{w_a}});
7      $display("%b", {4{w_a[2:0]}});
8    end
9  endmodule
```

解答 このコードのシミュレーションによる表示を出力3-15に示します。

出力3-15

```
11011101
110111011101
11011101111011101
101101101101
```

1〜3行目はそれぞれ、2回、3回、4回のw_aの複製と同じビット列です。4行目は、w_aの下位3ビットの3'b101を4回だけ複製したビット列です。

3-12 ▶ 論理演算子と算術演算子

論理演算子には、論理否定の**!**、論理積の**&&**、論理和の**||**があります。C言語と同様に、算術演算子には、加算の**+**、減算の**-**、乗算の*****、除算の**/**、剰余の**%**があります。

算術演算子を利用する記述をコード3-22に示します。

コード3-22
Verilog HDLの
コード

```
1  module m_top();
2    wire [31:0] w_a = 8, w_b = 5;
3    initial #1
4      $display("%d %d %d %d %d",
5        w_a+w_b, w_a-w_b, w_a*w_b, w_a/w_b, w_a%w_b);
6  endmodule
```

このコードのシミュレーションによる表示を出力3-16に示します。

出力3-16

13	3	40	1	3

左から、8と5の加算の結果の13、減算の結果の3、乗算の結果の40、除算の結果の1、剰余の結果の3が出力されます。

C言語と同様に、**( )**を利用して、演算子の優先度を指定できます。例えば、(8 * 5) + 3という記述では、乗算の優先度が高く、加算の優先度は低くなります。8 * (5 + 3)という記述では、加算の優先度が高く、乗算の優先度は低くなります。

77

3-13 関係演算子

C言語と同様に、大小比較によって1または0になる、>、<、>=、<=、==、!= という関係演算子があります。例えば、w_a >= w_b という記述は、w_aの値がw_ bの値以上であれば1'b1、そうでなければ1'b0になります。

ノンブロッキング代入の演算子の<=と関係演算子の<=は同じ記述を採用していますが、これらは文法的に区別できます。紛らわしいので、(w_a <= w_b)のように、関係演算子の比較の前後に( )を追加して明示的に区別することがあります。

32ビットの信号のw_aとw_bの値をそれぞれ7、8に設定し、さまざまな関係演算子の結果を表示する記述をコード3-23に示します。

コード3-23
Verilog HDLの
コード

```
1   module m_top();
2     wire [31:0] w_a = 7, w_b = 8;
3     initial #1 begin
4       $display("%b %b %b", (w_a> w_b), (w_a< w_b), (w_a>=w_b));
5       $display("%b %b %b", (w_a<=w_b), (w_a==w_b), (w_a!=w_b));
6     end
7   endmodule
```

このコードのシミュレーションによる表示を出力3-17に示します。

出力3-17

```
0 1 0
1 0 1
```

w_aとw_bがそれぞれ7、8なので、(w_a> w_b)は1'b0に、(w_a< w_b)は1'b1に、(w_a>=w_b)は1'b0になります。また、(w_a<=w_b)は1'b1に、(w_a==w_b)は1'b0に、(w_a!=w_b)は1'b1になります。

3-14 論理シフト、算術シフトの演算子

　C言語と同様に、論理シフト演算子には、右シフトの>>と左シフトの<<があります。例えば、w_a << 3という記述は、w_aの値を左に3ビット移動させ、下位の3ビットを0にします。w_b >> 2という記述は、w_bの値を右に2ビット移動させ、上位の2ビットを0にします。これらの論理シフト演算では、シフトさせるビット数として配線やreg型の信号を利用できます。

　論理シフト演算を利用する記述をコード3-24に示します。

コード3-24
Verilog HDLのコード

```verilog
 1  module m_top();
 2    wire [7:0] w_a = 8'b11110101;
 3    wire [2:0] w_b = 3;
 4    initial #1 begin
 5      $display("%b", (w_a>>0));
 6      $display("%b", (w_a>>1));
 7      $display("%b", (w_a<<1));
 8      $display("%b", (w_a>>w_b));
 9      $display("%b", (w_a<<w_b));
10    end
11  endmodule
```

　このコードでは、w_aとw_bをそれぞれ8'b11110101、3に設定して、これらを利用する論理シフト演算の結果を表示します。

　このコードのシミュレーションによる表示を出力3-18に示します。

出力3-18

```
11110101
01111010
11101010
00011110
10101000
```

　8ビットのデータの論理シフトによってビット幅が変わることはありません。表示の1行目では、0ビットの右シフトがシフトしないことを意味するので、r_aの値がそのまま表示されます。4行目はr_aを3ビットだけ右にシフトするので、8'b00011110になります。5行目はr_aを3ビットだけ左にシフトするので、8'b10101000になります。

　右シフトには、空いたビットの処理が異なる**算術シフト**と呼ばれる処理があります。これは、指定したビット数だけ右に移動させ、空いたそれぞれのビットをシフトする前の最上位ビットの値で埋めます。算術シフト演算子は**>>>**です。

　論理シフト演算子と算術シフト演算子を利用する記述をコード3-25に示します。算術シフト演算子を利用するためには、予約語の**signed**を利用して配線を宣言します。このsignedについては、後のデータ形式の節で説明します。

コード3-25
Verilog HDLの
コード

```
1  module m_top();
2    wire signed [7:0] w_a = 8'b1010_1010, w_b = 8'd4;
3    initial #1 begin
4      $display("%b %b %b",
5        (w_a >> w_b), (w_a << w_b), (w_a >>> w_b));
6    end
7  endmodule
```

　このコードのシミュレーションによる表示を出力3-19に示します。

出力3-19

```
00001010 10100000 11111010
```

　左端に示す、右シフト（論理シフト）の表示では、上位の4ビットが4'b0になります。その次に示す、左シフト（論理シフト）の表示では、下位の4ビットが4'b0になります。その次に示す算術シフトの表示では、w_aの最上位ビットが1なので、上位の4ビットが4'b1111になります。

3-15 リダクション演算子

　バスとして宣言された配線やreg型の信号の前にビット演算の&、|、^を記述することで、バスのすべてのビットに対するビット演算をおこなうリダクション演算子になります。例えば、4ビットの配線w_aに対する、&w_aという記述は、w_a[3] & w_a[2] & w_a[1] & w_a[0]と同じ意味になり、すべてのビットに対する論理積になります。同様に、|w_aという記述は、w_a[3] | w_a[2] | w_a[1] | w_a[0]と同じ意味になります。^w_aという記述は、w_a[3] ^ w_a[2] ^ w_a[1] ^ w_a[0]と同じ意味になります。

　リダクション演算子を利用する記述をコード3-26に示します。

コード3-26
Verilog HDLの
コード

```
1   module m_top();
2     wire [7:0] w_a = 8'b11110101, w_b = 8'b11111111;
3     initial #1 begin
4       $display("%b %b %b", &w_a, |w_a, ^w_a);
5       $display("%b %b %b", &w_b, |w_b, ^w_b);
6     end
7   endmodule
```

このコードのシミュレーションによる表示を出力3-20に示します。

出力3-20

```
0 1 0
1 1 0
```

3-16　if文とcase文

　C言語と同様に、場合分けの処理を記述するためにif文あるいはcase文（C言語のswitch-caseに対応）を使うことができます。例として図3-7の真理値表で定義される組み合わせ回路の記述を考えます。

図3-7
サンプルの回路の
ための真理値表

	入力		出力
	a	b	c
	0	0	0
	0	1	1
	1	0	0
	1	1	1

　三項演算子を利用する記述をコード3-27に示します。入力のw_aとw_bを連結して得られる2ビットが2'b00であれば0、2'b01であれば1、2'b10であれば0、そうではなく2'b11であれば1になります。

コード3-27
Verilog HDLの
コード

```
1   module m_main(w_a, w_b, w_c);
2      input wire w_a, w_b;
3      output wire w_c;
4      assign w_c = ({w_a, w_b}==2'b00) ? 0 :
5                   ({w_a, w_b}==2'b01) ? 1 :
6                   ({w_a, w_b}==2'b10) ? 0 : 1;
7   endmodule
```

　上の記述は、入力が決まると、それによって出力が一意に決まる組み合わせ回路です。この回路は、if文を利用して次ページのコード3-28のように記述できます。

コード3-28
Verilog HDLの
コード

```
1   module m_main(w_a, w_b, r_c);
2     input wire w_a, w_b;
3     output reg r_c;
4     always @(*) if ({w_a, w_b}==2'b00) r_c<=0;
5           else if ({w_a, w_b}==2'b01) r_c<=1;
6           else if ({w_a, w_b}==2'b10) r_c<=0;
7           else                        r_c<=1;
8   endmodule
```

また、C言語のswitch-caseに対応するcase文を利用してコード3-29のように記述できます。

コード3-29
Verilog HDLの
コード

```
1   module m_main(w_a, w_b, r_c);
2     input wire w_a, w_b;
3     output reg r_c;
4     always @(*) case ({w_a, w_b})
5                   2'b00  : r_c<=0;
6                   2'b01  : r_c<=1;
7                   2'b10  : r_c<=0;
8                   default: r_c<=1;
9               endcase
10  endmodule
```

if文あるいはcase文を利用した記述では、場合に分けたそれぞれの状況で値を格納するためにreg型のr_cを利用しています。しかし、always @(*) という指定により、入力が変化した時点でこのr_cの値が更新されることから、これらで記述している回路はレジスタを含まない組み合わせ回路になります。このように、記述のなかでreg型が利用されていても、ハードウェアのレジスタを記述していないことがあります。

3-17 クロック信号とカウンタ回路

順序回路のシミュレーションで必要になるクロック信号の記述の例をコード3-30に示します。

コード3-30
Verilog HDLの
コード

```
1   module m_top();
2     reg r_clk=0;
3     initial #150 forever #50 r_clk = ~r_clk;
4     always@(*) $display("%3d: %d", $time, r_clk);
5     initial #410 $finish;
6   endmodule
```

3行目の**forever**文は、続くブロックの処理を無限に繰り返します。この例では、2行目の記述で、時刻0のreg型の信号r_clkを0に設定します。そして、3行目の記述で、#150の時間が経過してから、50の時間が経過するたびにr_clkの値を反転します。これによって、一定の周期で0と1を繰り返す信号であるクロック信号を生成します。

2行目に示すように、reg型の信号は宣言時に初期値を設定できます。2行目の記述は、reg r_clk; initial r_clk = 0; と同じ意味になります。

シミュレーションしている回路が変化しなくなると、それ以降に文字列などが表示されることはありません。このため、その時点でシミュレーションが終了します。一方、クロック信号は一定の周期で0と1を繰り返して変化を続けるため、シミュレーションが終了しないことがあります。これを回避するために、5行目で、明示的に時刻410でシミュレーションを終わらせています。

このコードのシミュレーションによる表示を次ページの出力3-21に示します。

出力3-21

```
  0: 0
200: 1
250: 0
300: 1
350: 0
400: 1
```

　時刻200、300、400、...は、r_clkが0から1に変化する立ち上がりエッジです。このクロック信号の様子を、図3-8に示します。

図3-8
シミュレーションで利用するクロック信号

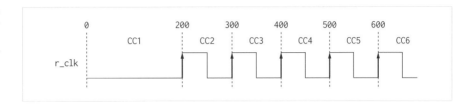

　この図では、CC1、CC2、CC3、...といったクロック識別子も示しています。このクロック信号では、CC1の期間が長くて、どうしてCC2が時刻100から始まらないのか不思議に思ったかもしれません。それは、シミュレーションの記述を簡潔にするためという理由と、クロック信号が動作を始める前には、安定している長い時間があることを伝えたいという理由からです。

　クロック信号の周期は、ある立ち上がりエッジから次の立ち上がりエッジまでの時間であり、この例では100になります。単位をnsとすると、100nsのクロック周期で、動作周波数は10MHzです。

　順序回路の例として、クロック信号w_clkを入力として、2ビットのカウンタの値w_cntを出力とするモジュールm_mainとm_topの記述を次ページのコード3-31に示します。これらのモジュールの構成を図3-9に示します。

図3-9
2ビットの
カウンタの回路

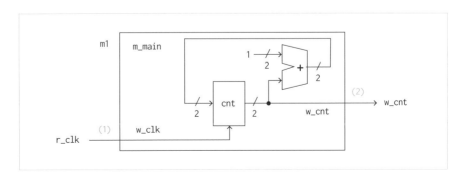

```
1   module m_top();
2     reg r_clk = 0;
3     initial #150 forever #50 r_clk = ~r_clk;
4     wire [1:0] w_cnt;
5     m_main m (r_clk, w_cnt);
6     always@(posedge r_clk) #1
7       $display("%3d %d %d", $time, w_cnt, m.r_cnt);
8     initial #510 $finish;
9   endmodule
10
11  module m_main(w_clk, w_cnt);
12    input  wire w_clk;
13    output wire [1:0] w_cnt;
14    reg [1:0] r_cnt = 0;
15    always@(posedge w_clk) r_cnt <= w_cnt + 1;
16    assign w_cnt = r_cnt;
17  endmodule
```

11～17行目が2ビットのカウンタのモジュールm_mainの記述です。14行目で2ビットのレジスタr_cntを宣言して、時刻0での値を0に設定します。

15行目のalways@で、クロック信号w_clkの立ち上がりを指定するposedge w_clkのタイミングで、r_cnt <= w_cnt + 1の記述によりレジスタの値を1だけインクリメントします。16行目でレジスタr_cntに配線w_cntを接続し、このw_cntがモジュールの出力になります。

5行目で、モジュールm_mainのインスタンスmを生成して、クロック信号と出力のための配線w_cntを接続します。先に見たように、m_mainに含まれるレジスタr_cntは、クロック信号の立ち上がりエッジで値を保持して、少し遅れてから値を出力します。このため、6行目では、クロック信号の立ち上がりエッジから1だけ遅れた時刻の、w_cntの値とインスタンスmのなかのr_cntの値を$displayで出力します。この記述のように、インスタンス名にピリオド (.) を付けることで、そのインスタンスのなかの信号を指定できます。**m.r_cnt**は、mというインスタンスのなかのr_cntです。

このコードのシミュレーションによる表示を出力3-22に示します。

```
201 1 1
301 2 2
401 3 3
501 0 0
```

カウンタの初期値が0なので、時刻200のクロック信号の立ち上がりエッジで、これをインクリメントした1を取得して、少し遅れてから1を出力します。時刻201は、このように少し遅れた時刻であり、そのときの表示は1になります。次の時刻300のクロック信号の立ち上がりエッジで、これをインクリメントした2を取得して、時刻301ではこの2が表示されます。このように、サイクルごとに値が増加しますが、2ビットで表現できる値の最大値である3の次には0になります。

先の記述ではreg型の信号r_cntの出力を配線w_cntに接続して、その配線を使っていました。実は、reg型の信号r_cntの出力の配線は同じr_cntという名前で利用できます。また、モジュールの出力では、配線だけでなくreg型の信号を使うことができます。これにより、先のモジュールm_mainは、コード3-32のように簡潔に記述できます。

コード3-32
Verilog HDLの
コード

```
11   module m_main(w_clk, r_cnt);
12     input  wire w_clk;
13     output reg [1:0] r_cnt = 0;
14     always@(posedge w_clk) r_cnt <= r_cnt + 1;
15   endmodule
```

2ビットのカウンタ回路は図3-10によって実現できることを見ました。

図3-10
2ビットのカウンタ
回路

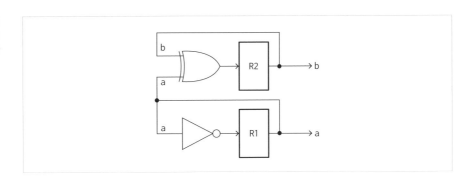

この図3-10の回路に従って記述すると、先のモジュールm_mainは次ページのコード3-33のように記述できます。

コード3-33
Verilog HDLの
コード

```
11   module m_main(w_clk, r_cnt);
12     input  wire w_clk;
13     output reg [1:0] r_cnt = 0;
14     always@(posedge w_clk) r_cnt[0] <= ~r_cnt[0];
15     always@(posedge w_clk) r_cnt[1] <= r_cnt[0] ^ r_cnt[1];
16   endmodule
```

　この記述では、レジスタの下位ビットr_cnt[0]の入力はその否定として、上位
ビットr_cnt[1]の入力は下位ビットと上位ビットの排他的論理和としています。

3

3-18 ▶ シフトレジスタと波形ビューア

　図3-11に示すシフトレジスタのハードウェア記述を、コード3-34に示します。シフトレジスタの入力をw_in、出力をw_outとします。クロック信号をw_clkとします。

図3-11
4ビットの
シフトレジスタ

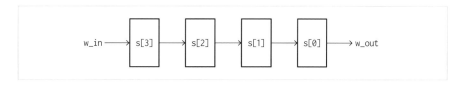

コード3-34
Verilog HDLの
コード

```
1    module m_main (w_clk, w_in, w_out);
2      input wire w_clk, w_in;
3      output wire w_out;
4      reg [3:0] r_s = 0;
5      always@(posedge w_clk) r_s <= {w_in, r_s[3:1]};
6      assign w_out = r_s[0];
7    endmodule
8
9    `timescale 1ns/100ps
10   module m_top();
11     reg r_clk=0;
12     initial #150 forever #50 r_clk = ~r_clk;
13     wire w_out;
14     reg r_in=1;
15     m main m (r_clk, r_in, w_out);
16     initial #700 $finish;
17     initial $dumpvars(0, m);
18   endmodule
```

　4行目で、シフトレジスタを構成する4ビットのレジスタr_sを定義し、初期値に0を設定します。5行目で、クロック信号の立ち上がりエッジで、レジスタの上

位の3ビットを利用して下位の3ビットを更新して、入力のw_inを利用して最上位ビットを更新します。このように、ビット選択とビットの連結を利用して、シフトレジスタを記述できます。

　9～18行目はシミュレーション用の記述です。9行目の**timescale**によって、#命令で指定する時間の単位を指定します。ここでは、#命令で指定する時間の単位をnsに、シミュレーションの精度を100psecに設定しています。また、m_topには、シミュレーションの結果を波形ビューアで表示するための記述を追加しています。17行目では、波形の情報を取得する対象になるインスタンスとしてmを指定します。生成されるファイルの名前はdump.vcdです。波形ビューアで表示しないのであれば、17行目は削除しましょう。

　コード3-34のコードのシミュレーションによって、dump.vcdという名前のファイルが生成されます。このファイルを波形ビューアのGTKWaveと呼ばれるソフトウェアで表示した様子を図3-12に示します＊。

＊GTKWaveの導入と利用方法については、本書のサポートページを参照してください。

　このような波形ビューアの標準的な表示では、レジスタの値はクロック信号の立ち上がりエッジから少し遅れて出力される、といった遅延は考慮されません。つまり、遅延はないものとして表示される点に注意してください。

図3-12
波形ビューアで
シフトレジスタの
波形を表示して
いる様子

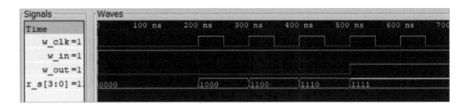

　図3-12では、上からw_clk、w_in、w_out、r_s[3:0]の波形を表示しています。図3-8で見たように、クロック信号w_clkの立ち上がりエッジは、200、300、400、...の時刻になります。

　レジスタのr_sの値は2進数で表示しています。r_sは、200nsからのクロックサイクルで4'b1000を保持して、以降のクロックサイクルでは、4'b1100、4'b1110、4'b1111、...という値を保持することがわかります。これは、サイクルごとに内容を1ビットだけ右に移動するシフトレジスタの動作です。

　操作に慣れるまでは、波形ビューアを利用して効率的にハードウェアのデバッグや解析をすることは難しいでしょう。本書では、できるだけ波形ビューアを利用しないという方針をとります。

3-19 一定の間隔で生じる動作の記述とdefine文

　1MHzのクロック信号w_clkを入力として、出力r_outが1秒の間隔で0、1、0、1と変化する回路の記述をコード3-35に示します。

コード3-35
Verilog HDLの
コード

```
1  module m_main (w_clk, r_out);
2    input wire w_clk;
3    output reg r_out=0;
4    reg [31:0] r_cnt = 0;
5    always@(posedge w_clk) begin
6      r_cnt <= (r_cnt==999999) ? 0 : r_cnt + 1;
7      r_out <= (r_cnt==0) ? ~r_out : r_out;
8    end
9  endmodule
```

　1MHzは1,000,000Hzなので、0が最小値で999,999が最大値でありサイクルごとに1だけ増加するカウンタr_cntを作ります。4行目に32ビットのレジスタとしてr_cntを宣言して、初期値を0とします。5行目の記述は、レジスタの更新のタイミングがクロックの立ち上がりエッジになることを指定しています。6行目によってカウンタが最大値のときは0にして、そうでない場合にはインクリメントすることを記述します。

　このように記述したr_cntは、その値が1秒の周期で0になります。また、r_cntが0になるのはその1秒の周期で1回だけになります。

　このため、7行目では、初期値を0として宣言した1ビットのレジスタr_outの値を、このr_cntが0のときに反転することで、1秒の間隔で0、1、0、1と変化する回路になります。

　C言語と同様に、**define文**を利用することで、定数や何回もでてくる記述を定義して利用できます。先のコードの999999という定数をD_INTERVALとして利用する記述を次ページのコード3-36に示します。

```
1   `define D_INTERVAL 999999
2   module m_main (w_clk, r_out);
3     input wire w_clk;
4     output reg r_out=0;
5     reg [31:0] r_cnt = 0;
6     always@(posedge w_clk) begin
7       r_cnt <= (r_cnt==`D_INTERVAL) ? 0 : r_cnt + 1;
8       r_out <= (r_cnt==0) ? ~r_out : r_out;
9     end
10  endmodule
```

　1行目の`define D_INTERVAL 999999という記述で、定数の999999としてD_INTERVALを定義します。defineの前には、バッククォート`を付けます。7行目で、定義したD_INTERVALをバッククォート`を付けた`D_INTERVALによって利用します。

　このコードの内容はコード3-35と同じです。7行目の条件の判定を、「r_cntがインターバルと等しくなったら」と読むことができるので、define文を利用することで、わかりやすい記述になっています。

　parameter文と**localparam文**を利用すると、define文のように定数を設定できますが、本書ではこれらは利用しません。

3-20 ランダムアクセスメモリ（RAM）とinclude文

指定する任意のデータを同じ遅延で読むことができて、同じ遅延で書くことができるメモリのことを**ランダムアクセスメモリ**（random access memory, **RAM**）と呼びます。ビット幅をB、ワード数をWとするmemというインスタンス名のRAMは、reg [B-1:0] mem [0:W-1]という記述で宣言します。ここで、ビット幅Bのデータをワードと呼びます。それぞれのワードには、0〜W-1のアドレスを利用して参照します。例えば、アドレス0の最初のワードは、mem[0]として参照します。一般に、アドレスがaであれば、そのアドレスのワードはmem[a]として参照します。

ビット幅を32、ワード数を3とするRAMを宣言して、読み書きする記述をコード3-37に示します。

コード3-37
Verilog HDLの
コード

```
1   module m_top();
2     reg [31:0] mem [0:2];
3     initial begin
4       mem[0] <= 7;
5       mem[1] <= 8;
6       mem[2] <= 9;
7     end
8     wire [31:0] w_a = mem[0] + mem[1] + mem[2];
9     initial #1 $display("%d %d %d %d", mem[0], mem[1], mem[2], w_a);
10  endmodule
```

2行目で、ビット幅を32でワード数を3とするRAMのmemを宣言します。4〜6行目でmem[0]、mem[1]、mem[2]にそれぞれ7、8、9を格納し、8行目で、それらの加算の結果を配線w_aに接続します。9行目で、時刻1におけるmem[0]、mem[1]、mem[2]、w_aの値を表示します。

このコードのシミュレーションによる表示を次ページの出力3-23に示します。

出力3-23

```
                    7        8        9       24
```

mem[0]、mem[1]、mem[2]のそれぞれが7、8、9に設定され、それらの加算結果の24がw_aの値になることがわかります。

C言語と同様に、**include文**を利用して、別のファイルの内容を含めることができます。コード3-38に示すRAMの初期化の記述を、別のファイルとして保存する例を示します。

コード3-38
Verilog HDLの
コード

```
1    initial mem[0] <= 7;
2    initial mem[1] <= 8;
3    initial mem[2] <= 9;
```

例えば、code3-38.vという名前のファイルに、上のコードを記述して保存します。このコードを含むように、先のm_topを書き換えると、コード3-39の記述になります。

コード3-39
Verilog HDLの
コード

```
1    module m_top();
2      reg [31:0] mem [0:2];
3      `include "code3-38.v"
4      wire [31:0] w_a = mem[0] + mem[1] + mem[2];
5      initial #1 $display("%d %d %d %d", mem[0], mem[1], mem[2], w_a);
6    endmodule
```

3行目のinclude文で、含むべきファイルを指定します。ここでは、コード3-38の内容を保存したファイルの名前のcode3-38.vを指定しています。

include文で指定するファイルをすぐに見つけられるように、使っているLinuxやWindowsなどのファイルシステムでは、コード3-39の内容を記述したファイルとcode3-38.vを同じディレクトリ(あるいはフォルダ)に保存します。

コード3-40
Verilog HDLの
コード

```
1    module m_top();
2      reg [31:0] mem [0:1023];
3      integer i; initial for (i=0; i<1024; i=i+1) mem[i]=0;
4      initial mem[0] <= 7;
5      wire [31:0] w_a = mem[0] + mem[1] + mem[2];
6      initial #1 $display("%d %d %d %d", mem[0], mem[1], mem[2], w_a);
7    endmodule
```

　多くのワード数を含むメモリの場合には、コード3-40のように値を0で初期化しておくと良いでしょう。3行目では、C言語と同様に、**integer**で整数型の変数iを宣言して、**for文**を利用してmem[0]〜mem[1023]のワードを0で初期化します。

　このコードのシミュレーションによる表示を出力3-24に示します。

出力3-24

```
        7        0        0        7
```

　3行目で初期化されるmem[1]とmem[2]の値が0になっています。

3-21 いくつかの代入の違い

　いくつかの代入の違いについて確認しておきましょう。配線を接続するために使う=は、**継続的代入**と呼びます。**<=**を使うレジスタの代入は**ノンブロッキング代入**と呼び、**=**を使うレジスタの代入は**ブロッキング代入**と呼びます。

　コード3-41に示す記述の表示を考えましょう。

コード3-41
Verilog HDLの
コード

```verilog
1   module m_top();
2     reg [31:0] a = 0, b = 0, c = 0, d = 0;
3     wire [31:0] sum;
4     initial #100 begin
5       a <= 3;
6       b <= a + 5;
7     end
8     initial #100 begin
9       c = 3;
10      d = c + 5;
11    end
12    assign sum = a + b + c + d;
13    initial #101 $display("%d %d %d %d %d", a, b, c, d, sum);
14  endmodule
```

　2、9、10行目の=がブロッキング代入です。5、6行目の<=がノンブロッキング代入です。12行目の=が継続的代入です。

　2行目でレジスタを宣言して、すべてのレジスタを0で初期化しておきます。

　まず、ブロッキング代入について考えましょう。9、10行目のブロッキング代入は、ある操作が終わるまでは次の操作をブロックさせる（止めておく）代入になります。この例では、9行目の操作が終わるまで、10行目の操作がブロックされます。つまり、9行目の操作が終わってから、10行目の操作をおこないます。このため、9行目でレジスタcに3が代入され、10行目で、cの値の3と5の加算の結果の8がdに代入されます。

3

　次に、ノンブロッキング代入について考えましょう。5、6行目のノンブロッキング代入は、ある操作によって次の操作がブロックされない代入です。この例では、5行目と6行目の代入がブロックされることなく同時におこなわれます。このため、5行目でレジスタaに3が代入され、6行目で、まだ更新されていないaの値の0と5の加算の結果の5がbに代入されます。

　C言語のように、逐次的に進んでいく処理を記述するには、ブロッキング代入を利用するのが自然です。一方、個々のモジュールのインスタンスが同時に処理を進めるハードウェアを記述するには、ノンブロッキング代入を利用するのが自然です。

　次に、継続的代入について考えましょう。12行目の継続的代入は、ある配線の接続を記述します。この例では、a + b + c + dを処理する回路の出力を、sumという配線に接続します。このように接続された配線は、a、b、c、dのどれかの値が変更されると、すぐにその値が変わります。つまり、入力の値が変わるたびに継続して値を代入しているように見えるので、継続的代入と呼ばれます。本当は、代入を記述しているわけではありません。

　それでは、継続的代入によって配線を接続するタイミングはいつでしょうか。それは、ハードウェアを製造するタイミングです（FPGAであればコンフィギュレーションのタイミングです）。そして、ハードウェアが動き始める時刻0のときには、その接続はすでに固定されています。このことから、継続的代入を記述する場合に、その接続の時刻を記入してはいけないことがわかります。例えば、initial assign sum = ...という記述は間違いになります。

　一方、ブロッキング代入やノンブロッキング代入を使用して値を設定する場合には、そのタイミングを指定する必要があります。例外的に、レジスタを宣言するときに、ノンブロッキング代入で値を設定することができ、この場合には、時刻0が指定されたことになります。

　コード3-41に示した記述のシミュレーションによる表示を、出力3-25に示します。

出力3-25

| | | 3 | | 5 | | 3 | | 8 | | 19 | |

　コードの4〜11行目では、時刻100にレジスタを更新し、13行目では、時刻101の値を表示しています。bの値が5、dの値が8になることがわかります。

　本書では、ブロッキング代入ではなく、ノンブロッキング代入を使うようにします。ただし、2行目のように、レジスタの宣言時の値の代入にノンブロッキング代入が使えないので、その場合には、ブロッキング代入を使うことがあります。

97

演習問題

Q1 次のコードのシミュレーションの表示を示してください。

コード3-42
Verilog HDLの
コード

```
1  module m_top();
2    reg  [3:0] r_a=4'b1010, r_b=4'b1100;
3    wire [3:0] w_c = r_a ^ r_b;
4    initial #1 $display("%b %b %b", r_a, r_b, w_c);
5  endmodule
```

Q2 次のコードのシミュレーションの表示を示してください。

コード3-43
Verilog HDLの
コード

```
1  module m_top();
2    reg  [3:0] r_a=4'b1010, r_b=4'b1100;
3    wire [3:0] w_c = ~r_a ^ r_b;
4    initial #1 $display("%b %b %b", r_a, r_b, w_c);
5  endmodule
```

Q3 次のコードのシミュレーションの表示を示してください。

コード3-44
Verilog HDLの
コード

```
1  module m_top();
2    reg  [3:0] r_a=4'b1010, r_b=4'bzzxx;
3    wire [3:0] w_c = r_a ^ r_b;
4    initial #1 $display("%b %b %b", r_a, r_b, w_c);
5  endmodule
```

Q4 次のコードのシミュレーションの表示を示してください。

コード3-45
Verilog HDLの
コード

```
1  module m_top();
2    initial forever #100 $display("a");
3    initial #550 $finish;
4    initial #350 $display("b");
5    initial begin #260 $display("c"); #260 $display("d"); end
6  endmodule
```

Q5 次のコードのシミュレーションの表示を示してください。

コード3-46
Verilog HDLの
コード

```
1  module m_top();
2    initial forever #100 $write("a");
3    initial #550 $finish;
4    initial #350 $write("b");
5    initial begin #260 $write("c"); #260 $write("d¥n"); end
6  endmodule
```

Q6 次のコードのシミュレーションの表示を示してください。

コード3-47
Verilog HDLの
コード

```
1  module m_top();
2    wire signed [7:0] w_a = -1, w_b = -2;
3    initial #1 $display("%d %b %d %b", w_a, w_a, w_b, w_b);
4  endmodule
```

Q7 次のコードのシミュレーションの表示を示してください。

コード3-48
Verilog HDLの
コード

```
1  module m_top();
2    reg [7:0] r_a = 0;
3    initial begin r_a = r_a + 1; r_a = r_a + 2; end
4    initial #1 $display("%d %b", r_a, r_a);
5  endmodule
```

Q8 次のコードのシミュレーションの表示を示してください。

コード3-49
Verilog HDLの
コード

```
1  module m_top();
2    reg r_clk = 0; initial #200 r_clk = 1;
3    reg [7:0] r_a = 0;
4    always@(posedge r_clk) r_a <= r_a + 1;
5    initial #201 $display("%d", r_a);
6    initial #199 $display("%d", r_a);
7  endmodule
```

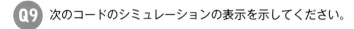

Q9 次のコードのシミュレーションの表示を示してください。

コード3-50
Verilog HDLの
コード

```
1   `define EDGE 200
2   module m_top();
3     reg r_clk = 0; initial #`EDGE r_clk = 1;
4     reg [7:0] r_a = 0;
5     always@(posedge r_clk) r_a <= r_a + 1;
6     initial #(`EDGE+1) $display("%d", r_a);
7     initial #(`EDGE-1) $display("%d", r_a);
8   endmodule
```

第 4 章

RISC-V命令セット
アーキテクチャ

RISC-Vはオープンな命令セットアーキテクチャ
（instruction set architecture）です。つまり、
RISC-Vの仕様が公開されていて、それらを自由に
利用できます。

本書では、RISC-Vの基本的な32ビットの整数命
令セットのRV32Iを利用します。

4-1 RISC-V RV32I命令セット アーキテクチャの概要

　命令セットアーキテクチャを理解するために押さえておきたいポイントが3つあります。1番目は、どのようなレジスタを利用できるか、2番目は、どのような形式で命令を表現するか、3番目は、どのような命令を利用できるかです。

　まず、どのようなレジスタを利用できるか見ていきます。RV32Iは32ビットのISAであり、レジスタのビット幅は32です。x0〜x31と呼ばれる32個のレジスタと、pcと呼ばれる1個のレジスタを持ちます。pcは**プログラムカウンタ**（program counter）として利用するレジスタであり、プロセッサが処理する命令のアドレスを保持します。x0〜x31の32本のレジスタは、**汎用レジスタ**と呼ばれ、32ビットの値を書き込んだり、読み出したりできる多目的のレジスタです。ただし、x0は、値0を持つ特別なレジスタであり、このレジスタへの書き込みは無視され、読み出しによって常に32ビットの値の0が得られます。

　次に、命令を表現する形式の概要を説明します。RV32Iの命令は32ビットで表現されます。すなわち、RV32Iの命令は、32ビットよりも短いビットで表現されたり、32ビットよりも長いビットで表現されたりしません。命令を表現する32ビットは、R、I、S、B、U、Jと呼ばれる6種類の**命令形式**によって異なる使われ方をします。

　最後に、利用できる命令の概要を説明します。RV32Iが提供する47種類の命令は、(1)整数演算、(2)制御の移転（分岐の処理）、(3)ロードとストア、(4)その他に分類されます。これらには、基本的で不可欠な命令が含まれています。これらの実装により、C言語などの高級言語で記述される多くのプログラムをコンパイルして実行できます。

4-2 データ形式、負の整数の表現

4

命令形式を説明する前に、そこで利用されるデータ形式について考えます。最初に0、1、2といった非負整数について、次に、−1、−2、−3といった負の整数についても扱える表現を説明します。

まずは、3ビットで表現できる数について考えます。

符号なし数 (非負整数) の表現であれば、3ビットの信号aのそれぞれのビットを下位からa[0]、a[1]、a[2]として、aが表現する10進数の値をa[0]$\times 2^0$+a[1]$\times 2^1$+a[2]$\times 2^2$と定義できます。例えば、3'b011は、10進数では$1\times 2^0+1\times 2^1+0\times 2^2=3$になります。

符号なし数の表現では負の数を表現できないので都合が悪いことがあります。さて、負の整数も扱うためにどのような表現を利用すれば良いでしょうか。

ひとつの方法では、正と負を区別するために1ビットの符号を追加します。これは、**符号付き絶対値** (sign and magnitude) の表現と呼ばれます。ただし、コンピュータでこの表現はあまり利用されません。

正の数だけではなく負の数を表すために、コンピュータでは**2の補数** (two's complement) の表現が広く利用されます。この表現では、3ビットの信号aが表現する10進数の値を、a[0]$\times 2^0$+a[1]$\times 2^1$−a[2]$\times 2^2$と定義します。つまり、先の符号なし数の定義における最後の項の加算を、減算に変更します。

例えば、2の補数表現の3'b011は、10進数では$1\times 2^0+1\times 2^1-0\times 2^2=3$になります。3'b111は、$1\times 2^0+1\times 2^1-1\times 2^2=-1$になります。

2の補数表現の3'b000、3'b001、3'b010、3'b011は最上位ビットが0なので、符号なし数の表現と同じ値になり、10進数では、それぞれ0、1、2、3になります。一方、3'b100、3'b101、3'b110、3'b111は最上位ビットが1なので、下位の2ビットを符号なし数として表現する値から4の減算になり、それぞれ−4、−3、−2、−1になります。このように、2の補数表現の3ビットの信号で、−4〜3の整数を表現します。

一般に、nビットの信号aの場合、2の補数表現による10進数の値は、

$a[0] \times 2^0 + a[1] \times 2^1 + \cdots + a[n-2] \times 2^{n-2} - a[n-1] \times 2^{n-1}$ で定義され、$-2^{n-1} \sim 2^{n-1}-1$ の整数を表現します。

この式で、最上位ビットのa[n−1]が0であれば、正の数の項の加算になることから、その結果は正の数になります。また、最上位ビットのa[n−1]が1であれば、2^{n-1}という、他の項の合計値よりも大きい数の減算になるので、その結果は負の数になります。2の補数表現の最上位ビットは**符号ビット**（sign bit）と呼ばれ、0であれば正の数になり、1であれば負の数になります。

〔例 題〕2の補数表現の4'b1111と4'b1110によって表される10進数のそれぞれの値を示してください。

〔解 答〕4ビットの信号aに対する2の補数表現の10進数の値を定義する$a[0] \times 2^0 + a[1] \times 2^1 + a[2] \times 2^2 - a[3] \times 2^3$に各ビットの値を入れて計算します。4'b1111は−1を表し、4'b1110は−2を表します。

〔例 題〕2の補数表現の5'b11111と5'b11110によって表される10進数のそれぞれの値を示してください。

〔解 答〕5ビットの信号aに対する2の補数表現の10進数の値を定義する$a[0] \times 2^0 + a[1] \times 2^1 + a[2] \times 2^2 + a[3] \times 2^3 - a[4] \times 2^4$に各ビットの値を入れて計算します。5'b11111は−1を表し、5'b11110は−2を表します。

この例題のように、2の補数表現では、4ビットで−2を表現すると4'b1110になり、5ビットで−2を表現すると5'b11110になり、最上位ビットに1が連結されます。詳しい説明は省略しますが、2の補数で表現される負の数は、左側に1が無限に続いているとみなすことができます。2の補数で表現される正の数は、左側に0が無限に続いているとみなすことができます。

この特徴を利用すると、2の補数として表現される10進数の値を維持しながら、ビット長を増やす操作の**符号拡張**（sign extension）のハードウェアが簡単になります。例えば、8ビットのw_aを32ビットに符号拡張して32ビットの配線w_bに接続するVerilog HDLの記述を次ページのコード4-1に示します。

w_aの最上位ビットのw_a[7]が1であれば負の数です。そのとき、下位の8ビットをw_aとして、残りの24ビットを1で埋めることで、32ビットのビット列を生成します。w_aの最上位ビットのw_a[7]が0であれば正の数です。そのとき、下位の8ビットをw_aとして、残りの24ビットを0で埋めることで、32ビットの

ビット列を生成します。

　このことから、w_a[7]が1であっても0であっても、残りの24ビットをw_a[7]で埋めれば良いことがわかります。コードの3行目に、8ビットから32ビットへの符号拡張を記述します。{24{w_a[7]}}の記述によって、w_a[7]を24回だけ複製するビット列を生成します。この24ビットとw_aとの連結の{{24{w_a[7]}}, w_a}が、8ビットから32ビットへの符号拡張の記述になります。

コード4-1
Verilog HDLの
コード

```
1   module m_top();
2     wire [7:0] w_a = 8'b11111110;
3     wire [31:0] w_b = {{24{w_a[7]}}, w_a};
4     initial #1 $display("%b %b", w_a, w_b);
5   endmodule
```

このコードのシミュレーションによる表示を出力4-1に示します。

出力4-1

```
11111110 11111111111111111111111111111110
```

　Verilog HDLの記述では、2の補数表現の配線を宣言できます。そのためには、予約語の**signed**をwire signedのようにwireの後に追加します。このように変更して、10進数と2進数で値を表示するように変更した記述をコード4-2に示します。

コード4-2
Verilog HDLの
コード

```
1   module m_top();
2     wire signed [7:0] w_a = 8'b11111110;
3     wire signed [31:0] w_b = {{24{w_a[7]}}, w_a};
4     initial #1 $display("%d %d %b %b", w_a, w_b, w_a, w_b);
5   endmodule
```

このコードのシミュレーションによる表示を出力4-2に示します。

出力4-2

```
-2          -2 11111110 11111111111111111111111111111110
```

　ビット幅の異なるふたつのビット列が、2の補数表現では、ともに10進数の－2になることを確認できます。

4-3 命令形式

RISC-Vが利用する6種類の32ビット長の命令形式を図4-1に示します。

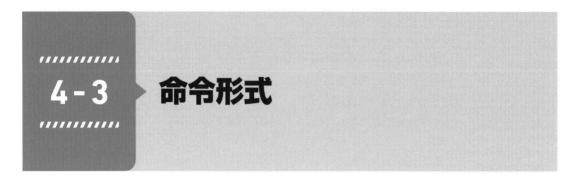

命令は、opcode、rd、rs1、rs2、funct、immのフィールドのいくつかを持ちます。ただし、下位7ビットのopcodeはすべての命令が共通に持つフィールドであり、これによって命令のクラスが決まります。このopcodeに加えて、functとimmの一部を利用することで、命令の種類を特定します。rdは演算結果を格納するレジスタ番号、rs1は1番目のソースとして利用するレジスタ番号、rs2は2番目のソースとして利用するレジスタ番号です。例えば、**R形式**（R-type）と呼ばれる命令形式では、左からfunct7、rs2、rs1、funct3、rd、opcodeという6個のフィールドによって32ビットの命令を構成します。

RISC-Vでは、rd、rs1、rs2のフィールドが、すべての命令形式で同じ場所に配置されます。これによって、データを読み出したり、書き込んだりするレジスタ番号を生成する回路が単純になります。

図の青色で示すimmは、**即値**（immediate）を生成するために利用するフィールドです。R形式を除く5個の形式で、即値が利用されます。S形式とB形式では、immがふたつのフィールドに分かれて配置されます。命令を保持する32ビットの

信号をir（instruction register）と名付けて、それぞれの命令形式で利用する32ビットの即値を生成する方法を考えます。

I形式では、2の補数で表現される12ビットの数がir[31:20]のimmフィールドに格納されます。これを32ビットに符号拡張する{{20{ir[31]}}, ir[31:20]}によって、32ビットの即値を生成します。

S形式では、2個のフィールドに格納されているビット列を連結する{ir[31:25], ir[11:7]}によって、2の補数で表現される12ビットの数を求めます。これを32ビットに符号拡張する{{20{ir[31]}}, ir[31:25], ir[11:7]}によって、32ビットの即値を生成します。

B形式では、2個のフィールドに格納されているビット列と1'b0を連結する{ir[31], ir[7], ir[30:25], ir[11:8], 1'b0}によって、2の補数で表現される13ビットの数を求めます。これを32ビットに符号拡張する{{19{ir[31]}}, ir[31], ir[7], ir[30:25], ir[11:8], 1'b0}によって、32ビットの即値を生成します。ただし、この青字で記した20ビットをまとめて、{{20{ir[31]}}, ir[7], ir[30:25], ir[11:8], 1'b0}と記述できます。

U形式では、ir[31:12]に格納される20ビットの値に、12ビットの0を連結する{ir[31:12], 12'b0}によって、32ビットの即値を生成します。

最後のJ形式では、ir[31:12]に格納されるビットの位置を変更しながら1'b0を連結する{ir[31], ir[19:12], ir[20], ir[30:21], 1'b0}によって、2の補数で表現される21ビットの数を求めます。これを32ビットに符号拡張する{{11{ir[31]}}, ir[31], ir[19:12], ir[20], ir[30:21], 1'b0}によって、32ビットの即値を生成します。この青字で記した12ビットをまとめて、{{12{ir[31]}}, ir[19:12], ir[20], ir[30:21], 1'b0}と記述できます。

下位7ビットのopcodeはすべての命令が共通に持つフィールドであり、これによって命令のクラスが決まります。ただし、RV32Iにおけるopcodeフィールドの下位の2ビットは常に2'b11であり、通常は、これを利用する必要はありません。この2ビットを除いたopcodeの上位の5ビットをopcode5と呼ぶことにします。

命令形式とopcode5の関係を次ページの図4-2に示します。この図は、opcode5の上位の2ビットを行、下位の3ビットを列とする表です。例えば、opcode5が5'b01100であれば、上位の2ビットが2'b01で下位が3'b100になり、それはOPという命令クラスでR形式（R-type）の命令になります。RV32Iで利用する命令クラスに、色を付けました。

図4-2
命令形式と
opcode5の表

opcode5[2:0] opcode5[4:3]	000	001	010	011	100	101	110
00	LOAD (I-type)	LOAD-FP	custom-0	MISC-MEM (I-type)	OP-IMM (I-type)	AUIPC (U-type)	OP-IMM-32
01	STORE (S-type)	STORE-FP	custom-1	AMO	OP (R-type)	LUI (U-type)	OP-32
10	MADD	MSUB	NMSUB	NMADD	OP-FP	OP-V	custom-2/ rv128
11	BRANCH (B-type)	JALR (I-type)	reserved	JAL (J-type)	SYSTEM (I-type)	reserved	custom-3/ rv128

図4-2を見ながら、命令形式を得るモジュールm_get_typeのコードを考えます。このモジュールはopcode5を入力として、R、I、S、B、U、Jのそれぞれの命令形式かどうかを示す配線r、i、s、b、u、jを出力する組み合わせ回路です。

コード4-3
Verilog HDLの
コード

```
1   module m_get_type(opcode5, r, i, s, b, u, j);
2      input  wire [4:0] opcode5;
3      output wire r, i, s, b, u, j;
4      assign j = (opcode5==5'b11011);
5      assign b = (opcode5==5'b11000);
6      assign s = (opcode5==5'b01000);
7      assign r = (opcode5==5'b01100);
8      assign u = (opcode5==5'b01101 || opcode5==5'b00101);
9      assign i = ~(j | b | s | r | u);
10  endmodule
```

コード4-3にモジュールm_get_typeの記述を示します。図4-2から、opcode5が5'b11011のときだけJ形式になることがわかります。このことから、4行目で、opcode5と5'b11011が等しいときにjが1になると記述します。

同様に、5行目で、opcode5と5'b11000が等しいときにB形式を表すbが1になると記述します。6行目で、opcode5と5'b01000が等しいときにS形式を表すsが1になると記述します。7行目で、opcode5と5'b01100が等しいときにR形式を表すrが1になると記述します。8行目で、opcode5が5'b01101あるいは5'b00101と等しいときにU形式を表すuが1になると記述します。

最後のI形式は少し工夫します。opcode5が5'b00000、5'b00011、5'b00100、5'b11001、5'b11100のどれかであればI形式と記述しても良いですが、この記述は複雑です。先に求めた命令形式の結果を利用して、j、b、s、r、uのすべてが0であれば、I形式を表すiが1になると9行目で記述します。ただし、この記述では図4-2で色が付いていないopcode5の値（例えば5'b11110）が与えられたときにI形式として判断されてしまいます。

例題 モジュールm_get_typeを利用して、opcode5として5'b01101を入力し
たときの命令形式を求めるモジュールm_topを記述して、そのシミュレーション
の表示が正しいことを確認してください。

解答 コード4-4のようにモジュールm_topを記述して、シミュレーションしま
す。

コード4-4
Verilog HDLの
コード

```
1   module m_top();
2     wire [4:0] opcode5 = 5'b01101;
3     wire r, i, s, b, u, j;
4     m_get_type m (opcode5, r, i, s, b, u, j);
5     initial #100
6       $display("%b %b %b %b %b %b %b", opcode5, r, i, s, b, u, j);
7   endmodule
```

シミュレーションにより、出力4-3の表示を得ます。

出力4-3

```
01101 0 0 0 0 1 0
```

これにより、右から2番目のU形式に対応するuが1、それ以外が0という正し
い結果になることがわかります。

次に、32ビットの即値を求める組み合わせ回路のモジュールm_get_immをコー
ド4-5に示します。

コード4-5
Verilog HDLの
コード

```
1   module m_get_imm(ir, i, s, b, u, j, imm);
2     input wire [31:0] ir;
3     input wire i, s, b, u, j;
4     output wire [31:0] imm;
5     assign imm= (i) ? {{20{ir[31]}},ir[31:20]} :
6                 (s) ? {{20{ir[31]}},ir[31:25],ir[11:7]} :
7                 (b) ? {{20{ir[31]}},ir[7],ir[30:25],ir[11:8],1'b0} :
8                 (u) ? {ir[31:12],12'b0} :
9                 (j) ? {{12{ir[31]}},ir[19:12],ir[20],ir[30:21],1'b0} : 0;
10  endmodule
```

2行目で宣言する入力のirは32ビットで表現される命令です。3行目に宣言す
るi、s、b、u、jの信号は、それぞれI、S、B、U、Jの命令形式かどうかを示す入

力です。これらは、先に見たモジュールm_get_typeによって生成されます。

　4行目で、求める32ビットの即値のimmを宣言します。5行目では、I形式のときに、先に検討した記述によってimmを得ます。同様に、6、7、8、9行目では、それぞれS、B、U、J形式のときに、先に示した記述によってimmを得ます。これらの形式でない場合（R形式の場合）には、immを0とします。

R形式の算術演算命令、論理演算命令、シフト命令

　整数の算術演算命令を考えます。まず、加算をおこなう**add命令**について考えます。この命令の例を示します。

```
add x1, x2, x3
```

　RISC-Vの命令のほとんどは、ひとつの命令でひとつの演算だけを実行します。例えば、add命令が実行するひとつの演算は加算です。

　命令の記述における左端の単語は**ニーモニック**（mnemonic）と呼ばれ、命令の種類を指定します。この命令ではaddがニーモニックであり、これにより、add命令になることを指定します。続くx1、x2、x3は演算の対象になるデータを指定します。演算の対象になるそれぞれのデータは**オペランド**と呼ばれます。add命令では、カンマで区切って3個のオペランドを指定します。最初のオペランドが演算結果を格納するレジスタ、2、3番目のオペランドが演算の入力になる2個のレジスタです。これらのオペランドとして、汎用レジスタのx0からx31のどれかを指定します。

　例えば、add x1, x2, x3は、x2レジスタの値とx3レジスタの値の加算によって得られた結果を、x1レジスタに格納する命令になります。この命令の動作は、Verilog HDLでx1 <= x2 + x3と記述できます。

　入力になるオペランドのことを**ソースオペランド**、結果を格納するオペランドのことを**デスティネーションオペランド（宛先オペランド）**と呼びます。RISC-Vの命令の多くは、宛先オペランドを左側、ソースオペランドを右側に書きます。このルールは重要なので覚えておきましょう。

　ソースオペランドと宛先オペランドには同じレジスタを指定できます。ひとつの命令の動作においては、すべてのソースオペランドの値を取得してから、演算をおこない、そして、結果を宛先オペランドに格納します。例えば、add x3, x3, x3という命令は、x3の値を読み出し、加算して、その結果をx3に格納します。これ

によって、実行前のx3の値が2倍になってx3に格納されます。

次に、同様の形式の命令として、整数の減算をおこなう **sub**（subtract）**命令**について考えます。この命令の例を示します。

```
sub x1, x2, x3
```

この命令の動作は、先のadd命令の演算を、加算から減算に変更したものになります。すなわち、x2レジスタの値からx3レジスタの値の減算で得られた結果を、x1レジスタに格納します。この命令の動作は、Verilog HDLでx1 <= x2 - x3と記述できます。

add命令ではふたつのソースオペランドの順番を変更しても同じ結果になります（例えば、add x1, x2, x3とadd x1, x3, x2は同じ結果になる）が、sub命令ではふたつのソースオペランドの順番が重要になります。

例 題 32ビットの整数型（signed int型）の変数f、a、b、cをそれぞれレジスタx1、x2、x3、x4に割り付けます。C言語の記述のf = (a + b) + c; をコンパイルして得られるRISC-Vのアセンブリ言語のコードを示してください。

解 答

```
add x5, x2, x3    # x5 = a + b
add x1, x5, x4    # f = x5 + c
```

最初の命令でx2とx3の加算の結果をx5に格納し、次の命令でx5とx4の加算により(a + b) + cの結果をx1に格納します。a + bの結果を一時的に格納して利用するためにx5を利用しています。x5ではなく、x6〜x31の任意のレジスタを利用できます。アセンブリ言語の#より右はコメントです。解答に、これらのコメントを記述する必要はありません。

例 題 32ビットの整数型（signed int型）の変数f、a、b、cをそれぞれレジスタx1、x2、x3、x4に割り付けます。C言語の記述のf = (a + b) - c; をコンパイルして得られるRISC-Vのアセンブリ言語のコードを示してください。

解答

```
add x5, x2, x3    # x5 = a + b
sub x1, x5, x4    # f = x5 - c
```

先の例題の答えの2番目のadd命令をsub命令に変更します。a + bの結果を一時的に格納して利用するためにx5を利用しています。x5ではなく、x6〜x31の任意のレジスタを利用することができます。

add命令とsub命令の動作を見たので、次に、これらがどのように32ビットのビット列に変換されるかを考えます。

図4-3に、R形式の算術演算命令、論理演算命令、シフト命令のビット列の定義を示します。青色で示す2進数のビット列は、それぞれの命令で確定する値を示しています。ただし、opcodeの下位の2ビットは常に2'b11であり、利用する必要はありません。このため、この部分を灰色にしています。

図4-3
R形式の
算術演算命令、
論理演算命令、
シフト命令の
ビット列の定義

31　　　　　25	24　　　　　20	19　　　　　15	14　　12	11　　　7	6　　　　　0	
funct7	rs2	rs1	funct3	rd	opcode	R-type

0000000	rs2	rs1	000	rd	0110011	R-type **add**
0100000	rs2	rs1	000	rd	0110011	R-type **sub**
0000000	rs2	rs1	001	rd	0110011	R-type **sll**
0000000	rs2	rs1	010	rd	0110011	R-type **slt**
0000000	rs2	rs1	011	rd	0110011	R-type **sltu**
0000000	rs2	rs1	100	rd	0110011	R-type **xor**
0000000	rs2	rs1	101	rd	0110011	R-type **srl**
0100000	rs2	rs1	101	rd	0110011	R-type **sra**
0000000	rs2	rs1	110	rd	0110011	R-type **or**
0000000	rs2	rs1	111	rd	0110011	R-type **and**

例として、add x1, x2, x3という命令を考えます。これはadd命令なので、図4-3から、opcode5（opcodeの上位の5ビット）の値は5'b01100、funct3の値は3'b000、funct7の値は7'b0000000になります。また、rdで宛先オペランドを指定し、rs1で1番目のソースオペランドを指定し、rs2で2番目のソースオペランドを指定します。

例題　add x1, x2, x3を32ビットのビット列に変換し、それを2進数で示してください。

113

解答 図4-3から、32ビットのビット列のfunct7に7'b0000000を、funct3に3'b000を、opcode5に5'b01100、下位の2ビットに2'b11を格納することで、次のビット列を得ます。アンダースコア_は、フィールドなどの区切りを示すために利用しています。xは、まだ値が決まっていないビットです。

32'b0000000_xxxxx_xxxxx_000_xxxxx_01100_11

次に、宛先オペランドがx1であり、そのレジスタ番号が10進数の1になることから、その値を2進数に変換することで5'b00001を得ます。これをrdフィールドに格納することで次のビット列を得ます。

32'b0000000_xxxxx_xxxxx_000_00001_01100_11

次に、1番目のソースオペランドがx2であり、そのレジスタ番号が10進数の2になることから、その値を2進数に変換することで5'b00010を得ます。これをrs1フィールドに格納することで次のビット列を得ます。

32'b0000000_xxxxx_00010_000_00001_01100_11

最後に、2番目のソースオペランドがx3であり、そのレジスタ番号が10進数の3になることから、その値を2進数に変換することで5'b00011を得ます。これをrs2フィールドに格納することで次のビット列を得ます。

32'b0000000_00011_00010_000_00001_01100_11

例題 連結演算子を利用して各フィールドを連結することで、add x1, x2, x3を表現する32ビットのビット列を記述してください。ただし、rd、rs1、rs2のフィールドは10進数で、それ以外のフィールドは2進数で記述してください。

解答 funct7、funct3、opcodeを2進数で、その他のフィールドを10進数で記述し、それらの連結として、add x1, x2, x3を次のように記述できます。

{7'b0000000, 5'd3, 5'd2, 3'b000, 5'd1, 7'b0110011}

sub命令を32ビットのビット列に変換する場合には、sub命令のために、

opcode5を5'b01100に、funct7を7'b0100000に、funct3を3'b000に設定し、それ以外はadd命令と同様に格納します。

例題　連結演算子を利用して各フィールドを連結することで、sub x6, x5, x4 を表現する32ビットのビット列を記述してください。ただし、rd、rs1、rs2の フィールドは10進数で、それ以外のフィールドは2進数で記述してください。

解答　funct7、funct3、opcodeを2進数で、その他のフィールドを10進数で 記述し、それらの連結として、sub x6, x5, x4を次のように記述できます。

{7'b0100000, 5'd4, 5'd5, 3'b000, 5'd6, 7'b0110011}

例題　x2、x3、x4に格納されているそれぞれの値を20、30、40とします。次の 命令列を実行した後のx1の値を示してください。

```
add x5, x2, x3
add x1, x5, x4
```

解答　最初の命令によって、20と30の加算結果の50がx5に格納され、次の命令で50と40の加算結果の90がx1に格納されます。よって、実行後のx1の値は90になります。

　算術演算命令と同様に、論理演算命令を定義できます。add x1, x2, x3の動作は、Verilog HDLでx1 <= x2 + x3と表現できました。ここで、演算を排他的論理和の^に変更すると、x1 <= x2 ^ x3という動作のxor命令になります。同様に、演算を論理和の|に変更するとor命令、論理積の&に変更するとand命令になります。

例題　x3、x4のそれぞれに32'b10101010、32'b11110000が格納されています。xor x2, x3, x4を実行した後のx2の値を2進数で示してください。

解答　xor命令はビットごとの排他的論理和を宛先オペランドに格納するので、x2の値は32'b01011010になります。

【 例題 】 x3、x4のそれぞれに32'b10101010、32'b11110000が格納されています。and x2, x3, x4を実行した後のx2の値を2進数で示してください。

【 解答 】 and命令はビットごとの論理積を宛先オペランドに格納するので、x2の値は32'b10100000になります。

【 例題 】 x3、x4のそれぞれに32'b10101010、32'b11110000が格納されています。or x2, x3, x4を実行した後のx2の値を2進数で示してください。

【 解答 】 or命令はビットごとの論理和を宛先オペランドに格納するので、x2の値は32'b11111010になります。

　次に、関係演算子を利用する**slt**（set if less than）**命令**について考えます。slt命令は、1番目のソースオペランドが2番目のソースオペランドより小さいときに1を、そうでないときに0を宛先オペランドに格納します。slt x1, x2, x3の動作は、Verilog HDLでx1 <= (x2 < x3)と表現できます。slt命令では、1番目と2番目のソースオペランドを2の補数で表現する数として、大小を比較します。

　sltu（set if less than, unsigned）**命令**は1番目と2番目のソースオペランドを符号なし数として比較します。すなわち、符号なし数として表現される1番目のソースオペランドが2番目のソースオペランドより小さいときに1を、そうでないときに0を宛先オペランドに格納します。

【 例題 】 x3、x4のそれぞれに32'b10101010、32'b11110000が格納されています。slt x2, x3, x4を実行した後のx2の値を2進数で示してください。

【 解答 】 大小比較の(x3<x4)が真なので、x2の値は32'b1になります。

　次に、シフトについて考えます。左にシフトさせる論理シフトの**sll**（shift left logical）**命令**は、1番目のソースオペランドを2番目のソースオペランドの下位5ビットで指定する数だけ左にシフトします。シフトによって空いた下位のビットはゼロで埋められます。例えば、sll x1, x2, x3というsll命令の動作は、Verilog HDLでx1 <= x2 << x3[4:0]と表現できます。ここで、<<は、左にシフトさせる論理シフトの演算子です。

（例題）x3、x4のそれぞれに32'b10101010、32'd3が格納されています。sll x2，x3，x4を実行した後のx2の値を2進数で示してください。

（解答）32'b10101010を左に3ビットだけシフトして、空いた下位のビットをゼロで埋めるので、x2の値は32'b10101010000になります。ここでは、空いたビットをゼロで埋めた3ビットを青色で示しました。

　右にシフトさせる論理シフトの**srl**（shift right logical）**命令**は、1番目のソースオペランドを2番目のソースオペランドの下位5ビットで指定する数だけ右にシフトします。シフトによって空いた上位のビットはゼロで埋められます。srl x1，x2，x3の動作は、Verilog HDLでx1 <= x2 >> x3[4:0]と表現できます。ここで、>>は、右にシフトさせる論理シフトの演算子です。

　右シフトには、空いたビットの処理が異なる**算術シフト**の**sra**（shift right arithmetic）**命令**もあります。sra命令は、1番目のソースオペランドを2番目のソースオペランドの下位5ビットで指定する数だけ右にシフトします。シフトによって空いた上位のそれぞれのビットを、シフトする前の1番目のソースオペランドの最上位ビットで埋めます。例えば、sra x1，x2，x3の動作は、Verilog HDLでx1 <= x2 >>> x3[4:0]と表現できます。ここで、>>>は、算術シフトの演算子です。

（例題）x3、x4のそれぞれに32'b10101010、32'd3が格納されています。srl x2，x3，x4を実行した後のx2の値を2進数で示してください。

（解答）32'b10101010を右に3ビットシフトして、空いたビットをゼロで埋めるので、x2の値は32'b10101になります。

（例題）x3、x4のそれぞれに32'b10000000_00000000_10101010_00000000、32'd8が格納されています。sra x2，x3，x4を実行した後のx2の値を2進数で示してください。

（解答）x3を8ビットだけ右にシフトして、空いたそれぞれのビットを、シフトする前のx3[31]の値の1で埋めます。これにより、x2の値は32'b11111111_10000000_00000000_10101010になります。

4-5 ▷ I形式の算術演算命令、論理演算命令、シフト命令

　先の節で見たR形式の算術演算命令、論理演算命令、シフト命令では、すべての
オペランドとしてレジスタを指定しました。例えば、add x1, x2, x3のように、
すべてのオペランドはレジスタを表すxから始まっていました。

　一方で、典型的なプログラムでは3や1024といった小さい定数が頻繁に利用さ
れます。そのため、小さい定数をオペランドのひとつに指定する命令があります。
これらの命令では、オペランドのひとつになる小さい定数を32ビットの命令のな
かに格納しておきます。このように、命令に格納される定数を**即値**（**immediate**）
と呼びます。

　即値を利用する算術演算命令を考えます。レジスタの値と即値の加算をおこなう
addi（add immediate）**命令**の例を示します。

```
addi x1, x2, 3
```

　addi命令では、3つのオペランドを指定します。最初のオペランドが演算結果
を格納するレジスタ、2番目のオペランドが演算の入力になるひとつ目のレジス
タ、3番目のオペランドが演算の入力になる即値です。すなわち、addi x1, x2,
3は、x2レジスタの値と3の加算によって得られた結果を、x1に格納します。この
命令の動作は、Verilog HDLでx1 <= x2 + 3と表現できます。

　即値を利用する算術演算命令では、2番目のソースオペランドが即値になりま
す。例えば、addi x1, 3, x2は、1番目のソースオペランドとして即値を利用し
ているので有効な命令ではありません。また、add x1, x2, 3は、即値を利用し
ないadd命令で即値を利用しているので、こちらも有効な命令ではありません。
add命令とaddi命令は異なる命令です。

　例題　32ビットの整数型の変数f、a、bをそれぞれレジスタx1、x2、x3に割り
　　　付けます。C言語の記述のf = (a + b) + 9;をコンパイルして得られる

RISC-Vのアセンブリ言語のコードを示してください。

解答

```
add  x5, x2, x3    # x5 = a + b
addi x1, x5, 9     # f = x5 + 9
```

a + bの結果を一時的に格納して利用するためにx5を利用しました。

addi命令は、図4-4に示すように、I形式です。rdフィールドで宛先オペランドを指定し、rs1フィールドで1番目のソースオペランドを指定し、immフィールドに2番目のソースオペランドの即値を格納します。

図4-4
I形式の
算術演算命令、
論理演算命令、
シフト命令の
ビット列の定義

31	25	24	20	19	15	14	12	11	7	6	0	
imm[11:0]				rs1		funct3		rd		opcode		I-type

imm[11:0]		rs1	000	rd	0010011	I-type addi
imm[11:0]		rs1	010	rd	0010011	I-type slti
imm[11:0]		rs1	011	rd	0010011	I-type sltiu
imm[11:0]		rs1	100	rd	0010011	I-type xori
imm[11:0]		rs1	110	rd	0010011	I-type ori
imm[11:0]		rs1	111	rd	0010011	I-type andi
0000000	shamt	rs1	001	rd	0010011	I-type slli
0000000	shamt	rs1	101	rd	0010011	I-type srli
0100000	shamt	rs1	101	rd	0010011	I-type srai

例題 addi x3, x4, 7を32ビットのビット列に変換し、それを2進数で示してください。

解答 まず、図4-4から、32ビットのビット列のfunct3に3'b000を、opcodeに7'b00100_11を格納することで、次のビット列を得ます。

```
32'bxxxxxxxxxxxx_xxxxx_000_xxxxx_00100_11
```

次に、宛先オペランドがx3であり、そのレジスタ番号が10進数で3になることから、その値を2進数に変換することで5'b00011を得ます。これをrdフィールドに格納することで次のビット列を得ます。

```
32'bxxxxxxxxxxxx_xxxxx_000_00011_01100_11
```

次に、1番目のソースオペランドがx4であり、そのレジスタ番号が10進数で4になることから、その値を2進数に変換することで5'b00100を得ます。これをrs1フィールドに格納することで次のビット列を得ます。

```
32'bxxxxxxxxxxxx_00100_000_00011_01100_11
```

最後に、2の補数で表現された7を2進数に変換することで12'b000000000111を得ます。これを12ビットのimmフィールドに格納することで次のビット列を得ます。

```
32'b000000000111_00100_000_00011_01100_11
```

例題 連結演算子を利用して各フィールドを連結することで、addi x3, x4, 7を表現する32ビットのビット列を示してください。ただし、rd、rs1、immのフィールドは10進数で、それ以外のフィールドは2進数で示してください。

解答 この命令は、funct3とopcodeを2進数で、その他のフィールドを10進数で記述し、それらの連結として、次のように記述できます。

```
{12'd7, 5'd4, 3'b000, 5'd3, 7'b0110011}
```

addi命令で表現できる数の範囲を考えます。addi命令の即値として利用できる値は、2の補数として表現される12ビットのimmフィールドで指定されます。

先に見たように、nビットの信号aの場合、2の補数表現による10進数の値は、$a[0]\times2^0+a[1]\times2^1+\cdots+a[n-2]\times2^{n-2}-a[n-1]\times2^{n-1}$で定義され、$-2^{n-1}$〜$2^{n-1}-1$の整数を表現します。この式から、n=12のときには、−2048〜2047までの値を表現できます。

12ビットの即値で表現できる−2048〜2047の範囲を超えた、例えば、3000を指定するaddi x1, x5, 3000は有効な命令ではありません。

その他のI形式の命令について考えます。**slti**（set if less than immediate）命令は、1番目のソースオペランドが2番目のソースオペランドより小さいときに1を、そうでないときに0を宛先オペランドに格納します。2番目のソースオペランドは、immに格納される12ビットの値の符号拡張によって生成します。例えば、

slti x1, x2, 7の動作は、Verilog HDLでx1 <= (x2 < 7)と表現できます。

sltiu（set if less than immediate, unsigned）**命令**は、1番目と2番目のソースオペランドを符号なし数として比較します。1番目のソースオペランドが、2番目のソースオペランドより小さいときに1を、そうでないときに0を宛先オペランドに格納します。2番目のソースオペランドは、immに格納される12ビットの値の符号拡張によって生成します。

xori（exclusive-or immediate）**命令**は、1番目と2番目のソースオペランドの排他的論理和を宛先オペランドに格納します。2番目のソースオペランドは、immに格納される12ビットの値の符号拡張によって生成します。同様に、演算を論理和に変更することで**ori**（or immediate）**命令**になります。また、論理積に変更することで**andi**（and immediate）**命令**になります。

左の論理シフトの**slli**（shift left logical immediate）**命令**は、1番目のソースオペランドを2番目のソースオペランドで指定する数だけ左にシフトします。2番目のソースオペランドは、imm[4:0]に格納されている5ビットの即値（これを**shamt**と呼ぶ）の上位に27ビットのゼロを連結する**ゼロ拡張**と呼ばれる操作によって生成します。シフトによって空いたビットはゼロで埋めます。slli x1, x2, 5の動作は、Verilog HDLでx1 <= x2 << 5と表現できます。

同様に、右の論理シフトのsrl命令のシフトするビット数を即値のshamtで指定する命令が**srli**（shift right logical immediate）**命令**であり、算術シフトのsra命令のシフトするビット数を即値のshamtで指定する命令が**srai**（shift right arithmetic immediate）**命令**です。

4-6 ロード命令、ストア命令、エンディアンと整列

　これまでに見てきた命令は、レジスタあるいは即値をオペランドとして利用しました。しかし、たかだか32個のレジスタでは、アプリケーションプログラムを実行するための十分なデータを格納できません。そこで、**メインメモリ**と呼ばれる大量のデータを格納できる記憶装置を利用します。メインメモリからデータを読み出す動作を**ロード**（load）と呼び、メインメモリにデータを書き込む動作を**ストア**（store）と呼びます。RV32Iには、8ビット、16ビット、32ビットの単位でデータをロードしたりストアしたりする命令があります。

　多くのコンピュータでは、**バイト**と呼ばれる8ビットがメインメモリを参照する最小の単位になります。このため、メインメモリには、バイト単位のデータに、0、1、2、...という番地（**アドレス**）を与える構成が利用されます。このように、バイト単位のデータにアドレスを割り当てて、そのアドレスを利用してデータを区別する方式を**バイトアドレッシング**と呼びます。

　RV32Iは、32ビットのアーキテクチャであり、処理の対象は32ビットのデータになります。この基本的なビット長のデータを**ワード**（word）と呼びます。

　まず、あるアドレスのワードをメインメモリからロードする**lw**（load word）命令の例を示します。

```
lw x1, 4(x2)
```

　最初のオペランドがx1、2番目のオペランドが即値の4、そして3番目のオペランドがx2です。このlw命令の動作は、まず、3番目のオペランドとして指定されるx2の値と2番目のオペランドの4との加算によってアドレスを計算します。そのアドレスで参照するメインメモリから32ビットのデータをロードして、宛先オペランドのx1に格納します。

（例題）メインメモリのアドレス512とアドレス516に格納されている32ビットのデータをそれぞれx1、x2にロードして、それらの加算の結果をx3に格納するアセンブリ言語のプログラムを示してください。アドレスの計算では、値の0を保持するx0を利用してください。

（解答）

```
lw  x1, 512(x0)
lw  x2, 516(x0)
add x3, x1, x2
```

最初の命令は、x0が保持する値の0と即値の512の加算によってアドレスを計算し、そのアドレスで参照するメインメモリから32ビットのデータをロードして、x1に格納します。2番目の命令は、同様に、アドレスの516で参照するメインメモリからワードをロードして、x2に格納します。最後のadd命令で、これらのロードした値の加算の結果をx3に格納します。

（例題）アドレス8196と8200で参照するメインメモリからロードする32ビットのデータをそれぞれx1、x2に格納して、それらの加算の結果をx3に格納するアセンブリ言語のプログラムを示してください。x5の値は8196に設定されており、x5の値と0の加算で最初のアドレスを、x5の値と4の加算で2番目のアドレスを計算してください。

（解答）

```
lw  x1, 0(x5)
lw  x2, 4(x5)
add x3, x1, x2
```

最初の命令は、x5の値と0の加算によってアドレスを生成し、そのアドレスの8196で参照するメインメモリからロードして、x1に格納します。2番目の命令は、同様に、アドレスの8200で参照するメインメモリからワードをロードして、x2に格納します。最後のadd命令で、これらのロードした値が格納されるx1とx2の加算の結果をx3に格納します。

図4-5に示すように、lw命令はI形式です。rdフィールドで宛先オペランドを指定し、rs1フィールドで2番目のソースオペランドを指定します。immフィールドの即値が1番目のソースオペランドです。

図4-5
ロード命令の
ビット列の定義

31	25 24	20 19	15 14	12 11	7 6	0	
imm[11:0]		rs1	funct3	rd	opcode		I-type

imm[11:0]		rs1	000	rd	0000011	I-type **lb**
imm[11:0]		rs1	001	rd	0000011	I-type **lh**
imm[11:0]		rs1	010	rd	0000011	I-type **lw**
imm[11:0]		rs1	100	rd	0000011	I-type **lbu**
imm[11:0]		rs1	101	rd	0000011	I-type **lhu**

例題 lw x2, 4(x5)を32ビットのビット列に変換し、そのビット列を2進数で示してください。

解答 まず、図4-5のビット列の定義から、funct3に3'b010を、opcodeに7'b00000_11を格納することで、次のビット列を得ます。

32'bxxxxxxxxxxxx_xxxxx_010_xxxxx_00000_11

次に、宛先オペランドがx2であり、そのレジスタ番号が10進数で2になることから、その値を2進数に変換することで5'b00010を得ます。これをrdフィールドに格納して次のビット列を得ます。

32'bxxxxxxxxxxxx_xxxxx_010_00010_00000_11

次に、ソースオペランドのレジスタがx5であり、そのレジスタ番号が10進数で5になることから、その値を2進数に変換することで5'b00101を得ます。これをrs1フィールドに格納して次のビット列を得ます。

32'bxxxxxxxxxxxx_00101_010_00010_00000_11

最後に、2の補数で表現される4を2進数に変換することで12'b000000000100を得ます。これを12ビットのimmフィールドに格納して次のビット列を得ます。

32'b000000000100_00101_010_00010_00000_11

　メインメモリからデータをロードしてレジスタに格納する命令を**ロード命令**と呼びます。ロード命令には、lw命令の他に、**lb**（load byte）**命令**、**lh**（load halfword）**命令**、**lbu**（load byte, unsigned）**命令**、**lhu**（load halfword, unsigned）**命令**があります。これらは、lw命令と同じ方法でアドレスを計算します。すなわち、3番目のオペランドとして指定するレジスタの値と2番目のオペランドの即値の加算によってアドレスを得ます。

　lb命令とlbu命令は、計算したアドレスでメインメモリを参照し、8ビットのデータ（バイト）をロードして、32ビットに変換してから宛先オペランドに格納します。lb命令ではロードしたデータを符号拡張によって32ビットに変換します。一方、lbu命令ではロードしたデータをゼロ拡張によって32ビットに変換します。

　lh命令とlhu命令は、計算したアドレスでメインメモリを参照し、16ビットのデータ（**ハーフワード**）をロードして、32ビットに変換してから宛先オペランドに格納します。lh命令ではロードしたデータを符号拡張によって32ビットに変換します。一方、lhu命令ではロードしたデータをゼロ拡張によって32ビットに変換します。

　次に、レジスタの値をメインメモリに格納する**ストア命令**について考えます。まず、レジスタに保存されているワードを、計算したアドレスで参照するメインメモリにストアする**sw**（store word）**命令**の例を示します。これまでに見てきたストア命令を除く命令では、最初のオペランドを宛先オペランドとして利用しました。一方、ストア命令では、最初のオペランドがソースオペランドになります。

```
sw x1, 4(x5)
```

　最初のオペランドがx1、2番目のオペランドが即値の4、そして3番目のオペランドがx5です。この命令の動作は、まず、3番目のオペランドとして指定されるx5の値と2番目のオペランドの4との加算によってアドレスを求めます。そのアドレスで参照するメインメモリに、最初のオペランドで指定するx1に格納されているワードをストアします。

　次ページの図4-6に示すように、sw命令はS形式です。rs1フィールドで3番のソースオペランドを指定し、immフィールドの即値が2番のソースオペランドになります。これらの加算によりメモリアドレスを計算します。メインメモリにストアするデータを保持する1番目のオペランドはrs2フィールドで指定します。

　ストア命令には、sw命令の他に、**sb**（store byte）**命令**、**sh**（store halfword）**命令**があります。これらの命令は、sw命令と同じ方法でアドレスを計算します。sb命令は、計算したアドレスで参照するメインメモリに、rs2フィールドで指定する

レジスタの下位の8ビット（バイト）をストアします。sh命令は、計算したアドレスで参照するメインメモリに、rs2フィールドで指定するレジスタの下位の16ビット（ハーフワード）をストアします。

図4-6
ストア命令の
ビット列の定義

31	25	24	20	19	15	14	12	11	7	6	0	
imm[11:5]		rs2		rs1		funct3		imm[4:0]		opcode		S-type

imm[11:5]	rs2	rs1	000	imm[4:0]	0100011	S-type **sb**
imm[11:5]	rs2	rs1	001	imm[4:0]	0100011	S-type **sh**
imm[11:5]	rs2	rs1	010	imm[4:0]	0100011	S-type **sw**

例題 アドレス8196で参照するメインメモリからワードをロードしてx1に格納して、そのx1の値に7を加算した結果をx2に格納して、得られたx2の値をアドレス8200で参照するメインメモリにストアするアセンブリ言語のプログラムを示してください。x5の値は8196に設定されており、x5の値と0の加算でロード命令のアドレスを、x5の値と4の加算でストア命令のアドレスを計算してください。

解答

```
lw x1, 0(x5)
addi x2, x1, 7
sw x2, 4(x5)
```

3番目のストア命令は、x5の値と即値の4の加算でアドレスの8200を計算します。そのアドレスで参照するメインメモリに、x2が保持するワードをストアします。

メインメモリはバイトの単位で読み書きできます。一方、レジスタは、複数のバイトを含むワードの単位で読み書きされます。このように、それぞれのメモリにおいて扱うデータの幅が違うときには、注意すべきことがあります。ここでは、簡単のために16ビット、すなわち2バイトのレジスタのRを考えます。また、アドレスaで指定されるメインメモリのバイトをm[a]と記述します。

このレジスタをR = 16'haabbとして初期化します。そうすると、この上位のバイトのR[15:8]の値は8'haaに、下位のバイトのR[7:0]の値は8'hbbになります。さて、Rの値を、アドレスの0、1へストアすることを考えます。Rをメインメモリ

に格納する様子を図4-7に示します。

このとき、m[0] = 8'haa、m[1] = 8'hbbのようにレジスタの上位のバイトをメインメモリの小さいアドレスに格納する図の (a) の方法と、m[0] = 8'hbb、m[1] = 8'haaのようにレジスタの下位のバイトを小さいアドレスに格納する図の(b) の方法があります。

図4-7
ビッグエンディアンとリトルエンディアン

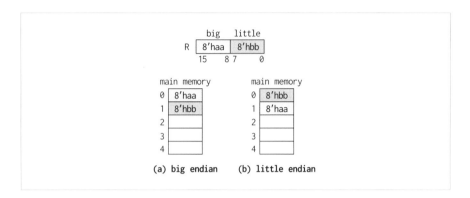

(a) big endian　(b) little endian

どちらの方法にも利点と欠点があるのでどちらを利用するか悩むところですが、どちらかに決めないとストアできません。前者の、レジスタの上位のバイトをメインメモリの小さいアドレスに格納する方法を**ビッグエンディアン**（big endian）と呼びます。後者の、レジスタの下位のバイトをメインメモリの小さいアドレスに格納する方法を**リトルエンディアン**（little endian）と呼びます。

RISC-Vでは、リトルエンディアンが利用されることが一般的です。**エンディアン**（endian）はバイトの並びの方式のことであり、**リトルエンディアン**は、レジスタの**小さい方の**バイトからメインメモリに並べる方式という意味です。

もうひとつの問題について考えます。2バイトのレジスタx1とx2を考えます。これらをメインメモリに格納する場合、x1をm[0]とm[1]に、x2をm[2]とm[3]にストアするのが自然です。つまり、x1をアドレスの0にストアして、x2をアドレスの2にストアします。このように、nバイトのワードをストアするときに、nの倍数のアドレスに書き込むことを**整列**（アラインメント、alignment）と呼びます。一方で、x2をアドレスの3にストアする場合のように、nバイトのワードをストアするときに、nの倍数でないアドレスに書き込むことを**非整列**と呼びます。

非整列のロードとストアは、整列されたものと比べて動作が遅くなったり、エラーになったりすることがあります。できるだけ、整列されたロード命令とストア命令を利用しましょう。

<table>
<tr><td>4-7</td><td></td></tr>
</table>

条件分岐命令と
プログラムカウンタ

　分岐命令の動作を説明する前に、**プログラムカウンタ**として動作するレジスタの**pc**の役割について考えます。次の、x5に1を格納し、x6に2を格納し、x5とx6の加算結果をx7に格納する命令列を考えます。先に示した命令列では各行に行番号を示していましたが、ここでは、各行の先頭に、その命令が格納されているメインメモリの先頭のアドレスを記入します。

```
32'h0   addi x5, x0, 1    # x5 = 1
32'h4   addi x6, x0, 2    # x6 = 2
32'h8   add  x7, x5, x6   # x7 = x5 + x6
```

　RV32Iのひとつの命令は32ビット（4バイト）で表現されます。一方、メインメモリはバイト単位でアドレスが割り当てられるので、最初のaddi命令は、メインメモリの0、1、2、3というアドレスの4バイトを利用します。このため、最初のaddi命令が格納されている先頭アドレスの32'h0を左端に記入しました。

　2番目のaddi命令は、メインメモリのアドレス4、5、6、7に格納されるので、先頭アドレスの32'h4を左端に記入しました。同様に、3番目のadd命令は、メインメモリのアドレス8、9、10、11に格納されるので、先頭アドレスの32'h8を左端に記入しました。

　この命令列を実行するとき、プロセッサは、pcの値を32'h0で初期化して、そのpcが示す最初のaddi命令を処理しながら、pcに4を加えてpcの値を32'h4に更新します。次に、pcが示す2番目のaddi命令を処理しながら、pcに4を加えてpcの値を32'h8に更新します。次に、pcが示す3番目のadd命令を処理して、これらの命令列の処理が完了します。

　このように、これまで見てきた算術、論理、シフト、ロード、ストアの各命令は、pcが指定するアドレスの命令を処理しながら、pcの値に4を加算してpcの値を更新します。

　アセンブリ言語で記述されたプログラムを上から下に実行するだけでは、実用的なプログラムを記述できません。pcの値に4を加算するだけではなく、ある条件が真のときに、pcを指定した値に変更するしくみが必要です。それを実現するのが**条件分岐命令**です。

　次に、条件分岐命令の例を示します。

```
beq x1, x2, label
```

　この**beq**（branch if equal）**命令**は、1番目のオペランドのx1と2番目のオペランドのx2の値が等しい場合（if equal）に、labelを利用して計算されるアドレスでpcを更新します。x1とx2の値が等しくない場合には、その他の命令と同様に、4を加算することでpcを更新します。

図4-8
条件分岐命令の
ビット列の定義

31　　　　25	24　　　　20	19　　　15	14　　12	11　　　　7	6　　　　0	
imm[12],imm[10:5]	rs2	rs1	funct3	imm[4:1],imm[11]	opcode	B-type
imm[12],imm[10:5]	rs2	rs1	000	imm[4:1],imm[11]	1100011	B-type **beq**
imm[12],imm[10:5]	rs2	rs1	001	imm[4:1],imm[11]	1100011	B-type **bne**
imm[12],imm[10:5]	rs2	rs1	100	imm[4:1],imm[11]	1100011	B-type **blt**
imm[12],imm[10:5]	rs2	rs1	101	imm[4:1],imm[11]	1100011	B-type **bge**
imm[12],imm[10:5]	rs2	rs1	110	imm[4:1],imm[11]	1100011	B-type **bltu**
imm[12],imm[10:5]	rs2	rs1	111	imm[4:1],imm[11]	1100011	B-type **bgeu**

　図4-8に示すように、beq命令などのすべての条件分岐命令はB形式です。rs1フィールドで1番目のソースオペランドを、rs2フィールドで2番目のソースオペランドを指定し、これらによる条件の判定によって分岐するかどうかを決めます。

　命令によって条件を判定する方法が異なります。**bne**（branch if not equal）**命令**は、1番目のソースオペランドと2番目のソースオペランドが異なる場合に分岐します。**blt**（branch if less than）**命令**は、1番目のソースオペランドが2番目のソースオペランドより小さい場合に分岐します。**bge**（branch if greater than or equal）**命令**は、1番目のソースオペランドが2番目のソースオペランドより大きいか等しい場合に分岐します。**bltu**（branch if less than, unsigned）**命令**は、符号なし数として表現する1番目のソースオペランドが2番目のソースオペランドより小さい場合に分岐します。**bgeu**（branch if greater than or equal, unsigned）**命令**は、符号なし数として表現する1番目のソースオペランドが2番目のソースオペランドより大きいか等しい場合に分岐します。

B形式のimmを適切に並べ替えて連結することで得られる12ビットのimm[12:1]の下位に1ビットの0を連結して、13ビットの値を得ます。これを符号拡張することで32ビットの即値に変換します。このようにして得られた32ビットの即値とpcの値の加算によって、分岐先のアドレスを得ます。分岐先アドレスの計算方法の例を図4-9に示します。

図4-9
bne命令のimmに
格納すべき値

imm[12:2]	imm[12:1]	imm[12:1]	{imm[12],imm[10:5],imm[4:1],imm[11]}
-10	-20	12'b111111101100	12'b1111110_11001
-9	-18	12'b111111101110	12'b1111110_11101
-8	-16	12'b111111110000	12'b1111111_00001
-7	-14	12'b111111110010	12'b1111111_00101
-6	-12	12'b111111110100	12'b1111111_01001
-5	-10	12'b111111110110	12'b1111111_01101
-4	-8	12'b111111111000	12'b1111111_10001
-3	-6	12'b111111111010	12'b1111111_10101
-2	-4	12'b111111111100	12'b1111111_11001
-1	-2	12'b111111111110	12'b1111111_11101
0	0	12'b000000000000	12'b0000000_00000
1	2	12'b000000000010	12'b0000000_00100
2	4	12'b000000000100	12'b0000000_01000
3	6	12'b000000000110	12'b0000000_01100
4	8	12'b000000001000	12'b0000000_10000

この図では、bne命令と分岐先への命令数を左端の列に記入しました。灰色の行がbne命令の位置を示しています。左上の-10は、bne命令の分岐先が10個だけ前の命令になることを示しています。左下の4は、bne命令の分岐先が4個だけ後の命令になることを示しています。

左から2番目の列には、それぞれの飛び先の命令に分岐するためにimm[12:1]に格納すべき値を10進数で示しました。メモリがバイトアドレッシングで、命令が4バイトで表現されるので、bne命令の次の命令のアドレスは4を加算すれば良いのですが、imm[0]には0が付加されるので、4の半分の2になります。ややこしいのですが、左端の数を2倍したものが、この列の値になります。

左から3番目の列は、2進数で表現するimm[12:1]の値です。その右が、B形式のimmに左から格納すべき{imm[12], imm[10:5], imm[4:1], imm[11]}という順番で記述した2進数の値です。ここでは、imm[4:1]に格納する4ビットの値を青字で示しました。

B形式のbne命令をビット列で表現する方法について、次の例題で理解を深めましょう。

例題 次の命令列に含まれるbeq命令を2進数のビット列で示してください。行頭の数字は、その命令が格納されるアドレスです。

```
32'h0  label: addi x5, x0, 1   # x5 = 1
32'h4         addi x6, x0, 1   # x6 = 1
32'h8         beq x5, x6 label  # if (x5==x6) goto label
```

解答 図4-8から、opcodeが7'b11000_11、funct3が3'b000になります。1番目のソースオペランドがx5であり、そのレジスタ番号が10進数の5になることから、その値を2進数に変換することで5'b00101を得ます。また、2番目のソースオペランドがx6であり、そのレジスタ番号が10進数の6になることから、その値を2進数に変換することで5'b00110を得ます。これらから、次の32ビットのビット列を得ます。

32'bxxxxxxx_00110_00101_000_xxxxx_11000_11

次に即値について考えます。beq命令の分岐するアドレスは、labelによって指定されるbeq命令から2個だけ前の命令になります。このことから、図4-9の左端に−2が記入されている行を参照します。この行の右端に示すビット列から、命令のimmに格納すべき{imm[12], imm[10:5], imm[4:1], imm[11]}が、12'b1111111_11001になることがわかります。これらを、先のxの上位ビットから順番に埋めていくことで、次のビット列を得ます。

32'b1111111_00110_00101_000_11001_11000_11

例題 次の命令列に含まれるbeq命令を2進数のビット列で示してください。行頭の数字は、その命令が格納されるアドレスです。

```
32'h0  label: addi x5, x0, 1    # x5 = 1
32'h4         addi x6, x0, 1    # x6 = 1
32'h8         beq x5, x6 label2 # if (x5==x6) goto label2
32'hc         addi x7, x0, 1
32'h10 label2: addi x8, x0, 1
```

解答 beq命令の分岐するアドレスは、label2によって指定されるbeq命令から2個だけ後の命令になります。このことから、図4-9の左端に2が記入されて

131

いる行を参照します。この行の右端に示すビット列から、命令のimmに格納すべき{imm[12], imm[10:5], imm[4:1], imm[11]}が、12'b0000000_01000になることがわかります。これらを、先のxの上位ビットから順番に埋めていくことで、次のビット列を得ます。

32'b0000000_00110_00101_000_01000_11000_11

4

4-8 lui、auipc、jal、jalr命令とその他の命令

これまで出てきていないlui、auipc、jal、jalr命令について考えます。これらのビット列の定義を図4-10に示します。

図4-10
lui、auipc、jal、jalr命令のビット列の定義

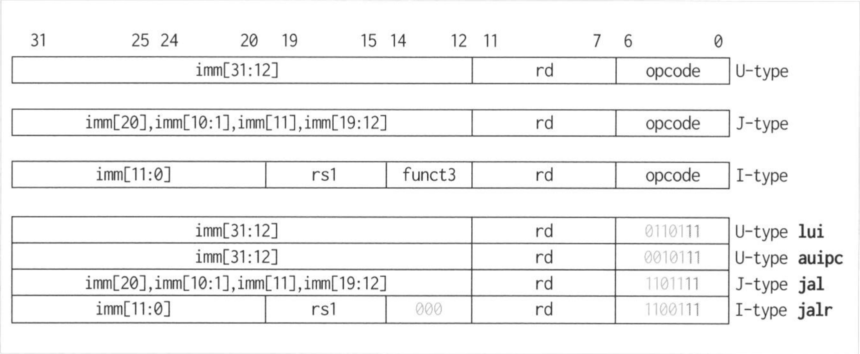

31	25 24	20 19	15 14	12 11	7 6	0	
imm[31:12]				rd	opcode		U-type
imm[20],imm[10:1],imm[11],imm[19:12]				rd	opcode		J-type
imm[11:0]		rs1	funct3	rd	opcode		I-type
imm[31:12]				rd	0110111		U-type lui
imm[31:12]				rd	0010111		U-type auipc
imm[20],imm[10:1],imm[11],imm[19:12]				rd	1101111		J-type jal
imm[11:0]		rs1	000	rd	1100111		I-type jalr

lui（load upper immediate）命令は、宛先オペランドの上位の20ビットにimmを格納して、残りの下位の12ビットに0を格納する命令です。

auipc（add upper immediate to pc）命令は、符号拡張された20ビットのimmを左に12ビットだけシフトしてpcに加算し、その結果を宛先オペランドに格納する命令です。

jal（jump and link）命令は、次に実行すべき命令のアドレスのpc+4を宛先オペランドに格納します。そして、immを適切に並べ替えて連結することで得られる20ビットのimm[20:1]の下位に1ビットの0を連結して、21ビットの即値を得ます。それを符号拡張により32ビットに変換します。これとpcを加算した値によってpcを更新します。

jalr（jump and link register）命令は、次に実行すべき命令のアドレスのpc+4を宛先オペランドに格納します。そして、immの12ビットの符号拡張によって得られる即値とrs1で指定されるソースオペランドを加算した値によってpcを更新し

133

ます。ただし、更新後のpcの最下位ビットが1になる可能性がありますが、そうならないように、pcの最下位ビットが常に0になるように調整します。

　その他に、本書では利用しないため説明は省略しますが、RV32Iには、**fence**命令、**fence.i**命令、**ecall**（environment call）命令、**ebreak**（environment break）命令、**csr**（control and status register）で始まる**csrrw**命令、**csrrs**命令、**csrrc**命令、**csrrwi**命令、**csrrsi**命令、**csrrci**命令があります。

演習問題

Q1 次の命令列を実行した後の、x5、x6、x30の値を示してください。

```
addi x5, x0, 7
addi x6, x0, 8
add x30, x5, x6
```

Q2 次の命令列を実行した後の、x1、x3、x5、x30の値を示してください。

```
addi x5, x0, 7
sw x5, 512(x0)
add x3, x5, x5
lw x1, 512(x0)
add x30, x1, x3
```

Q3 次の命令列を実行した後の、x10の値を示してください。行頭の数字は、その命令が格納されるアドレスです。

```
32'h0           addi x10, x0, 0
32'h4           addi x3, x0, 0
32'h8           addi x1, x0, 11
32'hc   label:  add  x10, x10 , x3
32'h10          addi x3, x3,1
32'h14          bne  x3, x1, label
```

Q4 add x10, x11, x12を32ビットのビット列に変換し、それを2進数で示してください。

Q5 addi x10, x11, -2を32ビットのビット列に変換し、それを2進数で示してください。

Q6 lw x10, 32(x8)を32ビットのビット列に変換し、それを2進数で示してください。

Q7 sw x9, 24(x7)を32ビットのビット列に変換し、それを2進数で示してください。

Q8 次の命令列に含まれるbeq命令を2進数のビット列で示してください。行頭の数字は、その命令が格納されるアドレスです。

```
32'h0  label: addi x5, x0, 1   # x5 = 1
32'h4         addi x6, x0, 2   # x6 = 2
32'h8         addi x7, x0, 3   # x7 = 3
32'hc         beq x6, x7 label # if (x6==x7) goto label
```

第 5 章

////////////////////////////

単一サイクルの
プロセッサ

この章では、ひとつのクロックサイクルでひとつ
の命令を実行するプロセッサを設計します。この
ようなプロセッサは、単一サイクルのプロセッサ
（シングルサイクルのプロセッサ）と呼ばれます。

単一サイクルのプロセッサの設計方針

　複雑な構成を避けるために、RV32Iに含まれるadd命令、addi命令、lw命令、sw命令、bne命令を実行できるプロセッサを考えます。まず、小さい構成要素の説明から初めて、少しずつ機能を増やしていく方針をとります。次の章では、単一サイクルのプロセッサを改良して、性能の高いプロセッサを設計します。

　プロセッサが命令を処理する動作を、次の5個のステップに分けて考えると理解しやすくなります。それらは、**命令フェッチ**（instruction fetch, **IF**）、**命令デコード**（instruction decode, **ID**）、**実 行**（execution, **EX**）、**メモリ参照**（memory access, **MA**）、**書き戻し**（write back, **WB**）と呼ばれます。

　IFでは、命令が格納されている**命令メモリ**から処理すべき命令をフェッチします（取り出します）。IDでは、フェッチした命令をデコード（解読）しながら、その命令の実行で必要になるオペランドを取得します。EXでは、オペランドに対してその命令で指定された演算を実行します。MAでは、ロード命令とストア命令を処理している場合に、**データメモリ**を参照します。WBでは、演算やロードで得たデータを適切なレジスタに格納します。

　本書では、第1章の図1-1で示した記憶装置（メインメモリ）を、構成を簡単にするために、命令メモリとデータメモリという2個のメモリによって実現します。

5-2 最初の版のプロセッサを設計するための構成要素

　最初の版のプロセッサの構成要素は、プログラムカウンタ、レジスタのx1、加算器、比較器、マルチプレクサ、命令メモリです。これらのシンボルと動作を見ていきます。

　プロセッサが実行する命令のアドレスを保持するレジスタがプログラムカウンタ（pc）です。RISC-Vの32ビットアーキテクチャでは、pcのビット幅は32です。

図5-1
プログラムカウンタpcとレジスタx1のシンボル

　プログラムカウンタとして利用する**r_pc**のシンボルを図5-1の左に、オペランドを保持するx1として利用する**r_x1**のシンボルを図5-1の右に示します。これらのレジスタはクロック信号の立ち上がりエッジで入力の値を保持して、少し遅れてから保持した値を出力するハードウェアです。

　次に、32ビットの加算器のm_adderのシンボルを図5-2に示します。2個の入力の値を加算して出力する加算器は組み合わせ回路です。入力と出力は32ビットの配線です。

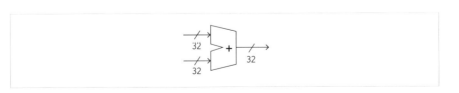

図5-2
32ビットの加算器
のシンボル

　次ページのコード5-1に、加算器のm_adderの記述を示します。w_in1、w_in2が入力信号で、それらを加算した値をw_outに出力します。

```
1  module m_adder(w_in1, w_in2, w_out);
2    input  wire [31:0] w_in1, w_in2;
3    output wire [31:0] w_out;
4    assign w_out = w_in1 + w_in2;
5  endmodule
```

次に、比較器のシンボルを図5-3に示します。これは、2個の入力の値が等しいと1を出力して、等しくないと0を出力する組み合わせ回路です。入力は5ビットの配線です。出力は1ビットの配線です。

図5-3
5ビットの比較器の
シンボル

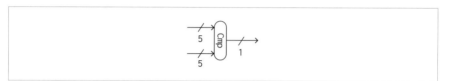

コード5-2に、比較器のm_cmpの記述を示します。w_in1、w_in2が入力信号で、関係演算子の==によって、それらの比較の結果をw_outに出力します。

```
1  module m_cmp(w_in1, w_in2, w_out);
2    input  wire [4:0] w_in1, w_in2;
3    output wire w_out;
4    assign w_out = (w_in1==w_in2);
5  endmodule
```

次に、マルチプレクサのシンボルを図5-4に示します。これは、制御線が0のときに上側の入力を出力し、制御線が1のときに下側の入力を出力する組み合わせ回路です。制御線は1ビットの配線であり、それ以外の入力は32ビットの配線です。出力は32ビットの配線です。

図5-4
32ビットの
マルチプレクサの
シンボル

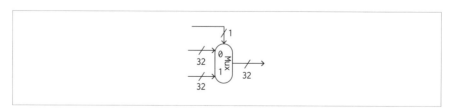

コード5-3に、マルチプレクサのm_muxの記述を示します。w_in1、w_in2、w_sが入力信号で、三項演算子の条件演算子を利用して、w_sによって選択された入力信号をw_outに出力します。

コード5-3
Verilog HDLの
コード

```
1  module m_mux(w_in1, w_in2, w_s, w_out);
2    input  wire [31:0] w_in1, w_in2;
3    input  wire w_s;
4    output wire [31:0] w_out;
5    assign w_out = (w_s) ? w_in2 : w_in1;
6  endmodule
```

命令メモリのシンボルを図5-5に示します。入力、出力ともに32ビットの配線です。メモリには、クロック信号に同期して読み出す**同期式メモリ**（synchronous memory）と、読み出しでクロック信号を利用しない**非同期式メモリ**（asynchronous memory）があります。ここでは、後者の非同期式メモリを利用します。

このメモリは、32ビットのアドレスを入力として、その入力によって選択される32ビットのデータを出力します。非同期式メモリは、入力のアドレスが変化すると、一定の時間が経過してから、データが出力されます。

図5-5
非同期式メモリで
実現する
命令メモリの
シンボル

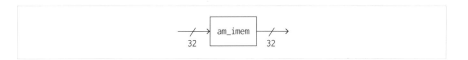

本書では、非同期式メモリを明示するために、モジュール名の先頭にam_という文字列を追加します。

コード5-4に、シンプルな命令メモリのm_am_imemの記述を示します。w_adrが32ビットの入力、w_irが32ビットの出力です。

コード5-4
Verilog HDLの
コード

```
1  module m_am_imem(w_adr, w_ir);
2    input  wire [31:0] w_adr;
3    output wire [31:0] w_ir;
4    assign w_ir =
5      (w_adr==0) ? {7'd0,5'd1,5'd0,3'd0,5'd1,7'b0110011} :// add x1,x0,x1
6      (w_adr==4) ? {7'd0,5'd0,5'd1,3'd0,5'd1,7'b0110011} :// add x1,x1,x0
7                   {7'd0,5'd1,5'd1,3'd0,5'd1,7'b0110011}; // add x1,x1,x1
8  endmodule
```

　現実的な命令メモリは大容量のRAMを利用して実装しますが、ここでは、組み合わせ回路によって命令メモリを実現します。

　入力のw_adrの値が0であれば、5行目で記述する{7'd0, 5'd1, 5'd0, 3'd0, 5'd1, 7'b0110011}で表現される命令を出力します。これは、右側のコメントに書いた、add x1, x0, x1です。そうではなく、w_adrの値が4であれば、6行目のadd x1, x1, x0のビット列を出力します。そうでなければ、7行目のadd x1, x1, x1のビット列を出力します。

add命令を処理するx1のみの単一サイクルのプロセッサ

これまでに見てきた要素を利用して、シンプルな単一サイクルのプロセッサを設計しましょう。ここでは、汎用レジスタのx1と、常に値が0のレジスタのx0を持ち、add命令のみを処理できる単一サイクルのプロセッサを設計します。r_pcの初期値を0にして、r_x1の初期値を3にします。

コード5-4に示したように、命令メモリのm_am_imemには、次の3個の命令が格納されています。左端の数字は、その命令が格納されている命令メモリのアドレスです。

```
32'h0     add x1, x0, x1  # x1 = 0 + 3
32'h4     add x1, x1, x0  # x1 = 3 + 0
32'h8     add x1, x1, x1  # x1 = 3 + 3
```

x1の初期値が3で、r_pcの初期値が0なので、最初のクロックサイクルでは、アドレス32'h0に格納されているadd x1, x0, x1が処理されて、x1に3が格納されます。2番目のクロックサイクルでは、アドレス32'h4に格納されているadd x1, x1, x0が処理されて、x1が3で更新されます。3番目のクロックサイクルでは、アドレス32'h8に格納されているadd x1, x1, x1が処理されて、レジスタx1が6で更新されます。

この命令列を処理できるシンプルなプロセッサを設計しましょう。

まず、プログラムカウンタr_pcの値を、サイクルごとに、0、4、8と更新したいので、r_pcの値に4を加算して、その出力をr_pcの入力とする次ページ図5-6の回路を設計します。すなわち、プログラムカウンタのr_pcと加算器を配置して、それらを図の配線によって接続します。加算器のひとつの入力に、定数の32'h4を接続します。

図5-6
単一サイクルの
プロセッサに
向けた最初の回路

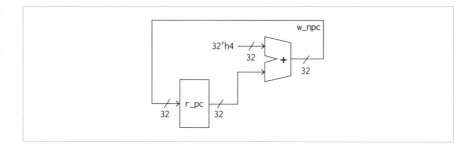

コード5-5に、この回路の記述を示します。モジュール名をm_circuit1にしました。

コード5-5
Verilog HDLの
コード

```
1   module m_circuit1(w_clk);
2     input wire w_clk;
3     reg [31:0] r_pc = 0;
4     wire [31:0] w_npc;
5     m_adder m (32'h4, r_pc, w_npc);
6     always @(posedge w_clk) r_pc <= w_npc;
7   endmodule
```

1行目で、この回路のモジュール名がm_circuit1であり、入出力がw_clkになることを記述します。2行目では、1ビットの入力信号のw_clkを宣言します。3行目で、r_pcを宣言して、その初期値を0とします。5行目では、先に記述したm_adderのインスタンスのmを宣言して、加算器の入力に32'h4とr_pcを接続し、出力をw_npcに接続します。6行目の記述で、クロック信号のw_clkの立ち上がりエッジに、w_npcの値でr_pcを更新します。

コード5-6に示す記述で、この回路をシミュレーションしましょう。

コード5-6
Verilog HDLの
コード

```
1   module m_top();
2     reg r_clk = 0; initial #150 forever #50 r_clk = ~r_clk;
3     m_circuit1 m (r_clk);
4     initial #99 forever #100 $display("%3d %h", $time, m.r_pc);
5     initial #500 $finish;
6   endmodule
```

2行目で、クロック信号を生成しています。r_clkの初期値が0で、150の時間が経過してから、50の時間ごとにr_clkの値が反転するので、200、300、400、...の時刻がクロック信号の立ち上がりエッジになります。4行目の記述で、

99の時間が経過してから、100の時間ごとに$displayを実行し、199、299、399、...というクロック信号の立ち上がりの直前の時刻のm.r_pcの値を表示します。m.r_pcという記述は、インスタンスmのなかのr_pcを示します。

シミュレーションの表示は出力5-1になります。

出力5-1

```
199 00000000
299 00000004
399 00000008
499 0000000c
```

m_circuitのインスタンスmのなかのr_pcの値が、32'h0、32'h4、32'h8、32'hcと増えていくことがわかります。

次に、命令メモリを追加して、命令メモリのr_pcが指定するアドレスから実行すべき命令をフェッチする回路を設計しましょう。図5-7に、この構成を示します。

図5-7
命令メモリを追加した命令フェッチの回路

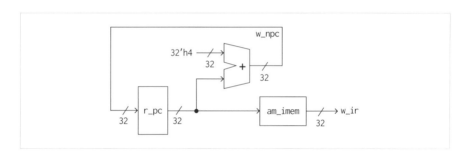

命令メモリのam_imemの入力にr_pcを接続します。これによって、r_pcの値が0のときに命令メモリから最初の命令が出力されます。以降のクロックサイクルでも、r_pcの値が4のときに2番目の命令が、r_pcの値が8のときに3番目の命令が出力されます。

このように、プログラムカウンタが指し示すアドレスで命令メモリを参照して、実行すべき命令を取得する操作が命令フェッチ（IF）です。

次ページのコード5-7に、この回路の記述を示します。モジュール名をm_circuit2にしました。

6行目までは、モジュール名を除いて、先に示したcircuit1と同じです。7行目で、命令メモリの出力を接続するための配線を宣言します。8行目で、m2という名前で命令メモリのインスタンスを生成して、その入力と出力にr_pcとw_irを接続します。

```
1  module m_circuit2(w_clk);
2    input wire w_clk;
3    reg [31:0] r_pc = 0;
4    wire [31:0] w_npc;
5    m_adder m (32'h4, r_pc, w_npc);
6    always @(posedge w_clk) r_pc <= w_npc;
7    wire [31:0] w_ir;
8    m_am_imem m2 (r_pc, w_ir);
9  endmodule
```

コード5-8を利用して、この回路をシミュレーションしましょう。5行目の
$display で、時刻、r_pc、w_irの値を出力します。

```
1  module m_top();
2    reg r_clk=0; initial #150 forever #50 r_clk = ~r_clk;
3    m_circuit2 m (r_clk);
4    initial #99 forever #100
5      $display("%3d %h %h", $time, m.r_pc, m.w_ir);
6    initial #400 $finish;
7  endmodule
```

シミュレーションの表示は出力5-2になります。

```
199 00000000 001000b3
299 00000004 000080b3
399 00000008 001080b3
```

　クロック信号の立ち上がりエッジの直前の値を表示しています。プログラムカウ
ンタの値によって、命令メモリから異なる命令がフェッチされている様子を確認で
きます。
　次に、命令デコード（ID）の回路を追加しましょう。
　このプロセッサは、汎用レジスタのx1と、常に値が0のx0を持ちます。1番目
のソースオペランドのレジスタ番号が1であれば、オペランドとしてx1の値を利
用します。そうでなければ、32'd0を利用します。同様に、2番目のソースオペラ
ンドのレジスタ番号が1であれば、オペランドとしてx1の値を利用します。そう
でなければ、32'd0を利用します。次ページの図5-8に、命令デコードの回路を追
加した構成を示します。

図5-8

命令デコード（ID）
の回路を追加した
構成

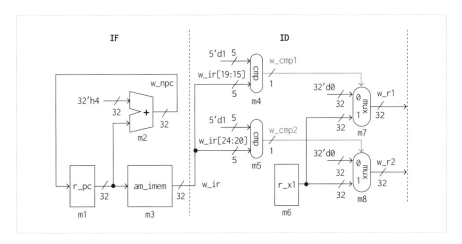

　命令メモリからフェッチした命令はw_irに出力されます。ここから、適切な
ビットを切り出して、オペランドを選択します。w_ir[19:15]のrs1フィールド
に最初のオペランドのレジスタ番号が格納されます。m4の比較回路によって、w_
ir[19:15]と5'd1を比較して、一致する場合に、w_cmp1の値が1'b1になります。
一致しない場合に0になります。

　w_cmp1は、m7のマルチプレクサの制御信号として利用されます。このw_cmp1
の値が1'b1のときには、m7がr_x1の値を、そうでなければ32'h0を選択して、
w_r1に出力します。この値が1番目のオペランドになります。

　同様に、2番目のオペランドについても、w_irのrs2フィールドのw_ir[24:20]
と5'd1をm5で比較し、一致する場合に、w_cmp2の値が1'b1に、一致しない場合
に0になります。これがm8のマルチプレクサの制御信号になり、r_x1の値と
32'h0から適切なものを選択して、w_r2に出力します。図では、これらの制御信
号を青色で示しました。

　次に、実行（EX）と書き戻し（WB）の回路を追加して、x0と汎用レジスタのx1
を持ち、add命令を処理できるシンプルな単一サイクルのプロセッサを完成させま
しょう。

　IDで得られた2個のオペランドが流れるw_r1とw_r2を入力とする加算器を追加
して、その出力をr_x1の入力に接続することで、クロックの立ち上がりエッジで、
実行結果をr_x1に格納します。次ページの図5-9に、EXとWBの回路を追加した
構成を示します。

図5-9
実行（EX）と
書き戻し（WB）の
回路を追加した
プロセッサproc1

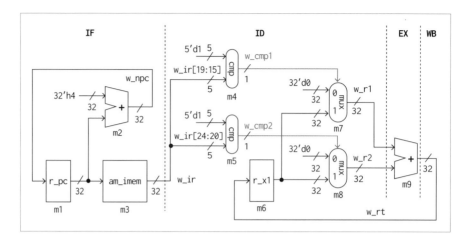

最初の版のプロセッサproc1の記述をコード5-9に示します。ブロック図におけるレジスタあるいはモジュールを青色で示します。

コード5-9
Verilog HDLの
コード

```verilog
1   module m_proc1(w_clk);
2     input wire w_clk;
3     wire [31:0] w_npc, w_ir, w_r1, w_r2, w_rt;
4     wire w_cmp1, w_cmp2;
5     reg [31:0] r_pc = 0, r_x1 = 3;
6     m_adder m2 (32'h4, r_pc, w_npc);
7     m_am_imem m3 (r_pc, w_ir);
8     m_cmp m4 (5'd1, w_ir[19:15], w_cmp1);
9     m_cmp m5 (5'd1, w_ir[24:20], w_cmp2);
10    m_mux m7 (32'h0, r_x1, w_cmp1, w_r1);
11    m_mux m8 (32'h0, r_x1, w_cmp2, w_r2);
12    m_adder m9 (w_r1, w_r2, w_rt);
13    always @(posedge w_clk) r_pc <= w_npc;
14    always @(posedge w_clk) r_x1 <= w_rt;
15  endmodule
```

3行目で、32ビットの配線をまとめて宣言します。4行目で1ビットの配線をまとめて宣言します。5行目で、32ビットのレジスタのr_pcとr_x1を宣言して、それぞれの初期値を設定します。6〜12行目で、モジュールのインスタンスを生成して、それらの配線を接続します。例えば、6行目は、ブロック図の左に示すm2というラベルの加算器を生成して、配線を接続します。これには、m2というインスタンス名をつけて、ブロック図のとおりに、加算器の入力を32'h4とr_pcに、出力をw_npcに接続します。13〜14行目は、レジスタのr_pcとr_x1の更新に関

する記述です。

　コード5-9の記述は、モジュールのインスタンスを利用せずに、コード5-10のように記述できます。先のコードのインスタンスに対応する記述の右側に、コメントとしてインスタンス名を追加しています。

コード5-10
Verilog HDLの
コード

```
1   module m_proc1(w_clk);
2     input wire w_clk;
3     wire [31:0] w_npc, w_ir, w_r1, w_r2, w_rt;
4     wire w_cmp1, w_cmp2;
5     reg [31:0] r_pc = 0, r_x1 = 3;   // m1, m6
6     assign w_npc = 32'h4 + r_pc;     // m2
7     assign w_ir =
8     (r_pc==0) ? {7'd0,5'd1,5'd0,3'd0,5'd1,7'b0110011} :  // m3
9     (r_pc==4) ? {7'd0,5'd0,5'd1,3'd0,5'd1,7'b0110011} :  // m3
10                {7'd0,5'd1,5'd1,3'd0,5'd1,7'b0110011};   // m3
11    assign w_cmp1 = (5'd1 == w_ir[19:15]);   // m4
12    assign w_cmp2 = (5'd1 == w_ir[24:20]);   // m5
13    assign w_r1 = (w_cmp1) ? r_x1 : 32'h0;   // m7
14    assign w_r2 = (w_cmp2) ? r_x1 : 32'h0;   // m8
15    assign w_rt = w_r1 + w_r2;          // m9
16    always @(posedge w_clk) r_pc <= w_npc;
17    always @(posedge w_clk) r_x1 <= w_rt;
18  endmodule
```

　このように、モジュールのインスタンスを利用しない記述の方がコード全体の見通しが良くなることがあります。ハードウェアを効率的に実装するために適切なモジュールの構成を決めることは、ハードウェア設計者の重要な作業のひとつです。

　コード5-11で、このプロセッサをシミュレーションしましょう。モジュールのインスタンスを利用する版（コード5-9）、利用しない版（コード5-10）のどちらのコードを利用しても構いません。

コード5-11
Verilog HDLの
コード

```
1   module m_top();
2     reg r_clk=0; initial #150 forever #50 r_clk = ~r_clk;
3     m_proc1 m (r_clk);
4     initial #99 forever #100
5       $display("%3d %d %d %d",
6          $time, m.w_r1, m.w_r2, m.w_rt);
7     initial #400 $finish;
8   endmodule
```

149

シミュレーションの表示を出力5-3に示します。各行の左側から、時刻、w_r1、w_r2、w_rtの値を表示します。

出力5-3

```
199         0           3           3
299         3           0           3
399         3           3           6
```

クロック信号の立ち上がりエッジの直前の値を表示しています。1番目の命令では、w_r1とw_r2の値の32'd0と32'd3の加算の結果からw_rtの値が32'd3になります。2番目の命令では、32'd3と32'd0の加算の結果からw_rtの値が32'd3になります。3番目の命令では、32'd3と32'd3の加算の結果からw_rtの値が32'd6になります。命令メモリに格納された、次に示す命令列が実行されているので、これらの結果が正しいことを確認できます。

```
32'h0      add x1, x0, x1  # x1 = 0 + 3
32'h4      add x1, x1, x0  # x1 = 3 + 0
32'h8      add x1, x1, x1  # x1 = 3 + 3
```

このプロセッサの実行の様子を、サイクルごとに考えます。最初のクロックのCC1で、プロセッサproc1がadd x1, x0, x1を実行している様子を図5-10に示します。クロックサイクルにおいて十分な時間が経過して、回路が安定したときの配線の値を、その配線の付近に青の太字で表示します。

図5-10
プロセッサproc1がCC1でadd x1, x0, x1を実行する様子

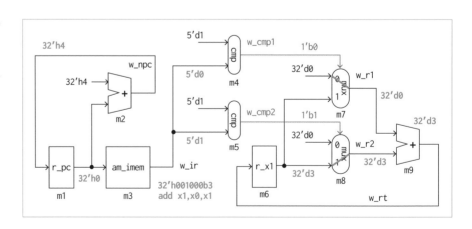

　CC1では、r_pcの出力が32'h0なので、それに32'h4が加算され、w_npcの値は32'h4になります。r_pcの値の32'h0が命令メモリの入力になり、そのアドレスで指定される1番目の命令がw_irに出力されます。この値は、add x1, x0, x1を表現する32'h001000b3です。

　このrs1フィールドのw_ir[19:15]値は5'd0であり、m4における比較の結果が1'b0になります。このため、マルチプレクサのm7では上側の入力が選択されてw_r1の値は32'd0になります。この命令のrs2フィールドのw_ir[24:20]は5'd1であり、m5における比較の結果が1'b1になります。このため、マルチプレクサのm8では下側の入力が選択されてw_r2の値は、r_x1の出力の32'd3になります。

　これらのオペランドが入力になり、m9の加算器の出力に接続されるw_rtの値は32'd3になります。この値がr_x1を更新するための入力になります。

　図5-11に、2番目のクロックサイクルのCC2の実行の様子を示します。

図5-11
プロセッサproc1
がCC2でadd x1,
x1, x0を実行する
様子

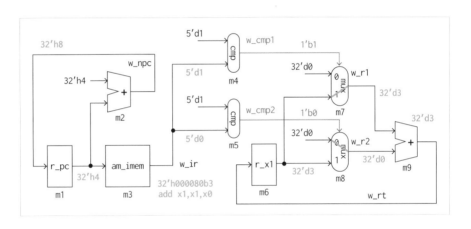

　CC2では、r_pcの出力が32'h4なので、それに32'h4が加算され、w_npcの値は32'h8になります。r_pcの値の32'h4が命令メモリの入力になり、そのアドレスで指定される2番目の命令がw_irに出力されます。この値は、add x1, x1, x0を表現する32'h000080b3です。

　この命令のrs1フィールドは5'd1であり、m4における比較の結果が1'b1になるため、マルチプレクサのm7では下側の入力が選択されて、w_r1の値は32'd3になります。この命令のrs2フィールドは5'd0であり、m5における比較の結果が1'b0になるため、マルチプレクサのm8では上側の入力が選択されて、w_r2の値は32'd0になります。m9の加算器の出力の値が32'd3になり、この値がr_x1を更新するための入力になります。

　次ページの図5-12に、3番目のクロックサイクルのCC3の実行の様子を示します。

図5-12

プロセッサproc1
がCC3でadd x1,
x1, x1を実行する
様子

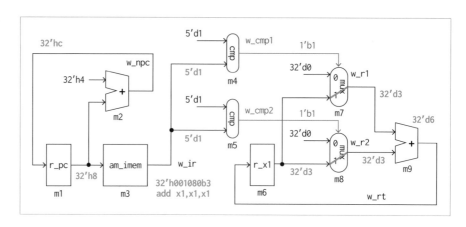

CC3では、r_pcの出力が32'h8なので、それに32'h4が加算され、w_npcの値は32'hcになります。r_pcの値の32'h8が命令メモリの入力になり、そのアドレスで指定される3番目の命令がw_irに出力されます。この値は、add x1, x1, x1を表現する32'h001080b3です。

この命令のrs1フィールドの値は5'd1であり、m4における比較の結果が1'b1になるため、マルチプレクサのm7では下側の入力が選択されてw_r1の値は32'd3になります。この命令のrs2フィールドの値は5'd1であり、m5における比較の結果が1'b1になるため、マルチプレクサのm8では下側の入力が選択されてw_r2の値は32'd3になります。m9の加算器の出力の値が32'd6になり、この値がr_x1を更新するための入力になります。

add命令を処理する 単一サイクルのプロセッサ

5-4

先に見たproc1は、汎用レジスタのx1と、常に値が0のレジスタのx0を持ち、add命令を処理できるシンプルな単一サイクルのプロセッサでした。ここでは、x0〜x31の32個のレジスタを持ち、レジスタ番号を指定することで適切なレジスタを読み書きできるプロセッサのproc2を設計しましょう。

x0〜x31の32個のレジスタを持ち、レジスタ番号を指定することで適切なレジスタを読んだり書いたりできる**レジスタファイル**（register file）と呼ばれるモジュールのシンボルを図5-13に示します。

図5-13
レジスタファイル
のシンボル

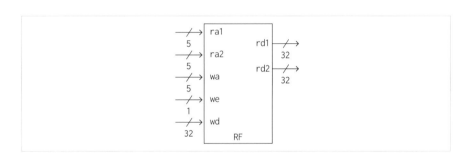

レジスタファイルからは、2個のデータを読み出すことができます。1番目の読み出しのレジスタ番号をra1（read address 1）に入力すると、その番号のレジスタの値がrd1（read data 1）に出力されます。同様に、2番目の読み出しのレジスタ番号をra2（read address 2）に入力すると、その番号のレジスタの値がrd2（read data 2）に出力されます。これらふたつの読み出しは同時におこなわれます。読み出しのレジスタ番号は0から31までの任意の番号を指定できます。

これらの読み出しは非同期におこなわれます。読み出しのレジスタ番号が指定されると、短い遅延の後に、その番号で指定されるレジスタの値が出力されます。0から31で指定するレジスタはRV32Iの命令で利用するx0からx31のレジスタに対応します。このため、読み出しのレジスタ番号に0が指定される場合には、x0の

値の32'd0が読み出されます。

　読み出しに加えて、ひとつのデータを書き込むことができます。このために、書き込むレジスタ番号をwa（write address）に入力して、書き込む値をwd（write data）に入力します。クロック信号の立ち上がりエッジで、**we**（write enable）が1'b1のときに、wdの値がwaで指定するレジスタに書き込まれます。weが1'b0の場合には書き込まれません。クロック信号の立ち上がりエッジで書き込まれた値は、短い遅延の後に読み出すことができます。

　コード5-12に、レジスタファイルの記述を示します。

コード5-12
Verilog HDLの
コード

```
1   module m_RF(w_clk, w_ra1, w_ra2, w_rd1, w_rd2, w_wa, w_we, w_wd);
2     input  wire w_clk, w_we;
3     input  wire [4:0] w_ra1, w_ra2, w_wa;
4     output wire [31:0] w_rd1, w_rd2;
5     input  wire [31:0] w_wd;
6     reg [31:0] mem [0:31];
7     assign w_rd1 = (w_ra1==5'd0) ? 32'd0 : mem[w_ra1];
8     assign w_rd2 = (w_ra2==5'd0) ? 32'd0 : mem[w_ra2];
9     always @(posedge w_clk) if (w_we) mem[w_wa] <= w_wd;
10    always @(posedge w_clk) if (w_we & w_wa==5'd30) $finish;
11    integer i; initial for (i=0; i<32; i=i+1) mem[i] = 0;
12  endmodule
```

　2行目から5行目で、入出力の信号を宣言します。w_clkとw_weは1ビットの信号です。3行目では、レジスタ番号を指定する5ビットの信号を宣言します。4行目では、32ビットのデータを読むための信号、5行目では32ビットのデータを書くための信号を宣言します。

　6行目で、32個の32ビットのレジスタで構成されるメモリのmemを定義します。7行目は、1番目の読み出しの記述です。読み出しのレジスタ番号のra1の値が5'b0のときには、32'd0を出力し、そうでなければw_ra1で指定されるレジスタの値が出力されます。8行目は、同様の2番目の読み出しの記述です。

　9行目は、書き込みの記述であり、クロック信号のw_clkの立ち上がりエッジで、w_weが1'b1であれば、w_wdの値をw_waで指定するレジスタに格納します。

　10行目は、シミュレーションのための記述です。本書では、x30に値を書き込んだときにシミュレーションを終了するという独自の規則を採用します。この条件でシステムタスク$finishを利用して、シミュレーションを終了させる記述です。

　次ページの図5-14に、レジスタファイルを利用してadd命令を実行するproc2の構成を示します。

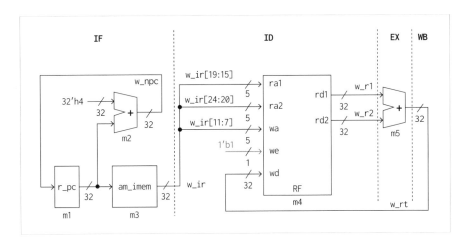

図5-14
レジスタファイル
を利用して
add命令を
実行する
プロセッサproc2

　IFとEXの構成はproc1と同じです。IDでは、フェッチした命令のrs1フィールドのw_ir[19:15]を読み出しレジスタ番号として、レジスタファイルのra1に接続します。この番号で指定したレジスタの値がrd1から出力されるので、これをw_r1に接続します。

　同様に、rs2フィールドのw_ir[24:20]をレジスタファイルの読み出しレジスタ番号としてra2に接続します。この番号で指定したレジスタの値がrd2から出力されるので、これをw_r2に接続します。

　加算器m5の出力のw_rtを、レジスタファイルの書き込みのための入力wdに接続します。レジスタファイルのwaには、書き込みレジスタの番号を指定するw_ir[11:7]を接続します。また、add命令は計算の結果をレジスタに書き込むので、レジスタファイルのweに1'b1を接続します。

　コード5-13に、この構成のプロセッサの記述を示します。7～8行目で、m_RFのインスタンスm4を生成して、ブロック図のとおりに配線を接続します。

コード5-13
Verilog HDLの
コード

```
1   module m_proc2(w_clk);
2     input wire w_clk;
3     wire [31:0] w_npc, w_ir, w_r1, w_r2, w_rt;
4     reg [31:0] r_pc = 0;
5     m_adder m2 (32'h4, r_pc, w_npc);
6     m_am_imem m3 (r_pc, w_ir);
7     m_RF m4 (w_clk, w_ir[19:15], w_ir[24:20], w_r1, w_r2,
8              w_ir[11:7], 1'b1, w_rt);
9     m_adder m5 (w_r1, w_r2, w_rt);
10    always @(posedge w_clk) r_pc <= w_npc;
11  endmodule
```

155

命令メモリが、add x5, x1, x2、add x6, x3, x4、add x7, x5, x6という命令列を持つように、命令メモリの記述をコード5-14のように変更しましょう。

```
1   module m_am_imem(w_adr, w_ir);
2     input  wire [31:0] w_adr;
3     output wire [31:0] w_ir;
4     assign w_ir =
5       (w_adr==0) ? {7'd0,5'd2,5'd1,3'd0,5'd5,7'h33} : // add x5,x1,x2
6       (w_adr==4) ? {7'd0,5'd4,5'd3,3'd0,5'd6,7'h33} : // add x6,x3,x4
7                    {7'd0,5'd6,5'd5,3'd0,5'd7,7'h33};  // add x7,x5,x6
8   endmodule
```

コード5-15で、このプロセッサをシミュレーションします。3行目で、m_proc2のインスタンスmを生成します。4〜7行目で、x1、x2、x3、x4に対応するレジスタファイルのmem[1]〜mem[4]の値をそれぞれ5、6、7、8で初期化します。ここで利用するm4は、m_proc2のなかで記述したレジスタファイルのインスタンス名です。

```
1    module m_top();
2      reg r_clk=0; initial #150 forever #50 r_clk = ~r_clk;
3      m_proc2 m (r_clk);
4      initial m.m4.mem[1] = 5;
5      initial m.m4.mem[2] = 6;
6      initial m.m4.mem[3] = 7;
7      initial m.m4.mem[4] = 8;
8      initial #99 forever #100 $display("%3d %d %d %d",
9        $time, m.w_r1, m.w_r2, m.w_rt);
10     initial #400 $finish;
11   endmodule
```

シミュレーションの表示は出力5-4になります。各行の左側から、時刻、w_r1、w_r2、w_rtの値を表示します。

```
199          5          6          11
299          7          8          15
399         11         15          26
```

　1番目のadd x5, x1, x2では、オペランドの5と6の加算で得られる11をx5に格納します。2番目のadd x6, x3, x4では、オペランドの7と8の加算で得られる15をx6に格納します。3番目のadd x7, x5, x6では、先に求めた11と15の加算で得られる26をx7に格納します。

　このプロセッサの実行の様子をサイクルごとに考えます。

　最初のクロックのCC1の実行の様子を図5-15に示します。この図では、CC1で十分な時間が経過して、すべての回路が安定したときの配線の値を、その配線の付近に青の太字で表示します。

図5-15

プロセッサproc2がCC1でadd x5, x1, x2を実行する様子

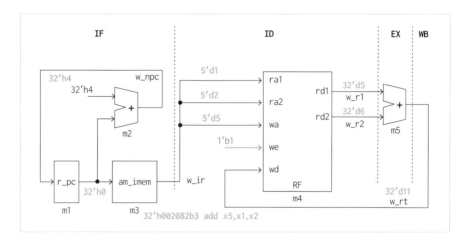

　CC1では、r_pcの出力の32'h0が命令メモリの入力になり、そのアドレスで指定される1番目の命令のadd x5, x1, x2が命令メモリから出力されます。

　この命令のrs1フィールドの値は5'd1であり、これによって指定されるx1の値の32'd5がレジスタファイルのrd1から出力されます。同様に、この命令のrs2フィールドの値は5'd2であり、これによって指定されるx2の値の32'd6がレジスタファイルのrd2から出力されます。w_rtの値は、これらの入力オペランドの加算による値の32'd11になります。また、この値が、rdフィールドの値の5'd5で指定されるx5を更新するための入力になります。

　次ページの図5-16に、2番目のクロックサイクルのCC2の実行の様子を示します。

　CC2では、r_pcの出力の32'h4が命令メモリの入力になり、そのアドレスで指定される2番目の命令のadd x6, x3, x4が命令メモリから出力されます。

　この命令のrs1フィールドの値は5'd3であり、これによって指定されるx3の値の32'd7がレジスタファイルのrd1から出力されます。同様に、この命令のrs2

フィールドの値は5'd4であり、これによって指定されるx4の値の32'd8がレジスタファイルのrd2から出力されます。w_rtの値は、これらの入力オペランドの加算による値の32'd15になります。また、この値が、rdフィールドの値の5'd6で指定されるx6を更新するための入力になります。

　3番目の命令を処理するCC3の動作の説明は省略します。

図5-16

プロセッサproc2がCC2でadd x6, x3, x4を実行する様子

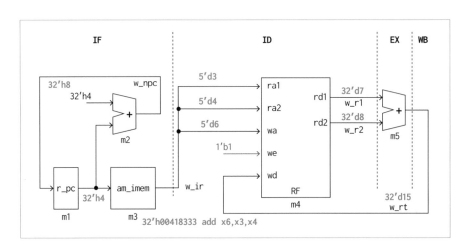

5-5 addとaddi命令を処理する 単一サイクルのプロセッサ

proc2を拡張して、即値を利用するaddi命令も実行できるプロセッサproc3を設計しましょう。このプロセッサで利用する32ビットの即値を生成するモジュールのシンボルを図5-17に示します。出力の即値のw_irに加えて、出力の7本の制御線を青色の矢印でまとめて示しました。

図5-17
32ビットの
即値と制御信号を
生成する
モジュールの
シンボル

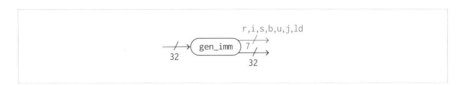

このモジュールの記述をコード5-16に示します。モジュールの入力は、32ビットの命令のw_irです。出力は、32ビットの即値のw_immと、どの命令形式かを示すw_r、w_i、w_s、w_b、w_u、w_jとw_ldです。例えば、w_rの値が1'b1であれば、R形式の命令になることを表します。また、w_ldの値が1'b1であれば、ロード命令になることを表します。

コード5-16
Verilog HDLの
コード

```
1  module m_gen_imm(w_ir, w_imm, w_r, w_i, w_s, w_b, w_u, w_j, w_ld);
2    input  wire [31:0] w_ir;
3    output wire [31:0] w_imm;
4    output wire w_r, w_i, w_s, w_b, w_u, w_j, w_ld;
5    m_get_type m1 (w_ir[6:2], w_r, w_i, w_s, w_b, w_u, w_j);
6    m_get_imm m2 (w_ir, w_i, w_s, w_b, w_u, w_j, w_imm);
7    assign w_ld = (w_ir[6:2]==0);
8  endmodule
```

ここでは、第4章のコード4-3で示したm_get_typeと、コード4-5で示したm_get_immのモジュールを利用します。m_get_typeは、opcode5を入力として、そ

の命令形式を出力します。m_get_immは、命令と命令形式を入力として、32ビットの即値を生成します。5、6行目で、これらのモジュールのインスタンスを生成し、w_immなどの配線を接続します。7行目では、ロード命令のときに1'b1になるw_ldを記述します。

これまで利用してきたシンプルな命令メモリを、一般的なRAMを利用した構成に変更しましょう。以降で利用するm_am_imemの記述をコード5-17に示します。64個の命令を格納できる構成にしています。

コード5-17
Verilog HDLの
コード

```
1   module m_am_imem(w_pc, w_insn);
2     input  wire [31:0] w_pc;
3     output wire [31:0] w_insn;
4     reg [31:0] mem [0:63];
5     assign w_insn = mem[w_pc[7:2]];
6     integer i; initial for (i=0; i<64; i=i+1) mem[i] = 32'd0;
7   endmodule
```

4行目で、64個の命令を格納できるRAMを宣言します。5行目では、w_pcを利用してRAMを参照して、読み出した値をw_insnに接続します。このw_insnがモジュールの出力になります。6行目で、RAMのすべての値を0で初期化します。

m_gen_immを利用してaddi命令も実行できるproc3を設計しましょう。add命令とaddi命令の主な違いは、2番目のソースオペランドを提供する方法にあります。add命令はレジスタファイルから読み出した値を使います。一方、addi命令は即値を使います。

このように、状況に応じて、利用するオペランドを変更するためには、マルチプレクサを使います。具体的には、add命令を処理する場合にはレジスタファイルから読み出した値を利用し、addi命令を処理する場合には即値を利用するようにマルチプレクサを接続します。このように修正したproc3の構成を次ページの図5-18に示します。

ここでは、m_gen_immのインスタンスのm4を追加します。m4が生成する即値をw_immに接続します。この図では、m4が生成するr、i、s、b、u、j、ldの制御信号を青色の矢印で示しました。

gen_immが生成する制御信号に含まれるiは、処理している命令がI形式であれば1'b1になり、そうでなければ1'b0になります。このiを、m6のマルチプレクサを制御するために利用します。これによって、I形式のaddi命令が処理されるときには、iの値が1'b1になり、gen_immが生成した即値のw_immをw_s2に接続します。R形式のadd命令が処理されるときには、iの値が1'b0になり、レジスタファ

イルのrd2からの出力w_r2をw_s2に接続します。

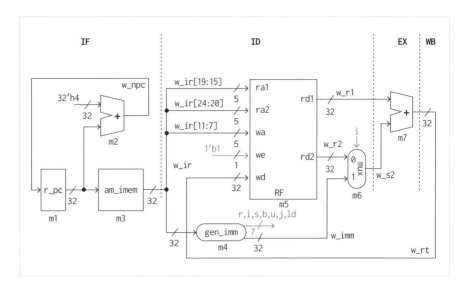

図5-18
レジスタファイル
を利用する
addとaddi命令を
実行できる
プロセッサproc3

この構成のプロセッサの記述をコード5-18に示します。proc2からの主な変更
点を青色で示します。

コード5-18
Verilog HDLの
コード

```verilog
 1  module m_proc3(w_clk);
 2    input wire w_clk;
 3    wire [31:0] w_npc, w_ir, w_imm, w_r1, w_r2, w_s2, w_rt;
 4    wire w_r, w_i, w_s, w_b, w_u, w_j, w_ld;
 5    reg [31:0] r_pc = 0;
 6    m_adder m2 (32'h4, r_pc, w_npc);
 7    m_am_imem m3 (r_pc, w_ir);
 8    m_gen_imm m4 (w_ir, w_imm, w_r, w_i, w_s, w_b, w_u, w_j, w_ld);
 9    m_RF m5 (w_clk, w_ir[19:15], w_ir[24:20], w_r1, w_r2,
10             w_ir[11:7], 1'b1, w_rt);
11    m_mux m6 (w_r2, w_imm, w_i, w_s2);
12    m_adder m7 (w_r1, w_s2, w_rt);
13    always @(posedge w_clk) r_pc <= w_npc;
14  endmodule
```

8行目で、m_gen_immのインスタンスのm4を生成します。11行目で、m_muxの
インスタンスのm6を生成します。

次ページのコード5-19で、このプロセッサをシミュレーションします。3行目
で、m_proc3のインスタンスのmを生成します。5〜7行目で、3個のaddi命令を、

RAMを利用して実装した命令メモリに格納します。

コード5-19
Verilog HDLの
コード

```
1   module m_top();
2     reg r_clk=0; initial #150 forever #50 r_clk = ~r_clk;
3     m_proc3 m (r_clk);
4     initial begin
5       m.m3.mem[0]={12'd3,5'd0,3'd0,5'd1,7'h13};  // addi x1,x0,3
6       m.m3.mem[1]={12'd4,5'd1,3'd0,5'd2,7'h13};  // addi x2,x1,4
7       m.m3.mem[2]={12'd5,5'd2,3'd0,5'd3,7'h13};  // addi x3,x2,5
8     end
9     initial #99 forever #100 $display("%3d %d %d %d",
10      $time, m.w_r1, m.w_s2, m.w_rt);
11    initial #400 $finish;
12  endmodule
```

シミュレーションの表示は出力5-5になります。各行の左側から、時刻、w_r1、
w_s2、w_rtの値を表示します。

出力5-5

```
199        0        3        3
299        3        4        7
399        7        5        12
```

1番目のaddi x1, x0, 3によって、x1に32'd3を格納します。2番目のaddi
x2, x1, 4では、x1の値の32'd3と即値の32'd4の加算で得られる32'd7をx2に
格納します。3番目のaddi x3, x2, 5では、x2の値の32'd7と即値の32'd5の加
算で得られる32'd12をx3に格納します。

5-6 ▶ add、addi、lw、sw命令を処理する単一サイクルのプロセッサ

　proc3を拡張して、lw命令とsw命令も実行できるプロセッサproc4を設計しましょう。まず、このプロセッサで利用する非同期の**データメモリ**のシンボルを図5-19に示します。

図5-19
非同期の
データメモリの
シンボル

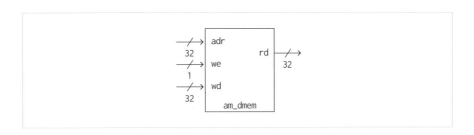

　このデータメモリでは、32ビットのアドレスをadrに入力すると、そのアドレスに格納されている32ビットのデータがrdに出力されます。同時に、書き込み用の32ビットのデータをwdに入力して、weを1'b1にすると、クロック信号の立ち上がりエッジで、adrで指定する場所にデータを書き込みます。

　コード5-20に、データメモリの記述を示します。ここでは、64個のワードを格納できる構成とします。

コード5-20
Verilog HDLの
コード

```
1  module m_am_dmem(w_clk, w_adr, w_we, w_wd, w_rd);
2    input  wire w_clk, w_we;
3    input  wire [31:0] w_adr, w_wd;
4    output wire [31:0] w_rd;
5    reg [31:0] mem [0:63];
6    assign w_rd = mem[w_adr[7:2]];
7    always @(posedge w_clk) if (w_we) mem[w_adr[7:2]] <= w_wd;
8    integer i; initial for (i=0; i<64; i=i+1) mem[i] = 32'd0;
9  endmodule
```

5行目で、64個のワードを格納できるRAMを宣言します。6行目で、w_adrを利用してRAMにアクセスして、読み出した値をw_rdとして出力します。7行目で、クロック信号の立ち上がりエッジで、w_weが1'b1のときに、入力データのw_wdをw_adrで指定する場所に格納します。8行目で、すべてのワードの値を0で初期化します。

proc4の設計に向けて、lw命令の処理を考えます。例えば、lw x3, 24(x5) という命令の実行について考えます。そのために、addi x3, x5, 24 という命令と動作を比較してみます。

このaddi命令の動作は、Verilog HDLで、`x3 <= x5 + 24`と表現できます。一方、あるアドレスをadrとして、そのアドレスでのデータメモリの参照をdm[adr]と表現すると、先のlw命令の動作は、`x3 <= dm[x5 + 24]`と表現できます。

これら2個の命令には似ているところがあります。まず、ともに、x3にワードを書き戻します。次に、x5 + 24というレジスタの値と即値の加算を実行します。違いは、加算の結果をレジスタに書き戻すか、加算の結果をアドレスとしてデータメモリを参照してロードした値を書き戻すかにあります。これを意識しながら、図5-20に示すプロセッサproc4の構成を見ましょう。

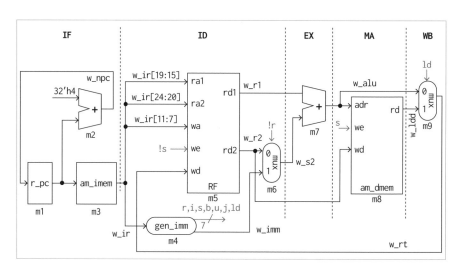

図5-20
lw命令と
sw命令を実行
できるように
拡張した
プロセッサproc4

先に見たproc3から、EXとWBの間に、メモリ参照（MA）のステップが追加され、そこにデータメモリのm8が配置され、マルチプレクサのm9が追加されます。まず、この構成でm9の制御信号を1'b0に設定すると、加算器のm7の出力のw_aluがマルチプレクサのm9の出力になり、w_rtに接続されます。この構成は、先に見たproc3と同じです。すなわち、add命令とaddi命令を実行できるproc3と等価

な構成になります。

一方、制御信号を1'b1に設定すると、lw命令を実行できます。addi命令と同様に、m4が生成した即値とレジスタファイルのm5から読み出したオペランドのm7による加算の結果がw_aluの値になります。lw命令は、このように計算した値がデータメモリのアドレスになるので、このw_aluをデータメモリのm8のadrに接続します。このアドレスで指定された値がロードされ、データメモリのrdから出力され、w_lddに接続されます。マルチプレクサのm9では、このw_lddをw_rtに接続して、レジスタファイルのm5のwaで指定されたレジスタに格納します。これらの動作によって、proc4はlw命令を実行します。

次に、sw命令の実行を考えます。例えば、sw x3, 24(x5)という命令の処理を考えます。この命令の動作は、dm[x5 + 24] <= x3と表現できます。lw x3, 24(x5)のx3 <= dm[x5 + 24]と似ている点がたくさんあります。まず、アドレスを計算して、そのアドレスでデータメモリを参照する点が同じです。違いは、ソースオペランドと宛先オペランドが入れ替わることです。

sw命令では、lw命令と同様に、m4が生成した即値とレジスタファイルのm5から読み出したオペランドのm7による加算によってアドレスを計算して、m8のadrに接続します。sw命令がデータメモリにストアする値はrs2フィールドで指定するレジスタに格納されています。この値は、レジスタファイルのrd2から出力され、w_r2に接続されています。この値をデータメモリに書き込むので、w_r2をデータメモリのwdに接続します。また、ストア命令であれば、データメモリのweの入力を1'b1に設定することで、データメモリにストアします。sw命令では、レジスタファイルへの書き戻しがないので、レジスタファイルのweを1'b0に設定します。これらの動作によって、proc4はsw命令を実行できます。

この構成のプロセッサの記述をコード5-21に示します。proc3からの主な変更点を青字で示します。14行目でデータメモリのインスタンスm8を生成し、15行目で追加したマルチプレクサのインスタンスm9を生成します。

コード5-21
Verilog HDLの
コード

```
1   module m_proc4(w_clk);
2     input wire w_clk;
3     wire [31:0] w_npc, w_ir, w_imm, w_r1, w_r2, w_s2, w_rt;
4     wire [31:0] w_alu, w_ldd;
5     reg [31:0] r_pc = 0;
6     wire w_r, w_i, w_s, w_b, w_u, w_j, w_ld;
7     m_adder m2 (32'h4, r_pc, w_npc);
8     m_am_imem m3 (r_pc, w_ir);
9     m_gen_imm m4 (w_ir, w_imm, w_r, w_i, w_s, w_b, w_u, w_j, w_ld);
```

```
10    m_RF m5 (w_clk, w_ir[19:15], w_ir[24:20], w_r1, w_r2,
11          w_ir[11:7], !w_s, w_rt);
12    m_mux m6 (w_r2, w_imm, !w_r, w_s2);
13    m_adder m7 (w_r1, w_s2, w_alu);
14    m_am_dmem m8 (w_clk, w_alu, w_s, w_r2, w_ldd);
15    m_mux m9 (w_alu, w_ldd, w_ld, w_rt);
16    always @(posedge w_clk) r_pc <= w_npc;
17  endmodule
```

　コード5-22で、このプロセッサをシミュレーションしましょう。3行目で、m_proc4のインスタンスを生成します。5〜7行目で、実行する命令列を命令メモリに格納します。

コード5-22
Verilog HDLの
コード

```
1   module m_top();
2     reg r_clk=0; initial #150 forever #50 r_clk = ~r_clk;
3     m_proc4 m (r_clk);
4     initial begin
5       m.m3.mem[0]={12'd7,5'd0,3'd0,5'd1,7'h13};     // addi x1,x0,7
6       m.m3.mem[1]={7'd0,5'd1,5'd0,3'h2,5'd8,7'h23}; // sw x1, 8(x0)
7       m.m3.mem[2]={12'd8,5'd0,3'b010,5'd2,7'h13};   // lw x2, 8(x0)
8     end
9     initial #99 forever #100 $display("%3d %d %d %d",
10      $time, m.w_r1, m.w_s2, m.w_rt);
11    initial #400 $finish;
12  endmodule
```

　シミュレーションの表示は出力5-6になります。

出力5-6

```
199          0          7          7
299          0          8          8
399          0          8          7
```

　各行の左側から、時刻、w_r1、w_s2、w_rtの値を表示しました。
　1番目のaddi命令はx0の値0と即値の7の加算でw_rtは7になります。2番目のsw命令は、x0の値0と即値の8の加算でアドレスを計算して、データメモリにx1の値をストアします。3番目のlw命令は、x0の値0と即値の8の加算でアドレスを計算して、データメモリからロードした値をx2に格納します。このロードした値が、最初の命令でx1に保存した値の7になっていることが確認できます。

このプロセッサの実行の様子をサイクルごとに考えます。

最初のクロックのCC1の実行の様子を図5-21に示します。この図では、CC1で十分な時間が経過して、すべての回路が安定したときの配線の値を、その配線の付近に青の太字で表示します。

図5-21

プロセッサproc4がCC1でaddi x1, x0, 7を実行する様子

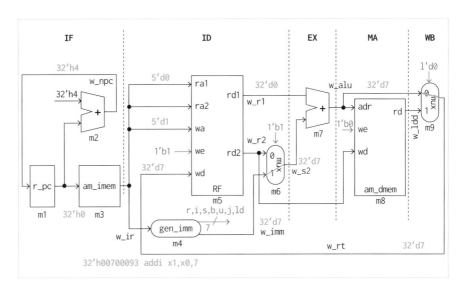

CC1では、r_pcの出力の32'h0で指定される1番目の命令のaddi x1, x0, 7が処理されます。レジスタファイルのm5から出力されるx0の値の32'd0と、gen_immのm4によって生成される即値の32'h7が加算器のm7の入力になります。それらの加算による値の32'd7がマルチプレクサのm9で選択されて、レジスタファイルに書き戻されます。

2番目のクロックのCC2の実行の様子を次ページの図5-22に示します。

CC2では、r_pcの出力の32'h4で指定される2番目の命令のsw x1, 8(x0)が処理されます。レジスタファイルのm5から出力されるx0の値の32'd0と、gen_immのm4によって生成される即値の32'h8が加算器のm7の入力になります。それらの加算による値の32'd8がデータメモリのadrへの入力になります。また、レジスタファイルから出力されるx1の値の32'd7が、データメモリのwdに入力されます。データメモリのweを1'b1にして、データメモリへのストアを指示します。レジスタファイルは更新しないので、レジスタファイルのweを1'b0にします。

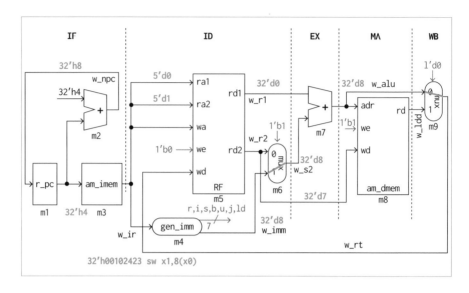

図5-22
プロセッサproc4
がCC2でsw x1,
8(x0)を実行する
様子

3番目のクロックのCC3の実行の様子を図5-23に示します。

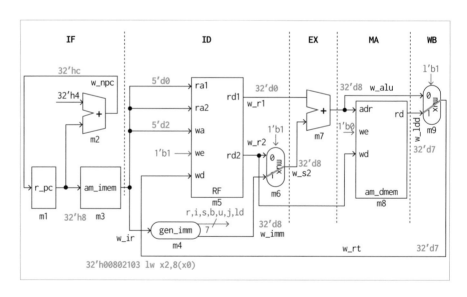

図5-23
プロセッサproc4
がCC3でlw x2,
8(x0)を実行する
様子

　CC3では、r_pcの出力の32'h8で指定される3番目の命令のlw x2, 8(x0)が
処理されます。レジスタファイルから出力されるx0の値の32'd0と、gen_immの
m4によって生成される即値の32'h8が加算器のm7の入力になります。それらの加
算による値の32'd8がデータメモリのadrへの入力になります。これを利用して
データメモリを参照して、rdから出力された値の32'd7が、マルチプレクサのm9

で選択されて、w_rtに接続されます。これが、レジスタファイルのwdへの入力になり、この値を使ってx2を更新します。

5

5-7 add、addi、lw、sw、bne 命令を処理する 単一サイクルのプロセッサ

proc4を拡張して、bne命令を実行できるプロセッサproc5を設計しましょう。proc5は、この章で目指してきた、add、addi、lw、sw、bne命令を処理する単一サイクルのプロセッサです。

bne命令は、2個のオペランドが等しくないときに分岐します。この分岐の条件を計算するために、実行ステップで利用してきたm_adderを拡張しましょう。この記述をコード5-23に示します。

コード5-23
Verilog HDLの
コード

```
1   module m_alu(w_in1, w_in2, w_out, w_tkn);
2     input  wire [31:0] w_in1, w_in2;
3     output wire [31:0] w_out;
4     output wire w_tkn;
5     assign w_out = w_in1 + w_in2;
6     assign w_tkn = w_in1 != w_in2;
7   endmodule
```

このモジュールでは、w_in1とw_in2の入力に対する加算の結果をw_outとして出力します。また、bne命令のために、w_in1とw_in2が一致しない場合に1'b1になるw_tknを出力します。

bne命令を実行していて、このモジュールm_aluのw_tknが1'b1のときに、計算した飛び先アドレスでr_pcを更新して、そうでなければ、他の命令と同様に、今のr_pcに32'h4を加算した値でr_pcを更新します。このため、r_pcの入力にマルチプレクサを追加します。また、bne命令の飛び先アドレスを計算するために、w_immとr_pcの値を加算するための加算器を追加します。

さて、これで本章のゴールとするadd、addi、lw、sw、bne命令を実行できる単一サイクルのプロセッサproc5を設計できました。この構成を次ページの図5-24に示します。

図5-24

add、addi、lw、
sw、bne命令を
実行できる
単一サイクルの
プロセッサproc5

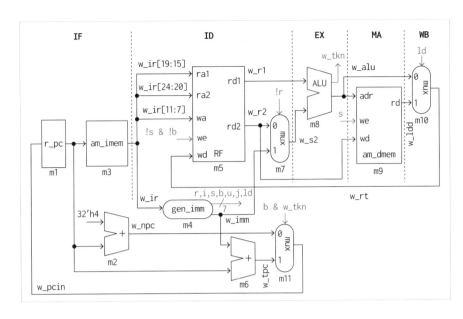

実行（EX）における加算器を、ALUと書かれたモジュールのm_aluに変更します。このモジュールのインスタンス名はm8で、その出力に接続したw_tknは、入力の2個のデータの値が異なる場合に1′b1になる信号です。

bne命令の飛び先アドレスを計算するために、インスタンス名がm6の加算器をIDステップに追加しました。w_immとr_pcの加算により、飛び先アドレスのw_tpcを生成します。

更新するr_pcを選択するために、インスタンス名がm11のマルチプレクサを追加しました。B形式であり分岐成立のとき（w_b & w_tknのとき）に、w_tpcを選択し、そうでなければw_npcを選択してr_pcの入力のw_pcinに接続します。

この構成のプロセッサの記述をコード5-24に示します。proc4からの主な変更点を青色で示します。

```
1   module m_proc5(w_clk);
2     input wire w_clk;
3     wire [31:0] w_npc, w_ir, w_imm, w_r1, w_r2, w_s2, w_rt;
4     wire [31:0] w_alu, w_ldd, w_tpc, w_pcin;
5     wire w_tkn;
6     reg [31:0] r_pc=0;
7     m_mux m11 (w_npc, w_tpc, w_b & w_tkn, w_pcin);
8     m_adder m2 (32'h4, r_pc, w_npc);
9     m_am_imem m3 (r_pc, w_ir);
```

```
10    wire w_r, w_i, w_s, w_b, w_u, w_j, w_ld;
11    m_gen_imm m4 (w_ir, w_imm, w_r, w_i, w_s, w_b, w_u, w_j, w_ld);
12    m_RF m5 (w_clk, w_ir[19:15], w_ir[24:20], w_r1, w_r2,
13            w_ir[11:7], !w_s & !w_b, w_rt);
14    m_adder m6 (w_imm, r_pc, w_tpc);
15    m_mux m7 (w_r2, w_imm, !w_r & !w_b, w_s2);
16    m_alu m8 (w_r1, w_s2, w_alu, w_tkn);
17    m_am_dmem m9 (w_clk, w_alu, w_s, w_r2, w_ldd);
18    m_mux m10 (w_alu, w_ldd, w_ld, w_rt);
19    always @(posedge w_clk) r_pc <= w_pcin;
20    wire w_halt = (!w_s & !w_b & w_ir[11:7]==5'd30);
21  endmodule
```

コード5-25で、このプロセッサをシミュレーションしましょう。3行目で、m_proc5のインスタンスを生成します。5～9行目で、実行する命令列を命令メモリに格納します。ここでは、命令のopcodeを16進数で指定しています。

コード5-25
Verilog HDLの
コード

```
1   module m_top();
2     reg r_clk=0; initial #150 forever #50 r_clk = ~r_clk;
3     m_proc5 m (r_clk);
4     initial begin
5       m.m3.mem[0]={12'd5,5'd0,3'h0,5'd1,7'h13};        //  addi x1,x0,5
6       m.m3.mem[1]={7'd0,5'd1,5'd1,3'h0,5'd2,7'h33};     //  add  x2,x1,x1
7       m.m3.mem[2]={12'd1,5'd1,3'd0,5'd1,7'h13};         //L:addi x1,x1,1
8       m.m3.mem[3]={~12'd0,5'd2,5'd1,3'h1,5'h1d,7'h63};  //  bne  x1,x2,L
9       m.m3.mem[4]={12'd9,5'd1,3'd0,5'd10,7'h13};        //  addi x10,x1,9
10    end
11    initial #99 forever #100 $display("%4d %h %h %d %d %d",
12      $time, m.r_pc, m.w_imm, m.w_r1, m.w_s2, m.w_rt);
13    initial #1400 $finish;
14  endmodule
```

シミュレーションの表示は次ページの出力5-7になります。

各行の左側から、時刻、r_pc、w_imm、w_r1、w_s2、w_rtの値を表示しています。時刻499、699、899、1099でのbne命令の実行では2個のオペランドの値が異なるので、条件が真になり、32'h8の命令に分岐します。時刻1299でのbne命令の実行では2個のオペランドの値が等しいので、条件が真とならずに分岐しません。このため、次に、32'h10の命令が実行されます。

出力5-7

```
199 00000000 00000005          0          5          5
299 00000004 00000000          5          5         10
399 00000008 00000001          5          1          6
499 0000000c fffffffc          6         10         16
599 00000008 00000001          6          1          7
699 0000000c fffffffc          7         10         17
799 00000008 00000001          7          1          8
899 0000000c fffffffc          8         10         18
999 00000008 00000001          8          1          9
1099 0000000c fffffffc          9         10         19
1199 00000008 00000001          9          1         10
1299 0000000c fffffffc         10         10         20
1399 00000010 00000009         10          9         19
```

このプロセッサの実行の様子をサイクルごとに考えます。

最初のクロックのCC1の実行の様子を図5-25に示します。この図では、CC1で十分な時間が経過して（シミュレーションにおける時刻199）、すべての回路が安定したときの配線を流れる値を、その配線の付近に、青の太字で表示します。

図5-25

プロセッサproc5
がCC1でaddi x1,
x0, 5を実行する
様子

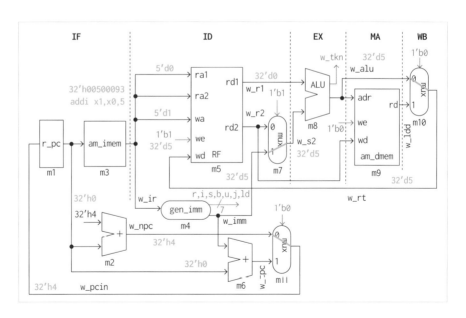

CC1では、r_pcの出力の32'h0が命令メモリの入力になり、そのアドレスで指定される1番目の命令が出力されます。この命令addi x1, x0, 5を表現するビット列は32'h00500093です。

この命令のrs1フィールドは5'd0であり、これによって指定されるx0の値の32'd0がレジスタファイルのrd1から出力され、w_r1に接続されます。gen_immが生成する即値は32'd5であり、これらの加算の結果の32'd5がw_aluの値になります。m10のマルチプレクサはこれを出力に接続し、w_rtの値も32'd5になります。この値が、レジスタファイルのwdに入力され、waの入力の5'd1で指定されるx1に格納されます。

処理している命令が分岐命令ではないので、m11のマルチプレクサの制御信号は1'd0になり、w_npcの値の32'h4がw_pcinに接続され、r_pcの入力になります。

2番目のクロックのCC2の実行の様子を図5-26に示します。

図5-26

プロセッサproc5がCC2でadd x2, x1, x1を実行する様子

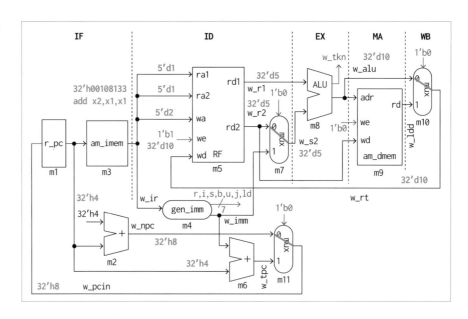

CC2では、r_pcの出力の32'h4が命令メモリの入力になり、そのアドレスで指定される2番目の命令が出力されます。この命令add x2, x1, x1を表現するビット列は32'h00108133です。

この命令のrs1フィールドは5'd1であり、これによって指定されるx1の値の32'd5がレジスタファイルのrd1から出力され、w_r1に接続されます。同様に、rs2フィールドは5'd1であり、これによって指定されるx1の値の32'd5がレジスタファイルのrd2から出力され、w_r2に接続され、m7のマルチプレクサを経由して、w_s2に接続されます。これらの加算の結果の32'd10がw_aluの値になります。m10のマルチプレクサはこれを出力に接続し、w_rtの値も32'd10になります。この値が、レジスタファイルのwdに入力され、waの入力の5'd2で指定される

x2に格納されます。

　処理している命令が分岐命令ではないので、m11のマルチプレクサの制御信号は1'd0になり、w_npcの値の32'h8がw_pcinに接続され、r_pcの入力になります。

　3番目のクロックのCC3の実行の様子はCC1と似ているので省略して、4番目のクロックのCC4の実行の様子を図5-27に示します。

図5-27

プロセッサproc5
がCC4でbne x1,
x2, Lを実行する
様子

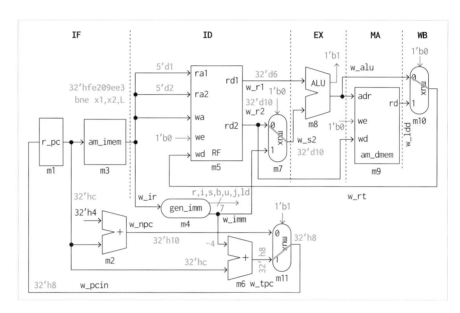

　CC4では、r_pcの出力の32'hcが命令メモリの入力になり、そのアドレスで指定される4番目の命令が出力されます。この命令bne x1, x2, Lを表現するビット列は32'hfe209ee3です。

　この命令のrs1フィールドが指定するx1の値の32'd6がレジスタファイルのrd1から出力され、w_r1に接続されます。同様に、rs2フィールドが指定するx2の値の32'd10がレジスタファイルのrd2から出力され、w_r2に接続され、m7のマルチプレクサを経由して、w_s2に接続されます。これらの比較が一致しないので、分岐の条件は真になり、w_tknが1'b1になります。w_immの値は32'hfffffffcであり、これは10進数では−4になります。これと、w_pcとの加算によって、分岐先のアドレスを示すw_tpcの値が32'h8になります。bne命令はレジスタファイルもデータメモリも更新しないので、これらのweへの入力を1'b0にします。

　分岐命令を実行していて、w_tknが1'b1なので、m11のマルチプレクサの制御信号は1'd1になり、w_tknの値の32'h8がw_pcinに接続され、r_pcの入力になります。

5-8 シミュレーションの工夫と例題

　実行する命令の数が増えてくると、これまでのように終了時刻を指定してシミュレーションを終わらせることが難しくなります。そこで、簡単にシミュレーションが終了できるように工夫しましょう。

　ここでは、**32'h00050f13**によって表現される**addi x30, x10, 0**を特別な**HALT命令**として定義します。ここで、haltは停止を意味します。また、x30に書き込みがあるときにシミュレーションを終了するように、レジスタファイルのm_RFのコードに記述したことを思い出しましょう。

　コード5-26で、m_proc5をシミュレーションしましょう。

コード5-26
Verilog HDLの
コード

```
1   module m_top();
2     reg r_clk=0; initial #150 forever #50 r_clk = ~r_clk;
3     reg [31:0] r_cc=1; always @(posedge r_clk) r_cc <= r_cc + 1;
4     initial #1000000 begin $display("time out"); $finish; end
5     m_proc5 m (r_clk);
6     initial begin
7       m.m3.mem[0]={12'd5,5'd0,3'h0,5'd1,7'h13};          // addi x1,x0,5
8       m.m3.mem[1]={7'd0,5'd1,5'd1,3'h0,5'd2,7'h33};      // add  x2,x1,x1
9       m.m3.mem[2]={12'd1,5'd1,3'h0,5'd1,7'h13};          //L:addi x1,x1,1
10      m.m3.mem[3]={~12'd0,5'd2,5'd1,3'h1,5'b11101,7'h63};// bne  x1,x2,L
11      m.m3.mem[4]={12'd9,5'd1,3'h0,5'd10,7'h13};         // addi x10,x1,9
12      m.m3.mem[5]=32'h00050f13;                          // HALT
13    end
14    initial #99 forever #100 $display("CC%02d %h %d %d %d",
15      r_cc, m.r_pc, m.w_r1, m.w_s2, m.w_rt);
16  endmodule
```

　12行目で、特別な命令のaddi x30, x10, 0（32'h00050f13）を記述します。終了のための特別な命令が実行されないと、シミュレーションが終了しません。それを避けるために、4行目で、十分に大きな時刻（ここでは、時刻1000000）に

なったときにシミュレーションを終了させます。3行目で、初期値が32'd1で、クロック信号の立ち上がりエッジで32'd1だけ増加するクロック識別子のr_ccを定義します。単一サイクルのプロセッサでは、r_ccが実行した命令の数を表します。

シミュレーションの表示における、最後の10行を出力5-8に示します。各行の左側から、クロック識別子、r_pc、w_r1、w_s2、w_rtの値を示しています。

出力5-8

```
CC05 00000008      6        1         7
CC06 0000000c      7        10        17
CC07 00000008      7        1         8
CC08 0000000c      8        10        18
CC09 00000008      8        1         9
CC10 0000000c      9        10        19
CC11 00000008      9        1         10
CC12 0000000c      10       10        20
CC13 00000010      10       9         19
CC14 00000014      19       0         19
```

CC14でaddi x30, x10, 0が実行されて、シミュレーションが終了します。このときのw_rtの値が19になることを確認できます。

先のコードの2〜4行目の部分は共通して利用するので、これをm_top_wrapperという名前のモジュールに記述して、そこからm_simのインスタンスを生成するようにコードを修正します。コード5-27に、修正した記述を示します。

コード5-27
Verilog HDLの
コード

```
1  `timescale 1ns/100ps
2  `default_nettype none
3  module m_top_wrapper();
4    reg r_clk=0; initial #150 forever #50 r_clk = ~r_clk;
5    reg [31:0] r_cc=1; always @(posedge r_clk) r_cc <= r_cc + 1;
6    initial #1000000 begin $display("time out"); $finish; end
7    m_sim m (r_clk, r_cc);
8    initial $dumpvars(0, m);
9  endmodule
```

このモジュールには、シミュレーションの結果を波形で表示するための記述を追加しています。8行目は、波形ビューアで表示するデータを生成するための記述です。必要ない場合にはコメントアウトするか削除してください。

このモジュールのm_top_wrapperを利用するように変更した記述を次ページのコード5-28に示します。また、プログラムはasm.txtに記述するように修正しています。

コード5-28
Verilog HDLの
コード

```
1    module m_sim(w_clk, w_cc); /* please wrap me by m_top_wrapper */
2      input wire w_clk; input wire [31:0] w_cc;
3      m_proc5 m (w_clk);
4      initial begin
5        `define MM m.m3.mem
6        `include "asm.txt"
7      end
8      initial #99 forever #100 $display("CC%02d %h %d %d %d",
9        w_cc, m.r_pc, m.w_r1, m.w_s2, m.w_rt);
10   endmodule
```

このモジュールの入力は、クロック信号のw_clkとクロック識別子のw_ccになります。m_simでインクルードするファイルasm.txtの内容の例をコード5-29に示します。

コード5-29
命令メモリに格納
する命令列

```
1    `MM[0]={12'd5,5'd0,3'h0,5'd1,7'h13};                  // 00    addi x1,x0,5
2    `MM[1]={7'd0,5'd1,5'd1,3'h0,5'd2,7'h33};              // 04    add  x2,x1,x1
3    `MM[2]={12'd1,5'd1,3'h0,5'd1,7'h13};                  // 0c L:addi x1,x1,1
4    `MM[3]={~12'd0,5'd2,5'd1,3'h1,5'b11101,7'h63};        // 10    bne  x1,x2,L
5    `MM[4]={12'd9,5'd1,3'h0,5'd10,7'h13};                 // 14    addi x10,x1,9
6    `MM[5]=32'h00050f13;                                  // 18    HALT
```

例題 1〜100の合計値を求めるコード5-30のCのプログラムをアセンブリ言語に変換した命令列を記述して、その結果が正しいことをシミュレーションで示してください。

コード5-30
C言語のコード

```
main () {
    int sum = 0;
    int i = 0;
    int N = 101;
L:  sum = sum + x3;
    i = i + 1;
    if(i!=N) goto L;
    printf("%d", sum);
}
```

解答 まず、先のCのプログラムの変数の名前をxで始まるレジスタに変更します。また、対応する命令をコメントとして記入してコード5-31を得ます。

コード5-31
C言語のコード

```
main () {
    int x10 = 0;        // addi x10,x0,0
    int x3 = 0;         // addi x3,x0,0
    int x1 = 101;       // addi x1,x0,101
L:  x10 = x10 + x3;     // add  x10,x10,x3
    x3 = x3 + 1;        // addi x3,x3,1
    if(x3!=x1) goto L;  // bne  x3,x1,L
    printf("%d", x10);
}
```

このCのプログラムを変換してコード5-32の命令列を得ます。5番目のbne命令の飛び先は2命令だけ前の4行目の命令なので、bne命令の即値を調整する必要があります。また、asm.txtの内容をこれらの命令列に修正して、シミュレーションします。

コード5-32
命令メモリに
格納する命令列

```
1   `MM[0]={12'd0,5'd0,3'h0,5'd10,7'h13};                    // 00   addi x10,x0,0
2   `MM[1]={12'd0,5'd0,3'h0,5'd3,7'h13};                     // 04   addi x3,x0,0
3   `MM[2]={12'd101,5'd0,3'h0,5'd1,7'h13};                   // 08   addi x1,x0,101
4   `MM[3]={7'd0,5'd3,5'd10,3'h0,5'd10,7'h33};               // 0c L:add  x10,x10,x3
5   `MM[4]={12'd1,5'd3,3'h0,5'd3,7'h13};                     // 10   addi x3,x3,1
6   `MM[5]={~12'd0,5'd1,5'd3,3'h1,5'b11001,7'h63};           // 14   bne  x3,x1,L
7   `MM[6]=32'h00050f13;                                     // 18   HALT
```

シミュレーションの表示における、最後の10行を出力5-9に示します。

出力5-9

```
CC298 0000000c      4753         98      4851
CC299 00000010        98          1        99
CC300 00000014        99        101       200
CC301 0000000c      4851         99      4950
CC302 00000010        99          1       100
CC303 00000014       100        101       201
CC304 0000000c      4950        100      5050
CC305 00000010       100          1       101
CC306 00000014       101        101       202
CC307 00000018      5050          0      5050
```

307番目のクロックサイクルに、307個目の命令が実行され、1〜100の合計値の5050が表示されます。

例題 asm.txtを修正して、1〜1000の合計値を求めるコード5-33のCのプログラムをアセンブリ言語に変換した命令列を記述して、その結果が正しいことをシミュレーションで確認してください。

コード5-33
C言語のコード

```
main () {
    int sum = 0;
    int i = 0;
    int N = 1001;
L:  sum = sum + x3;
    i = i + 1;
    if(i!=N) goto L;
    printf("%d", sum);
}
```

解答 先の例題で作成したアセンブリ言語のプログラムの即値をコード5-34のように1001に変更（次の青字の部分を変更）します。

コード5-34
Verilog HDLの
コード

```
3    `MM[2]={12'd1001,5'd0,3'h0,5'd1,7'h13};        // 08   addi x1,x0,1001
```

シミュレーションの表示における、最後の10行を出力5-10に示します。

出力5-10

```
CC2998 0000000c      497503        998      498501
CC2999 00000010         998          1         999
CC3000 00000014         999       1001        2000
CC3001 0000000c      498501        999      499500
CC3002 00000010         999          1        1000
CC3003 00000014        1000       1001        2001
CC3004 0000000c      499500       1000      500500
CC3005 00000010        1000          1        1001
CC3006 00000014        1001       1001        2002
CC3007 00000018      500500          0      500500
```

3007番目のクロックサイクルに、3007個目の命令が実行され、1〜1000の合計値の500500が表示されます。

例題 asm.txtを修正して、0～63のそれぞれに4を乗算した値の合計値の
8064を求めるコード5-35のCのプログラムをアセンブリ言語に変換した命令列
を記述して、その結果が正しいことをシミュレーションで確認してください。

コード5-35
C言語のコード

```
main () {
    int a[64];
    int sum = 0;
    int i = 0;
    int N = 256;
L:  a[i/4] = i;
    i = i + 4;
    if(i!=N) goto L;
    i = 0;
M:  sum = sum + a[i/4];
    i = i + 4;
    if(i!=N) goto M;
    printf("%d", sum);
}
```

解答 Cのプログラムを変換してコード5-36の命令列を得ます。

コード5-36
命令メモリに
格納する命令列

```
1   `MM[0] ={12'd0,5'd0,3'h0,5'd10,7'h13};           // 00    addi x10,x0,0
2   `MM[1] ={12'd0,5'd0,3'h0,5'd3,7'h13};            // 04    addi x3, x0,0
3   `MM[2] ={12'd256,5'd0,3'h0,5'd1,7'h13};          // 08    addi x1,x0,256
4   `MM[3] ={7'd0,5'd3,5'd3,3'h2,5'd0,7'h23};        // 0c L:sw   x3,0(x3)
5   `MM[4] ={12'd4,5'd3,3'h0,5'd3,7'h13};            // 10    addi x3,x3,4
6   `MM[5] ={~12'd0,5'd1,5'd3,3'h1,5'b11001,7'h63};  // 14    bne  x3,x1,L
7   `MM[6] ={12'd0,5'd0,3'h0,5'd3,7'h13};            // 18    addi x3,x0,0
8   `MM[7] ={12'd0,5'd3,3'h2,5'd4,7'h3};             // 1c M:lw   x4,0(x3)
9   `MM[8] ={12'd4,5'd3,3'h0,5'd3,7'h13};            // 20    addi x3,x3,4
10  `MM[9] ={7'd0,5'd4,5'd10,3'h0,5'd10,7'h33};      // 24    add  x10,x10,x4
11  `MM[10]={~12'd0,5'd1,5'd3,3'h1,5'b10101,7'h63};  // 28    bne  x3,x1,M
12  `MM[11]=32'h00050f13;                            // 2c    HALT
```

シミュレーションの表示における、最後の10行を次ページの出力5-11に示します。

```
CC444 00000028      248        256        504
CC445 0000001c      248          0        248
CC446 00000020      248          4        252
CC447 00000024     7564        248       7812
CC448 00000028      252        256        508
CC449 0000001c      252          0        252
CC450 00000020      252          4        256
CC451 00000024     7812        252       8064
CC452 00000028      256        256        512
CC453 0000002c     8064          0       8064
```

453番目のクロックサイクルに、453個目の命令が実行され、8064という正しい値が表示されます。

例題 コード5-36のasm.txtの3行目の256を512に修正して、0〜127のそれぞれに4を乗算した値の合計値を求めようとして、コード5-37のCのプログラムをアセンブリ言語に変換した命令列を記述して、シミュレーションしました。C言語のプログラムの出力は32,512ですが、シミュレーション結果は48,896になりました。その理由を示してください。

コード5-37
C言語のコード

```
main () {
    int a[128];
    int sum = 0;
    int i = 0;
    int N = 512;
L:  a[i/4] = i;
    i = i + 4;
    if(i!=N) goto L;
    i = 0;
M:  sum = sum + a[i/4];
    i = i + 4;
    if(i!=N) goto M;
    printf("%d", sum);
}
```

(解答) コード5-36の命令列の即値を512に変更して、シミュレーションします。

```
3  `MM[2] ={12'd512,5'd0,3'h0,5'd1,7'h13};        // 08   addi x1,x0,512
```

シミュレーション結果は48,896になります。これは、データメモリのm_am_dmemが64個のワードしか格納できないためです。このため、0〜127のそれぞれに4を乗算した値の合計値ではなく、64〜127のそれぞれに4を乗算した値の合計値の2倍が得られます。

演習問題

Q1 コード5-38の命令列を記述するasm.txtを利用してプロセッサproc5の動作をシミュレーションして、その表示を示してください。

コード5-38
命令メモリに
格納する命令列

```
1   `MM[0] ={12'd7,5'd0,3'h0,5'd1,7'h13};        // 00    addi  x1,x0,7
2   `MM[1] ={7'd0,5'd1,5'd0,3'h2,5'd0,7'h23};    // 04    sw    x1,0(x0)
3   `MM[2] ={12'd0,5'd0,3'h2,5'd2,7'h3};         // 08    lw    x2,0(x0)
4   `MM[3] ={12'd0,5'd2,3'h0,5'd10,7'h13};       // 0c    addi  x10,x2,0
5   `MM[4] =32'h00050f13;                        // 10    HALT
```

Q2 コード5-39の命令列を記述するasm.txtを利用してプロセッサproc5の動作をシミュレーションして、その表示を示してください。

コード5-39
命令メモリに
格納する命令列

```
1   `MM[0]={12'd3,5'd0,3'h0,5'd1,7'h13};         // 00    addi x1,x0,3
2   `MM[1] ={7'd0,5'd1,5'd1,3'h0,5'd2,7'h33};    // 04    add  x2,x1,x1
3   `MM[2] ={7'd0,5'd1,5'd1,3'h0,5'd3,7'h33};    // 08    add  x3,x1,x1
4   `MM[3] ={7'd0,5'd1,5'd1,3'h0,5'd4,7'h33};    // 0c    add  x4,x1,x1
5   `MM[4] ={7'd0,5'd3,5'd2,3'h0,5'd5,7'h33};    // 10    add  x5,x2,x3
6   `MM[5] ={7'd0,5'd4,5'd5,3'h0,5'd5,7'h33};    // 14    add  x5,x5,x4
7   `MM[6]={12'd0,5'd5,3'h0,5'd10,7'h13};        // 18    addi x10,x5,0
8   `MM[7]=32'h00050f13;                         // 1c    HALT
```

第 6 章

プロセッサの
高性能化の手法

この章では、プロセッサの高性能化の手法である
パイプライン処理を見ていきます。その有効性か
ら、販売されているほぼすべてのプロセッサでパ
イプライン処理が採用されています。

6-1 回路の動作周波数とパイプライン処理

　具体的なハードウェアの例を利用して、回路の動作周波数を決める要因とパイプライン処理の概念を見ます。

　例として、16ビットの符号なし数のa、bと32ビットの符号なし数のcが与えられたときに、y＝a×b+cを計算することを考えます。これは、aとbの積に、cを加算するので**積和演算**（multiply-add）と呼ばれ、AIの推論などで頻繁に利用されます。ただし、構成が複雑になることを避けるため、ここでは、aを定数の16′d3とします。

図6-1
積和演算の回路

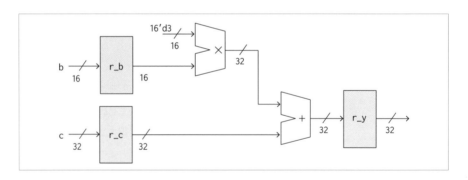

　積和演算の回路を図6-1に示します。この回路では入力と出力にレジスタのr_b、r_c、r_yを配置しています。パイプライン処理では、青色で示すレジスタの使い方が重要になります。

　この積和演算の記述を、次ページのコード6-1に示します。モジュール名はm_maddです。

コード6-1
Verilog HDLの
コード

```verilog
1   module m_madd(w_clk, w_b, w_c, r_y);
2     input wire w_clk;
3     input wire [15:0] w_b;
4     input wire [31:0] w_c;
5     output reg [31:0] r_y = 0;
6     reg [15:0] r_b = 0;
7     reg [31:0] r_c = 0;
8     always @(posedge w_clk) begin
9       r_b <= w_b;
10      r_c <= w_c;
11      r_y <= (16'd3 * r_b) + r_c;
12    end
13  endmodule
```

　2～5行目で入出力の配線とレジスタを宣言します。6行目と7行目で入力のレジスタのr_b、r_cを宣言します。11行目で、積和演算を記述します。この記述において ( ) は不要ですが、乗算の後に加算することを明示するために、(16'd3 * r_b) + r_cと記述しました。

　コード6-2に示すm_simを利用して、この回路をシミュレーションしましょう。このシミュレーションには、先に記述したm_top_wrapperも必要になります。

コード6-2
Verilog HDLの
コード

```verilog
1   module m_sim(w_clk, w_cc); /* please wrap me by m_top_wrapper */
2     input wire w_clk; input wire [31:0] w_cc;
3     reg [15:0] r_in1;
4     reg [31:0] r_in2;
5     wire [31:0] w_y;
6     initial begin #50
7       #100 r_in1 = 1; r_in2 = 2;
8       #100 r_in1 = 3; r_in2 = 4;
9       #100 r_in1 = 5; r_in2 = 6;
10      #100 r_in1 = 7; r_in2 = 8;
11      #100 r_in1 = 0; r_in2 = 0;
12    end
13    m_madd m (w_clk, r_in1, r_in2, w_y);
14    initial #99 forever #100 $display("CC%1d %5d %5d %5d",
15      w_cc, m.r_b, m.r_c, m.r_y);
16    initial #800 $finish;
17  endmodule
```

187

　7〜11行目で、r_bとr_cの入力の値を定義します。r_bには、1、3、5、7という奇数を入力し、r_cには、2、4、6、8という偶数を入力します。11行目で、r_bとr_cを0にすることで、有効ではない入力データになることを表します。

　シミュレーションの表示は出力6-1になります。

CC1	0	0	0
CC2	1	2	0
CC3	3	4	5
CC4	5	6	13
CC5	7	8	21
CC6	0	0	29
CC7	0	0	0

　各行の左側から、クロック識別子、r_b、r_c、r_yの値を表示しています。例えば、CC3におけるr_bの値が3、r_cの値が4であり、それらを利用して3×r_b+r_cの計算による値の13がr_yの入力になり、次のクロックサイクルのCC4におけるr_yの値が13になります。

　このように、あるクロックサイクルのnでr_bとr_cが出力したデータに対する積和演算の結果は、クロックサイクルのn+1にr_yから出力されます。また、この例からわかるように、データは、CC1、CC2、CC3、...といった各サイクルに連続して入力できて、3サイクル目から連続して出力が得られます。

　この回路の遅延と動作周波数について考えます。レジスタr_b、r_c、r_yの読み出しの時間（delay of register read）を**dR**、乗算器の入力が安定してから出力が得られるまでの遅延（delay of multiplyer）を**dM**、加算器の入力が安定してから出力が得られるまでの遅延（delay of adder）を**dA**とします。

　あるクロック信号の立ち上がりエッジでレジスタ（あるいはメモリ）から値を読み出し始めてから、次のクロック信号の立ち上がりエッジでレジスタ（あるいはメモリ）に入力する経路を**パス**（path）と呼びます。次ページの図6-2の左に示す積和演算の回路には、図6-2の右の（a）と（b）に示すように、r_bからr_yまでのパスのPath1、r_cからr_yまでのパスのPath2の2本があります。r_yから始まるパスは定義されていないので省略します。

図6-2
積和演算の回路と
それを構成する
2本のパスの
Path1 (a) と
Path2 (b)

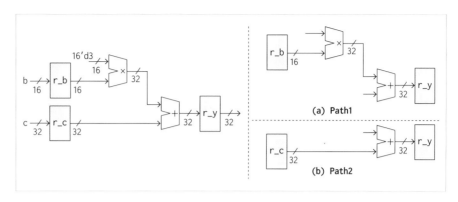

(a) Path1

(b) Path2

パスの遅延は、あるクロック信号の立ち上がりエッジから次のクロック信号の立ち上がりエッジまでに必要になる、そのパスに含まれる回路の遅延の合計値として計算されます。ただし、**配線遅延**（wire delay）と呼ばれる配線を信号が伝わるための遅延は無視できるくらい小さいものとします。回路の遅延は、常に正の値になります。

Path1とPath2それぞれのパスの遅延（**delay of Path**）のdPath1、dPath2は、次の式で計算されます。

dPath1＝dR＋dM＋dA
dPath2＝dR＋dA

図6-2の (a) に示すPath1では、まず、r_bを読み出すための遅延のdRの経過後から、r_bの出力の値が安定します。それが乗算器の入力になり、さらにそこから乗算のための遅延のdMが経過してから、乗算器の出力の値が安定します。それが加算器の入力になり、さらにそこから加算のための遅延のdAが経過してから、加算器の出力の値が安定します。r_yは、クロック信号の立ち上がりエッジで、この安定した値を取得するので、r_yのための遅延を加算する必要はありません。このことから、Path1の遅延は、dR＋dM＋dAになります。

同様に、図6-2の (b) に示すPath2では、まず、r_cを読み出すための遅延のdRの後から、r_cの出力の値が安定します。それが加算器の入力になり、そこから加算のための遅延のdAが経過してから、加算器の出力の値が安定します。このことから、Path2の遅延は、dR＋dAになります。

回路にはたくさんのパスが含まれますが、それらすべてのパスのなかで最も遅延が大きいパスのことを**クリティカルパス**と呼びます。この積和演算の回路では、Path1がクリティカルパスです。

　このように求めた回路のクリティカルパスによって、その回路の最大の動作周波数を計算できます。

　ある回路のクリティカルパスの遅延をdとします。このとき、クロック信号の周期をdより長く設定すると、クロック信号の立ち上がりエッジで回路のすべての信号が安定しているので、正しく動作します。一方、クロック信号の周期をdより小さくすると、クロック信号の立ち上がりエッジで安定していない信号を利用することがあるので、回路の正しい動作を保証できません。

　このことから、回路のクリティカルパスの遅延をdとすると、クロック信号の周期をdに設定する構成が、その回路を正しく動作させる最大の動作周波数になります。この最大の動作周波数は**Fmax**（**max**imum clock frequency）と呼びます。例えば、ある回路のクリティカルパスの遅延が2nsであれば、Fmaxは500MHzになります。クリティカルパスの遅延が1nsであれば、Fmaxは1000MHzになります。

　このように、Fmaxの単位をMHz、遅延dの単位をnsとすると、Fmax＝1000/dとして、最大の動作周波数を計算できます。

（例題）図6-2の積和演算の回路のdRが1ns、dMが6ns、dAが4nsとします。クリティカルパスの遅延を求めてください。また、1MHz単位で求めるFmaxを計算してください。

（解答）先の式に遅延を代入することで、次のようにそれぞれのパスの遅延を計算します。

dPath1＝1+6+4＝11ns
dPath2＝1+4＝5ns

クリティカルパスはすべてのパスにおける最も長い遅延なのでdPath1の11nsです。また、1000/11＝90.909から、この回路は90MHzで動作します。つまり、Fmaxは90MHzです。

　この積和演算の回路を高速化するために、クリティカルパスの遅延を短くしてFmaxを向上させることを考えます。この回路のクリティカルパスの遅延は、そのパスに含まれる遅延の合計値として計算されました。クリティカルパスの途中にレジスタを挿入して、クリティカルパスを2本のパスに分割することで、新しくできるクリティカルパスの遅延を短くできないでしょうか。

　図6-3の左に示すように、先の回路のPath1の乗算器と加算器の間に、レジスタのr_dを挿入した回路を考えます。r_dを挿入することで、Path1は存在しなくなり、図の（a）に示すr_bからr_dまでのPath3、r_dからr_yまでのPath4という2本のパスが生成されます。r_dの挿入は、Path2に影響を与えません。

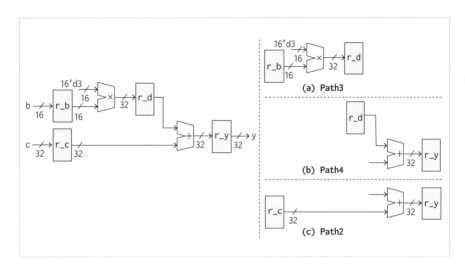

図6-3

レジスタr_dを
挿入した
積和演算の回路と
それを構成する
3本のパス

　このように、修正された回路はPath2、Path3、Path4という3本のパスを持ちます。それぞれのパスの遅延のdPath2、dPath3、dPath4は、次の式で計算されます。

dPath3＝dR＋dM

dPath4＝dR＋dA

dPath2＝dR＋dA

　乗算器の遅延の方が加算器の遅延より大きい（dM>dA）と仮定すると、修正した回路のクリティカルパスはPath3です。クリティカルパスの遅延は、r_dの挿入という修正により、先の回路のdR＋dM＋dAから、dR＋dMに改善されます。

　このように、クリティカルパスにレジスタを挿入することでFmaxを向上できます。しかし、あるクロックサイクルに与えられた入力のb、cに対して、y＝3×b＋cを正しく計算できないという問題が生じます。

　この問題を解決するためには、Path2にもレジスタr_eを挿入して次ページの図6-4の回路にします。

図6-4
レジスタr_dと
r_eを挿入して
2段のパイプライン
処理を実現する
回路

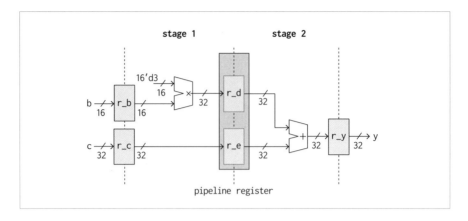

この構成の記述をコード6-3に示します。

```
 1   module m_madd_pipe(w_clk, w_b, w_c, r_y);
 2     input wire w_clk;
 3     input wire [15:0] w_b;
 4     input wire [31:0] w_c;
 5     output reg [31:0] r_y = 0;
 6     reg [15:0] r_b = 0;
 7     reg [31:0] r_c = 0, r_d = 0, r_e = 0;
 8     always @(posedge w_clk) begin
 9       r_b <= w_b;
10       r_c <= w_c;
11       r_d <= 16'd3 * r_b;
12       r_e <= r_c;
13       r_y <= r_d + r_e;
14     end
15   endmodule
```

　1行目のモジュール名をm_madd_pipeに変更しました。7行目で、追加するレジスタr_dとr_eを宣言します。11〜13行目で、乗算器、加算器とr_d、r_e、r_yの更新を記述します。

　このように、1サイクルで処理していた回路にレジスタを挿入して、複数のステージに分割します。そして、それぞれのステージで異なるデータに対する処理を同時におこない、回路のスループットを維持しながら、Fmaxを向上させる手法を**パイプライン処理**と呼びます。

　図6-4は、2段のステージに分割された（2段のステージを持つ）パイプライン処理の例です。最初の処理を担当するステージをステージ1（stage 1）、次の処理を

担当するステージをステージ2 (stage 2) と呼ぶことにします。

図6-4に示すように、ステージを分けるいくつかのレジスタをまとめて、**パイプラインレジスタ** (pipeline register) と呼びます。この例では、ステージ1とステージ2に分割するために挿入したr_dとr_eが、ステージ1とステージ2の間のパイプラインレジスタです。パイプラインレジスタとして使用することを明示するために、図では、r_dとr_eを囲う灰色の四角を記載しました。

先に示したm_simの記述におけるモジュール名をm_madd_pipeに変更して、パイプライン版のコードをシミュレーションしましょう。シミュレーションの表示は出力6-2になります。

(出力6-2)

```
CC1     0       0       0
CC2     1       2       0
CC3     3       4       0
CC4     5       6       5
CC5     7       8       13
CC6     0       0       21
CC7     0       0       29
```

各行の左側から、クロック識別子、r_b、r_c、r_yの値を表示しています。例えば、CC3におけるr_bの値が3、r_cの値が4であり、それらの積和演算の値の13は、**2サイクル**だけ遅れたCC5におけるr_yの値として出力されます。

このように、あるクロックサイクルのnでr_bとr_cが出力したデータに対する積和演算の結果は、クロックサイクルのn+2にr_yから出力されます。また、この例からわかるように、データは、CC1、CC2、CC3、...といった各サイクルに連続して入力できて、4サイクル目から連続して出力が得られます。

コード6-1の記述と、コード6-3のパイプライン処理の版の記述のシミュレーションの結果を比較します。ここでは、積和演算の回路のスループットは、単位時間あたりに実行できる積和演算の数として定義します。

実行する積和演算の個数をnとします。最初の積和演算の回路では、必要になるサイクル数はn+2です。一方のパイプライン処理の版で必要になるサイクル数はn+3です。nが非常に大きい場合には、これらの実行サイクル数は同じとみなすことができます。このことから、これらの回路の動作周波数が同じ場合に、パイプライン処理を利用した回路は、最初の回路と同様のスループットを達成することがわかります。実際には、パイプライン処理を利用することで動作周波数が向上するため、パイプライン処理によって、高いスループットを達成できます。

パイプライン処理の概念を説明したので、積和演算から、プロセッサの話題に戻

りましょう。パイプライン処理を採用してproc5を高速化するために、proc5のクリティカルパスを確認しましょう。

図6-5に、proc5のクリティカルパスを青の太線で示します。（1）m1のr_pcの読み出しから、（2）m3の命令メモリからの命令のフェッチ、（3）m4のgen_immによる即値の生成、（4）m7のマルチプレクサでの選択、（5）m8のALUによる加算、（6）m9のデータメモリからのロード、（7）m10のマルチプレクサでの選択、そして、（8）m5のレジスタファイルの書き込みデータの入力までがクリティカルパスになります。

ただし、ここでは、m4のgen_immによる即値の生成の遅延が、m5のレジスタファイルの読み出しの遅延よりも大きいと仮定しました。もし、レジスタファイルの読み出しの遅延の方が大きい場合には、（3）m4のgen_immによる即値の生成は、（3）m5のレジスタファイルからの読み出しに変更になります。

どちらにしても、このクリティカルパスが利用されるのは、1w命令を実行しているときだけです。

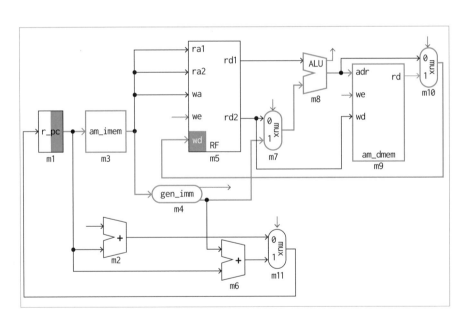

図6-5
proc5の
クリティカルパス

このように、proc5のクリティカルパスに多くのモジュールが含まれるので、その遅延が大きくなり、Fmaxを上げることが難しくなります。これが単一サイクルのプロセッサの主な欠点です。次に、パイプライン処理を採用して、このクリティカルパスを分割することで、Fmaxの向上を目指しましょう。

6-2 パイプライン処理（2段）の プロセッサの設計と実装

　パイプライン処理のプロセッサの最初の試みとして、proc5を修正して、2段の パイプライン処理のプロセッサを設計します。IFのステップを最初の**IFステージ**、 残りのID、EX、MA、WBのステップを次の**IDステージ**とします。

　パイプライン処理を実現するために、これらのステージの間にパイプラインレジ スタを挿入します。また、proc5で利用しているマルチプレクサm11の名前をm0 に変更して、r_pcの左に配置します。このように変更した構成を、図6-6に示し ます。

図6-6

2段のパイプライン
処理のプロセッサ
proc6m

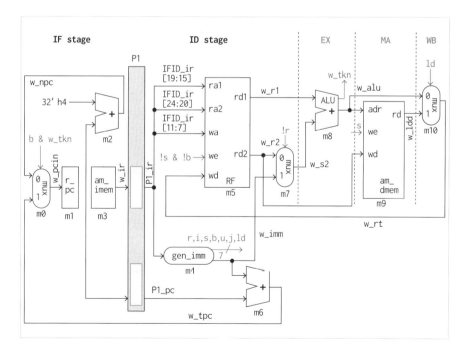

IFステージとIDステージの間のパイプラインレジスタを**P1**と呼ぶことにします。また、このパイプラインレジスタに含まれるレジスタには、**P1_**をレジスタ名の先頭に付けます。例えば、**P1_pc**は、パイプラインレジスタP1のpcという意味になります。

この構成のプロセッサproc6mでは、bne命令を実行するときに対策が必要になりますが、その方法は後で考えることにします。proc6mという名前の最後に付けた**m**はminusを意味して、proc6になる手前の版のプロセッサということを示します。まずは、このプロセッサのコードと、bne命令を含まない命令列を実行するときの動作を考えましょう。

プロセッサproc6mの記述をコード6-4に示します。proc5からの主な変更点を青字にしました。

コード6-4
Verilog HDLの
コード

```verilog
 1   module m_proc6m(w_clk);
 2     input wire w_clk;
 3     reg [31:0] P1_ir=32'h13, P1_pc=0;
 4     wire [31:0] w_npc, w_ir, w_imm, w_r1, w_r2, w_s2, w_rt;
 5     wire [31:0] w_alu, w_ldd, w_tpc, w_pcin;
 6     wire w_r, w_i, w_s, w_b, w_u, w_j, w_ld, w_tkn;
 7     reg [31:0] r_pc=0;
 8     m_mux m0 (w_npc, w_tpc, w_b & w_tkn, w_pcin);
 9     m_adder m2 (32'h4, r_pc, w_npc);
10     m_am_imem m3 (r_pc, w_ir);
11     always @(posedge w_clk)
12       {r_pc, P1_ir, P1_pc} <= {w_pcin, w_ir, r_pc};
13     m_gen_imm m4 (P1_ir, w_imm, w_r, w_i, w_s, w_b, w_u, w_j, w_ld);
14     m_RF m5 (w_clk, P1_ir[19:15], P1_ir[24:20], w_r1, w_r2,
15               P1_ir[11:7], !w_s & !w_b, w_rt);
16     m_adder m6 (w_imm, P1_pc, w_tpc);
17     m_mux m7 (w_r2, w_imm, !w_r & !w_b, w_s2);
18     m_alu m8 (w_r1, w_s2, w_alu, w_tkn);
19     m_am_dmem m9 (w_clk, w_alu, w_s, w_r2, w_ldd);
20     m_mux m10 (w_alu, w_ldd, w_ld, w_rt);
21   endmodule
```

3行目で、追加したパイプラインレジスタのP1_irとP1_pcを宣言します。P1_irは、addi x0, x0, 0という実行に影響を与えない命令の32'h13で初期化します。11〜12行目で、連結演算子を利用して、まとめてレジスタの更新を記述します。13〜16行目では、IDステージで利用していたw_irをP1_irに変更します。同様に、IDステージで利用していたw_pcをP1_pcに変更します。

　命令メモリに格納する命令として、コード6-5に示す内容をasm.txtという名前のファイルに記述します。

コード6-5
命令メモリに
格納する命令列

```
1  `MM[0]={12'd3,5'd0,3'h0,5'd1,7'h13};  // 00 addi x1,x0,3
2  `MM[1]={12'd4,5'd1,3'h0,5'd2,7'h13};  // 04 addi x2,x1,4
3  `MM[2]={12'd5,5'd2,3'h0,5'd10,7'h13}; // 08 addi x10,x2,5
4  `MM[3]=32'h00050f13;                  // 0c HALT
```

　コード6-6を利用して、この回路をシミュレーションします。

コード6-6
Verilog HDLの
コード

```
1   module m_sim(w_clk, w_cc); /* please wrap me by m_top_wrapper */
2     input wire w_clk; input wire [31:0] w_cc;
3     m_proc6m m (w_clk);
4     initial begin
5       `define MM m.m3.mem
6       `include "asm.txt"
7     end
8     initial #99 forever #100 $display("CC%1d %h %h %d %d %d",
9       w_cc, m.r_pc, m.P1_pc, m.w_r1, m.w_s2, m.w_rt);
10  endmodule
```

　3行目で、m_proc6mのインスタンスのmを生成します。6行目で、includeを使用して、asm.txtの内容で命令メモリを初期化します。8〜9行目の記述によって、199、299、399、... というクロック信号の立ち上がりエッジの直前の時刻に、指定した値を表示します。

　シミュレーションの表示を出力6-3に示します。各行の左側から、クロック識別子、r_pc、P1_pc、w_r1、w_s2、w_rtの値を表示します。

出力6-3

```
CC1 00000000 00000000      0         0         0
CC2 00000004 00000000      0         3         3
CC3 00000008 00000004      3         4         7
CC4 0000000c 00000008      7         5         12
CC5 00000010 0000000c      12        0         12
```

　アドレスの32'h4に格納されている2番目の命令addi x2, x1, 4に注目します。シミュレーションの出力では、この命令に関連する部分を青字にしました。CC2では、この命令がIFステージで処理されます。CC3では、この命令がIDステー

ジで処理されて、入力オペランドの32'd3と32'd4の加算によって、32'd7が生成されます。

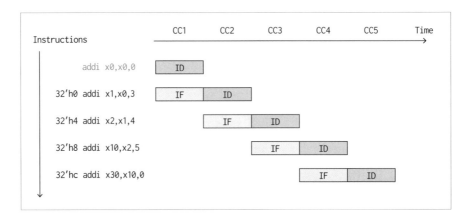

図6-7

2段のパイプライン
処理のproc6の
パイプライン図

図6-7に、**パイプライン図**（pipeline diagram）と呼ばれる形式で、命令列を実行する様子を示します。パイプライン図の横軸は時間です。左からCC1、CC2、CC3、...というクロック識別子を記入しています。縦軸には処理される命令を上から下に記述します。

また、それぞれの命令が処理されるステージの識別子が記入された四角を、それが処理されるクロックサイクルの場所に記入します。IFステージの処理であれば、IFが記入された図形を記入します。IDステージの処理であれば、IDが記入された図形を記入します。

例えば、CC3では、アドレス32'h4のaddi x2, x1, 4がIDステージで処理されて、同時に、アドレス32'h8のaddi x10, x2, 5がIFステージで処理されます。このパイプライン図から、CC2以降のサイクルで連続して、ひとつのクロックサイクルにひとつの有効な命令の処理が完了することがわかります。

ただし、CC1では、青字で示すP1_irの初期化によって格納される命令がIDステージで処理されます。これは、asm.txtに記述される有効な命令ではありません。この命令の処理によって悪い影響がおきないように、P1_irは、addi x0, x0, 0という実行に影響を与えない命令で初期化されます。

次に、bne命令を実行する場合の対策について考えましょう。asm.txtの内容を次ページのコード6-7に示す命令列に変更してシミュレーションします。この命令列は、1〜100の合計値を求めるものです。

コード6-7

命令メモリに格納する命令列

```
1    `MM[0]={12'd0,5'd0,3'h0,5'd10,7'h13};              // 00    addi  x10,x0,0
2    `MM[1]={12'd0,5'd0,3'h0,5'd3,7'h13};               // 04    addi  x3,x0,0
3    `MM[2]={12'd101,5'd0,3'h0,5'd1,7'h13};             // 08    addi  x1,x0,101
4    `MM[3]={7'd0,5'd3,5'd10,3'h0,5'd10,7'h33};         // 0c  L:add   x10,x10,x3
5    `MM[4]={12'd1,5'd3,3'h0,5'd3,7'h13};               // 10    addi  x3,x3,1
6    `MM[5]={~12'd0,5'd1,5'd3,3'h1,5'b11001,7'h63};     // 14    bne   x3,x1,L
7    `MM[6]=32'h00050f13;                               // 18    HALT
```

　シミュレーションによる表示を出力6-4に示します。各行の左側から、クロック識別子、r_pc、P1_pc、w_r1、w_s2、w_rtの値を表示します。

出力6-4

```
CC1 00000000 00000000        0          0          0
CC2 00000004 00000000        0          0          0
CC3 00000008 00000004        0          0          0
CC4 0000000c 00000008        0        101        101
CC5 00000010 0000000c        0          0          0
CC6 00000014 00000010        0          1          1
CC7 00000018 00000014        1        101        102
CC8 0000000c 00000018        0          0          0
```

　1～100の合計値の5050を求めるはずの命令列ですが、CC8で、間違った値の0を表示して実行が終了しています。これは、このタイミングで実行してはいけないアドレス32'h18のHALT命令が、CC7とCC8で処理されることが原因です。HALT命令に関連する処理を灰色の文字で示しています。

　青字で示したアドレス32'h14のbne命令に注目します。CC6のIFステージで、bne命令がフェッチされます。CC7のIDステージで、bne命令のオペランドが比較されて、分岐が成立することが確定します。このため、CC7のIFステージでは、分岐先の命令をフェッチできません。その代わりに、CC7のIFステージでは、bne命令の後続の（32'h18のアドレスの）HALT命令がフェッチされます。また、CC8のIDステージで、HALT命令が実行され、これによってプロセッサの実行が終了してしまいます。

　次ページの図6-8に、この命令列を実行したときのパイプライン図を示します。CC7のIDステージで、bne命令を実行しているとき（図の明るい青色）に、CC7のIFステージではHALT命令がフェッチされます。本来は、bne命令の次に、分岐先のアドレス32'hcのadd x10, x10, x3を実行すべきなのですが、HALT命令が実行されてしまいます。

図6-8
2段のパイプライン
処理のproc6の
パイプライン図

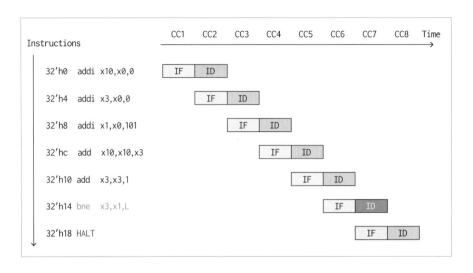

この問題を解決する方法を考えましょう。まずは、ハードウェアの変更ではなく、命令列の変更によって対処します。

具体的には、命令列における各bne命令の次に、実行に影響を与えない1個の命令を配置します。このように、実行に影響を与えない命令は、**NOP**（no operation）**命令**と呼ばれます。例えば、書き込みが意味を持たないx0に結果を書き込むaddi x0, x0, 0を、NOP命令として利用します。

このように変更したasm.txtの内容をコード6-8に示します。

```
1   `MM[0]={12'd0,5'd0,3'h0,5'd10,7'h13};            // 00    addi x10,x0,0
2   `MM[1]={12'd0,5'd0,3'h0,5'd3,7'h13};             // 04    addi x3,x0,0
3   `MM[2]={12'd101,5'd0,3'h0,5'd1,7'h13};           // 08    addi x1,x0,101
4   `MM[3]={7'd0,5'd3,5'd10,3'h0,5'd10,7'h33};       // 0c L:add  x10,x10,x3
5   `MM[4]={12'd1,5'd3,3'h0,5'd3,7'h13};             // 10    addi x3,x3,1
6   `MM[5]={~12'd0,5'd1,5'd3,3'h1,5'b11001,7'h63};// 14    bne   x3,x1,L
7   `MM[6]={12'd0,5'd0,3'h0,5'd0,7'h13};             // 18    NOP
8   `MM[7]=32'h00050f13;                             // 1c    HALT
```

6行目のbne命令の後の7行目に、NOP命令のaddi x0, x0, 0を挿入します。

コード6-8に示す命令列に変更して、シミュレーションします。シミュレーションの表示における最後の10行を次ページの出力6-5に示します。各行の左側から、クロック識別子、r_pc、P1_pc、w_r1、w_s2、w_rtの値を表示します。

出力6-5

```
CC400 0000000c 00000018           0         0         0
CC401 00000010 0000000c        4851        99      4950
CC402 00000014 00000010          99         1       100
CC403 00000018 00000014         100       101       201
CC404 0000000c 00000018           0         0         0
CC405 00000010 0000000c        4950       100      5050
CC406 00000014 00000010         100         1       101
CC407 00000018 00000014         101       101       202
CC408 0000001c 00000018           0         0         0
CC409 00000020 0000001c        5050         0      5050
```

CC409で、正しい値の5050が得られます。青字は挿入したNOP命令の処理です。灰色の文字はHALT命令の処理です。CC1のIDステージでは、有効な命令が実行されないので、CC2から有効な命令が実行されます。このため、proc6mは、NOP命令を含めて408個の命令を実行したことになります。

bne命令の問題に対処するために、bne命令の次にNOP命令を挿入する方法を見てきました。この方法には、NOP命令を挿入するので、命令メモリを利用する量が増えるという欠点があります。また、NOP命令が実行されているサイクルが無駄になるので、プロセッサの性能が低下するという欠点もあります。

次に、bne命令の問題に対処する別の方法を考えます。先の方法は命令列を変更するというソフトウェア的な方法でした。別の方法は、プロセッサの構成を変更するハードウェア的な方法です。

bne命令のオペランドの比較による分岐結果が不成立の場合には、bne命令をNOP命令とみなすことができます。このときには、bne命令の後続の命令をフェッチして実行しても大丈夫です。先の例で見たように、bne命令のオペランドの比較によって「分岐結果が成立の場合に、フェッチした後続の命令が処理されてしまうこと」が問題でした。

このことから、プロセッサの構成を変更して、bne命令がIDステージで実行されて、分岐の結果が成立の場合に、IFステージでフェッチしている命令をNOP命令として処理することで、この問題を解決できます。つまり、bne命令が成立の場合に、間違ってフェッチしてしまった命令を追い出します。このように、本来は実行すべきではなかった命令をプロセッサから追い出す操作をフラッシュ（flush）と呼びます。

命令のフラッシュを実装したプロセッサproc6の記述を次ページのコード6-9に示します。proc6mのコードからの主な変更点を青字にしました。

コード6-9
Verilog HDLの
コード

```
1   module m_proc6(w_clk);
2     input wire w_clk;
3     reg [31:0] P1_ir=32'h13, P1_pc=0; reg P1_v=0;
4     wire [31:0] w_npc, w_ir, w_imm, w_r1, w_r2, w_s2, w_rt;
5     wire [31:0] w_alu, w_ldd, w_tpc, w_pcin;
6     wire w_r, w_i, w_s, w_b, w_u, w_j, w_ld, w_tkn;
7     reg [31:0] r_pc=0;
8     wire w_miss = w_b & w_tkn & P1_v;
9     m_mux m0 (w_npc, w_tpc, w_miss, w_pcin);
10    m_adder m2 (32'h4, r_pc, w_npc);
11    m_am_imem m3 (r_pc, w_ir);
12    always @(posedge w_clk)
13      {r_pc, P1_ir, P1_pc, P1_v} <= {w_pcin, w_ir, r_pc, !w_miss};
14    m_gen_imm m4 (P1_ir, w_imm, w_r, w_i, w_s, w_b, w_u, w_j, w_ld);
15    m_RF m5 (w_clk, P1_ir[19:15], P1_ir[24:20], w_r1, w_r2,
16            P1_ir[11:7], !w_s & !w_b & P1_v, w_rt);
17    m_adder m6 (w_imm, P1_pc, w_tpc);
18    m_mux m7 (w_r2, w_imm, !w_r & !w_b, w_s2);
19    m_alu m8 (w_r1, w_s2, w_alu, w_tkn);
20    m_am_dmem m9 (w_clk, w_alu, w_s & P1_v, w_r2, w_ldd);
21    m_mux m10 (w_alu, w_ldd, w_ld, w_rt);
22  endmodule
```

　3行目で、パイプラインレジスタのP1_vを追加します。これは命令の**有効ビット**（valid bit）を意味していて、この値が1'b0であれば、その命令はNOP命令と判断します。bne命令が成立の場合に、本来は実行すべきではなかった命令をフラッシュするときに、この有効ビットを1'b0にします。

　8行目では、フラッシュするかどうかを示すフラグとしてw_missを宣言します。本当はw_flushという名前の配線が良いかもしれませんが、後で分岐予測を導入することも考慮して、**はずれ**（miss）の命令の流れを処理しているという意味でmissを利用します。IDステージで実行している命令がbne命令で（w_b）、その分岐結果が成立で（w_tkn）、有効な命令のとき（P1_v）にフラッシュするので、w_missをw_b & w_tkn & P1_vによって得ることができます。16行目では、レジスタファイルに書き込む条件に、有効な命令を示すP1_vを追加します。20行目では、データメモリに書き込む条件に、有効な命令を示すP1_vを追加します。

　13行目で、w_missが1'b1であればP1_vの有効ビットが1'b0になる更新を記述します。

　コード6-6のm_proc6mをm_proc6に修正してシミュレーションします。シミュレーションの表示における、最後の10行を次ページの出力6-6に示します。各行

の左側から、クロック識別子、r_pc、P1_pc、w_r1、w_s2、w_rtの値を表示します。

出力6-6

```
CC399 00000018 00000014          99        101        200
CC400 0000000c 00000018        4851          0       4851
CC401 00000010 0000000c        4851         99       4950
CC402 00000014 00000010          99          1        100
CC403 00000018 00000014         100        101        201
CC404 0000000c 00000018        4950          0       4950
CC405 00000010 0000000c        4950        100       5050
CC406 00000014 00000010         100          1        101
CC407 00000018 00000014         101        101        202
CC408 0000001c 00000018        5050          0       5050
```

青字で示すアドレス32'h18の命令は、フラッシュされたHALT命令です。灰色で示すアドレス32'h18の命令は、実行されたHALT命令です。先のNOPをソフトウェア的に挿入するプログラムではCC409で結果が得られました。一方、今回のシミュレーションでは、1サイクルだけ削除されて、CC408で正しい値の5050が得られています。

次に、例題で扱った0〜63のそれぞれに4を乗算した値の合計値の8064を求めるコード6-10の命令列を利用してシミュレーションしましょう。この命令列には、プロセッサproc6が実行できるadd、addi、lw、sw、bne命令というすべての種類の命令が含まれます。

コード6-10
命令メモリに格納する命令列

```
1   `MM[0] ={12'd0,5'd0,3'h0,5'd10,7'h13};        // 00   addi x10,x0,0
2   `MM[1] ={12'd0,5'd0,3'h0,5'd3,7'h13};         // 04   addi x3,x0,0
3   `MM[2] ={12'd256,5'd0,3'h0,5'd1,7'h13};       // 08   addi x1,x0,256
4   `MM[3] ={7'd0,5'd3,5'd3,3'h2,5'd0,7'h23};     // 0c L:sw  x3,0(x3)
5   `MM[4] ={12'd4,5'd3,3'h0,5'd3,7'h13};         // 10   addi x3,x3,4
6   `MM[5] ={~12'd0,5'd1,5'd3,3'h1,5'b11001,7'h63};// 14  bne  x3,x1,L
7   `MM[6] ={12'd0,5'd0,3'h0,5'd3,7'h13};         // 18   addi x3,x0,0
8   `MM[7] ={12'd0,5'd3,3'h2,5'd4,7'h3};          // 1c M:lw  x4,0(x3)
9   `MM[8] ={12'd4,5'd3,3'h0,5'd3,7'h13};         // 20   addi x3,x3,4
10  `MM[9] =[7'd0,5'd4,5'd10,3'h0,5'd10,7'h33};   // 24   add  x10,x10,x4
11  `MM[10]={~12'd0,5'd1,5'd3,3'h1,5'b10101,7'h63};// 28  bne  x3,x1,M
12  `MM[11]=32'h00050f13;                          // 2c   HALT
```

シミュレーションの表示における最後の10行を次ページの出力6-7に示します。各行の左側から、クロック識別子、r_pc、P1_pc、w_r1、w_s2、w_rtの値を表示

します。灰色の文字で示した部分は、シミュレーションを終了させるHALT命令の
処理です。

出力6-7

```
CC571 00000020 0000001c      248          0       248
CC572 00000024 00000020      248          4       252
CC573 00000028 00000024     7564        248      7812
CC574 0000002c 00000028      252        256       508
CC575 0000001c 0000002c     7812          0      7812
CC576 00000020 0000001c      252          0       252
CC577 00000024 00000020      252          4       256
CC578 00000028 00000024     7812        252      8064
CC579 0000002c 00000028      256        256       512
CC580 00000030 0000002c     8064          0      8064
```

　プロセッサproc6のシミュレーションでは、CC580で正しい値の8064が表示さ
れます。同じ命令列を単一サイクルのプロセッサproc5で処理するためのサイクル
数は453なので、2段のパイプライン処理のプロセッサproc6では、127サイクル
の増加になります。

　ここで見たbne命令の対応のように、パイプライン処理での実行サイクル数を増
加させて、パイプライン処理の効率を低下させる原因のことを**ハザード**（hazard）
と呼びます。ハザードは、**制御ハザード**（control hazard）、**データ・ハザード**（data
hazard）、**構造ハザード**（structural hazard）という3種類に分類されます。

　bne命令の対処のように、パイプラインの後段のステージでbne命令などの分岐
命令が実行されることに起因するハザードのことを、**制御ハザード**と呼びます。プ
ロセッサでは、実行する命令を指し示すプログラムカウンタの値の系列を**制御フ
ロー**（control flow）と呼びます。この制御フローが事前にわかっていれば良いので
すが、これがわからないので、適切なタイミングで実行する命令をフェッチできず
に性能が低下します。これに起因するハザードが制御ハザードです。

　ある命令が生成したデータを他の命令が利用する場合に、これらの命令間のデー
タの受け渡しに起因するハザードのことを、**データ・ハザード**と呼びます。例えば、
addi x3, x2, 4という命令は、ソースオペランドとしてx2を使います。このた
め、このx2の値を生成する別の命令が、それを生成した後でないと、addi x3,
x2, 4のための加算を開始することができません。このデータの受け渡しが原因で
性能を低下させるハザードがデータ・ハザードです。

　あるハードウェアが他の目的で利用されていて、ある命令の処理のために利用で
きないことに起因するハザードのことを、**構造ハザード**と呼びます。一般的には、
他の目的で利用されていて不足しているハードウェアのために十分なハードウェア

を投入することで、構造ハザードを解消できます。本書では、必要なハードウェアを十分に提供する方針を取るので、構造ハザードは生じません。

proc6は、bne命令が引き起こす制御ハザードの対処として、本来は実行すべきでなかった命令をプロセッサからフラッシュします。さらに洗練された方法では、ある命令をフェッチしているときに、その命令がbne命令であることを予測し、さらに、そのbne命令の結果が成立なのか不成立なのかを予測し、それらの予測が正しいという仮定に基づいて、命令をフェッチします。このように分岐命令の結果を予測する手法を**分岐予測**（branch prediction）と呼びます。この方法は、後の章で検討します。

後節のプロセッサの性能の比較で見るように、パイプライン処理におけるハザードによって実行に必要となるサイクル数は増加しますが、プロセッサのFmax（最大の動作周波数）が向上するので、総合的なプロセッサの性能はパイプライン処理を採用することで向上します。

6

パイプライン処理（3段）の プロセッサの設計と実装

proc6mを修正して、3段のパイプライン処理のプロセッサproc7mを設計しましょう。IFのステップを最初のIFステージ、IDのステップを2番目のIDステージ、EX、MA、WBのステップを3番目のEXステージとします。

3段のパイプライン処理を実現するために、IDステージとEXステージの間にパイプラインレジスタの**P2**を挿入します。このように変更したプロセッサの構成を図6-9に示します。

図6-9
3段のパイプライン
処理のプロセッサ
proc7m

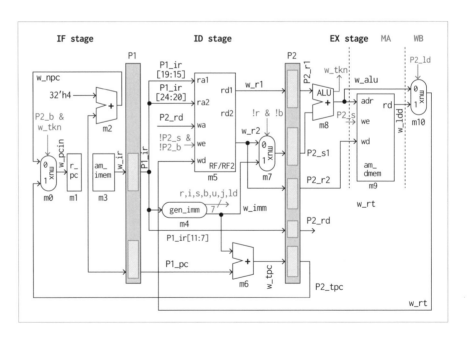

IDステージで生成するw_r1の値を保持するパイプラインレジスタとしてP2_r1を追加します。同様に、w_s2、w_r2、P1_ir[11:7]、w_tpcの値を保持するパイプラインレジスタとして、P2_s2、P2_r2、P2_rd、P2_tpcを追加します。図には

示してませんが、gen_immが生成するw_s、w_b、w_ldという制御信号の値を保持するパイプラインレジスタとして、P2_s、P2_b、P2_ldを追加します。

　図の青色で示す制御信号について考えましょう。m4のgen_immが生成する制御信号は、IDステージで処理されている命令の信号です。この命令と、m7のマルチプレクサを使う命令が同じなので、このm7の制御信号はgen_immが生成するw_rとw_bを使います。

　このとき、EXステージではIDステージで実行している命令の直前の命令が処理されています。EXステージで処理されている命令の制御信号は、前のクロックサイクルにgen_immで生成されて、P2パイプラインレジスタに格納されています。このため、EXステージのm10のマルチプレクサの制御信号は、gen_immが生成するw_ldではなく、その値を格納するパイプラインレジスタのP2_ldを利用する必要があります。同様に、m9のデータメモリの書き込みを指示する信号は、w_sではなく、P2_sを利用する必要があります。

　bne命令がEXステージで処理されているとき、w_tknがその分岐結果の成立あるいは不成立を、P2_tpcが飛び先アドレスを、P2_bがbne命令であるかどうかを示します。m0のマルチプレクサの入力には、これらの信号を利用する必要があります。

　レジスタファイルには、EXステージで処理されている命令の結果を書き込むので、レジスタファイルのwaに入力する書き込むレジスタの番号は、EXステージの命令の書き込みレジスタ番号のP2_rdを利用する必要があります。

　一般的な規則は次のとおりです。IDステージのgen_immが生成している信号は、そのIDステージで処理している命令の信号であり、IDステージの回路の制御に利用します。EXステージで処理している命令の制御信号は、gen_immの出力をP2パイプラインレジスタに格納して利用します。bne命令の結果によってr_pcの入力を選択するm10のマルチプレクサの制御信号は、EXステージで生成された値とP2パイプラインレジスタの値から生成します。

　この構成のプロセッサproc7mの記述を次ページのコード6-11に示します。proc6mのコードからの主な変更点を青字で示します。

　3～6行目で、追加したパイプラインレジスタを宣言します。21～23行目で、これらのパイプラインレジスタの更新を記述します。その他、パイプラインレジスタを利用するように、EXステージの配線を修正します。後で見るように、15行目のm_RFはm_RF2に置き換えることになります。

コード6-11
Verilog HDLの
コード

```
1   module m_proc7m(w_clk);
2     input wire w_clk;
3     reg [31:0] P1_ir=32'h13, P1_pc=0, P2_pc=0;
4     reg [31:0] P2_r1=0, P2_s2=0, P2_r2=0, P2_tpc=0;
5     reg P2_s=0, P2_b=0, P2_ld=0;
6     reg [4:0] P2_rd=0;
7     wire [31:0] w_npc, w_ir, w_imm, w_r1, w_r2, w_s2, w_rt;
8     wire [31:0] w_alu, w_ldd, w_tpc, w_pcin;
9     wire w_r, w_i, w_s, w_b, w_u, w_j, w_ld, w_tkn;
10    reg [31:0] r_pc = 0;
11    m_mux m0 (w_npc, P2_tpc, P2_b & w_tkn, w_pcin);
12    m_adder m2 (32'h4, r_pc, w_npc);
13    m_am_imem m3 (r_pc, w_ir);
14    m_gen_imm m4 (P1_ir, w_imm, w_r, w_i, w_s, w_b, w_u, w_j, w_ld);
15    m_RF m5 (w_clk, P1_ir[19:15], P1_ir[24:20], w_r1, w_r2,
16             P2_rd, !P2_s & !P2_b, w_rt);
17    m_adder m6 (w_imm, P1_pc, w_tpc);
18    m_mux m7 (w_r2, w_imm, !w_r & !w_b, w_s2);
19    always @(posedge w_clk) begin
20      {r_pc, P1_ir, P1_pc} <= {w_pcin, w_ir, r_pc};
21      {P2_r1, P2_r2, P2_s2} <= {w_r1, w_r2, w_s2};
22      {P2_pc, P2_tpc, P2_rd} <= {P1_pc, w_tpc, P1_ir[11:7]};
23      {P2_s, P2_b, P2_ld} <= {w_s, w_b, w_ld};
24    end
25    m_alu m8 (P2_r1, P2_s2, w_alu, w_tkn);
26    m_am_dmem m9 (w_clk, w_alu, P2_s, P2_r2, w_ldd);
27    m_mux m10 (w_alu, w_ldd, P2_ld, w_rt);
28  endmodule
```

コード6-12を利用して、この回路をシミュレーションしましょう。

コード6-12
Verilog HDLの
コード

```
1   module m_sim(w_clk, w_cc); /* please wrap me by m_top_wrapper */
2     input wire w_clk; input wire [31:0] w_cc;
3     m_proc7m m (w_clk);
4     initial begin
5       `define MM m.m3.mem
6       `include "asm.txt"
7     end
8     initial #99 forever #100 $display("CC%1d %h %h %h %d %d %d",
9       w_cc, m.r_pc, m.P1_pc, m.P2_pc,
10      m.P2_r1, m.P2_s2, m.w_rt);
11  endmodule
```

コード6-13
命令メモリに
格納する命令列

```
1    `MM[0]={12'd3,5'd0,3'h0,5'd1,7'h13};  // 00 addi x1,x0,3
2    `MM[1]={12'd4,5'd1,3'h0,5'd2,7'h13};  // 04 addi x2,x1,4
3    `MM[2]={12'd5,5'd2,3'h0,5'd10,7'h13}; // 08 addi x10,x2,5
4    `MM[3]=32'h00050f13;                   // 0c HALT
```

　命令メモリに格納する命令はコード6-13の内容をasm.txtとして保存して利用します。ここでは、最初の命令のaddi x1, x0, 3がx1に結果を書き込み、その直後の命令のaddi x2; x1, 4が、そのx1を利用することに注目します。

　図6-10に、この実行におけるパイプライン図を示します。

図6-10
3段のパイプライン
処理のproc7の
パイプライン図

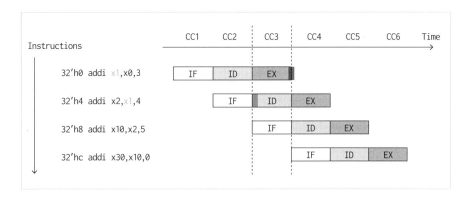

　CC3では、1番目のaddi x1, x0, 3がEXステージで処理されていて、2番目のaddi x2, x1, 4の命令がIDステージで処理されています。ここで、1番目の命令が結果をx1に書き込むのは、CC3の右端のクロック信号の立ち上がりエッジです。このタイミングを暗い青色で示しました。一方、その書き込む値を利用する2番目の命令がレジスタファイルからx1を読み出すタイミングは、CC3のIDステージの左側です。このタイミングを明るい青色で示しました。

　このように、明るい青色で示す時刻にx1を読み出してから、その後に（それより時間が経過した時点で）、暗い青色で示す時刻にx1を書き込むので、2番目の命令では正しい値が取得できません。

　シミュレーションの表示を次ページの出力6-8に示します。各行の左側から、クロック識別子、r_pc、P1_pc、P2_pc、P2_r1、P2_s2、w_rtの値を表示します。灰色の文字の処理は、シミュレーションを終了させるHALT命令に関連する部分です。

出力6-8

```
CC1 00000000 00000000 00000000          0       0       0
CC2 00000004 00000000 00000000          0       0       0
CC3 00000008 00000004 00000000          0       3       3
CC4 0000000c 00000008 00000004          0       4       4
CC5 00000010 0000000c 00000008          0       5       5
CC6 00000014 00000010 0000000c          0       0       0
```

先の考察のとおり、この構成では正しい結果が得られません。CC4のEXステージで、addi x2, x1, 4が実行されますが、そこでx1として利用する値は、正しい値の3ではなく、間違った値の0が利用されています。

この問題を解決するために、レジスタファイルのm_RFのなかで、レジスタを経由せずに、書き込むデータを出力できるように変更します。このように、レジスタを迂回する経路のことを**バイパス**（bypass）と呼びます。

バイパスを追加したレジスタファイルm_RF2の記述をコード6-14に示します。m_RFからの変更点を青字にしました。

コード6-14
Verilog HDLの
コード

```verilog
1   module m_RF2(w_clk, w_ra1, w_ra2, w_rd1, w_rd2, w_wa, w_we, w_wd);
2     input  wire w_clk, w_we;
3     input  wire [4:0] w_ra1, w_ra2, w_wa;
4     output wire [31:0] w_rd1, w_rd2;
5     input  wire [31:0] w_wd;
6     reg [31:0] mem [0:31];
7     wire w_bp1 = (w_we & w_ra1==w_wa);
8     wire w_bp2 = (w_we & w_ra2==w_wa);
9     assign w_rd1 = (w_ra1==5'd0) ? 32'd0 : (w_bp1) ? w_wd : mem[w_ra1];
10    assign w_rd2 = (w_ra2==5'd0) ? 32'd0 : (w_bp2) ? w_wd : mem[w_ra2];
11    always @(posedge w_clk) if (w_we) mem[w_wa] <= w_wd;
12    always @(posedge w_clk) if (w_we & w_wa==5'd30) $finish;
13    integer i; initial for (i=0; i<32; i=i+1) mem[i] = 32'd0;
14  endmodule
```

7行目で、1番目の読み出しのw_rd1をバイパスする条件のw_bp1を記述します。レジスタファイルへの書き込みがあり（w_weが1'b1であり）、1番目の読み出しのレジスタ番号と書き込みのレジスタ番号が等しい（w_ra1==w_wa）ときに、w_bp1の値が1'b1になります。同様に、8行目で、2番目の読み出しのw_rd2をバイパスする条件のw_bp2を記述します。

9行目で、1番目の読み出しのw_rd1を記述します。1番目の読み出しのレジスタ番号が5'd0であれば、x0への参照なので、32'd0を出力します。そうでなく、w_bp1が1'b1でバイパスする場合には、書き込みデータのw_wdを出力します。そ

うでなければ、指定した番号のレジスタの値を出力します。10行目で、同様に、2番目の読み出しのw_rd2を記述します。

　このように修正したレジスタファイルのm_RF2を利用するように、proc7mのコードを変更します。変更したコードを利用したシミュレーションの表示を出力6-9に示します。各行の左側から、クロック識別子、r_pc、P1_pc、P2_pc、P2_r1、P2_s2、w_rtの値を表示します。

出力6-9

```
CC1 00000000 00000000 00000000        0        0        0
CC2 00000004 00000000 00000000        0        0        0
CC3 00000008 00000004 00000000        0        3        3
CC4 0000000c 00000008 00000004        3        4        7
CC5 00000010 0000000c 00000008        7        5       12
CC6 00000014 00000010 0000000c       12        0       12
```

　青字で示した1番目の命令の結果の32'd3が、CC4のEXステージで処理される2番目の命令で利用されて、正しい結果が出力されています。CC6における表示も、記述されたプログラムのとおりに3、4、5の加算の結果の12になっています。

図6-11

3段のパイプライン
処理のproc7mの
パイプライン

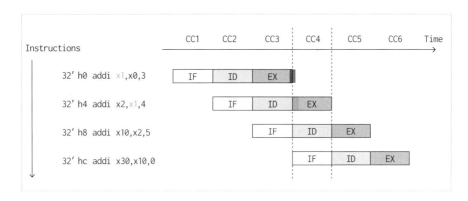

　図6-11に、m_RF2を利用したプロセッサのパイプライン図を示します。最初のaddi x1, x0, 3の命令の演算結果は、暗い青色で示すCC3の右のタイミングで、x1に書き込まれます。また、レジスタファイルをバイパスして、IDステージとEXステージの間のパイプラインレジスタのP2_r1にも書き込まれます。明るい青色で示すように、2番目の命令のaddi x2, x1, 4は、CC4でパイプラインレジスタのP2_r1からオペランドを取得して、CC4で加算を実行できます。

　このように、演算結果を暗い青色で示す時刻でパイプラインレジスタに書き込んで、その後に（それより時間が経過した時点で）、明るい青色で示す時刻で値を読

み出して利用するので、2番目の命令では正しい値を利用できます。

　次に、このプロセッサにおけるbne命令の扱いについて考えます。まずは、命令列の変更によって対処する方法を見ていきます。

　先に見た2段のパイプライン処理のプロセッサproc6mでは、bne命令がパイプラインの2段目のステージで実行されるときに、分岐の成立あるいは不成立という結果がわかります。また、そのときに、1段目のステージで処理されている命令にはbne命令の結果を反映できません。このため、bne命令の後に**1個のNOP命令を入れる**ことで、bne命令の結果を反映しない命令の実行を回避しました。

　同様に、ここで設計した3段のパイプライン処理のプロセッサでは、bne命令がパイプラインの3段目のステージで実行されるときに、bne命令の結果がわかります。そのときに、1段目と2段目のステージで処理されている命令にはbne命令の結果を反映できません。このため、bne命令の後に**2個のNOP命令を入れる**ことで、この問題に対処できます。

　このように変更した1～100の合計値を求める命令列をコード6-15に示します。6行目のbne命令の後の7、8行目がNOP命令です。asm.txtの内容をこの命令列に変更して、シミュレーションしましょう。

コード6-15
命令メモリに
格納する命令列

```
1   `MM[0]={12'd0,5'd0,3'h0,5'd10,7'h13};        // 00   addi  x10,x0,0
2   `MM[1]={12'd0,5'd0,3'h0,5'd3,7'h13};         // 04   addi  x3,x0,0
3   `MM[2]={12'd101,5'd0,3'h0,5'd1,7'h13};       // 08   addi  x1,x0,101
4   `MM[3]={7'd0,5'd3,5'd10,3'h0,5'd10,7'h33};   // 0c L:add   x10,x10,x3
5   `MM[4]={12'd1,5'd3,3'h0,5'd3,7'h13};         // 10   addi  x3,x3,1
6   `MM[5]={~12'd0,5'd1,5'd3,3'h1,5'b11001,7'h63};// 14  bne   x3,x1,L
7   `MM[6]={12'd0,5'd0,3'h0,5'd0,7'h13};         // 18   NOP
8   `MM[7]={12'd0,5'd0,3'h0,5'd0,7'h13};         // 1c   NOP
9   `MM[8]=32'h00050f13;                         // 20   HALT
```

　シミュレーションの表示における、最後の10行を次ページの出力6-10に示します。各行の左側から、クロック識別子、r_pc、P1_pc、P2_pc、P2_r1、P2_s2、w_rtの値を表示します。

　CC511に、5050という正しい値が出力されます。NOP命令を含めて、509個の命令が実行されています。CC1とCC2で有効な命令が実行されないので、CC511が示す511から2を引いた509が実行された命令数になります。

出力6-10

```
CC502 00000018 00000014 00000010         99        1       100
CC503 0000001c 00000018 00000014        100      101       201
CC504 0000000c 0000001c 00000018          0        0         0
CC505 00000010 0000000c 0000001c          0        0         0
CC506 00000014 00000010 0000000c       4950      100      5050
CC507 00000018 00000014 00000010        100        1       101
CC508 0000001c 00000018 00000014        101      101       202
CC509 00000020 0000001c 00000018          0        0         0
CC510 00000024 00000020 0000001c          0        0         0
CC511 00000028 00000024 00000020       5050        0      5050
```

6

　次に、2段のパイプライン処理のプロセッサのときと同様に、bne命令が成立するときに不要な命令をフラッシュする方法を見ていきます。考え方はproc6mをproc6に変更した方法と同様です。分岐命令がEXステージで実行されて、分岐の結果が成立になったときに、IFステージとIDステージで処理されている2個の命令をNOP命令に置き換えるフラッシュにより、bne命令の問題を解決します。

　そのように修正したプロセッサproc7の記述をコード6-16に示します。proc7mのコードからの主な変更点を青字で示します。

コード6-16
Verilog HDLの
コード

```verilog
1   module m_proc7(w_clk);
2     input wire w_clk;
3     reg [31:0] P1_ir=32'h13, P1_pc=0, P2_pc=0;
4     reg [31:0] P2_r1=0, P2_s2=0, P2_r2=0, P2_tpc=0;
5     reg P2_s=0, P2_b=0, P2_ld=0, P1_v=0, P2_v=0;
6     reg [4:0] P2_rd=0;
7     wire [31:0] w_npc, w_ir, w_imm, w_r1, w_r2, w_s2, w_rt;
8     wire [31:0] w_alu, w_ldd, w_tpc, w_pcin;
9     wire w_r, w_i, w_s, w_b, w_u, w_j, w_ld, w_tkn;
10    reg [31:0] r_pc = 0;
11    wire w_miss = P2_b & w_tkn & P2_v;
12    m_mux m0 (w_npc, P2_tpc, w_miss, w_pcin);
13    m_adder m2 (32'h4, r_pc, w_npc);
14    m_am_imem m3 (r_pc, w_ir);
15    m_gen_imm m4 (P1_ir, w_imm, w_r, w_i, w_s, w_b, w_u, w_j, w_ld);
16    m_RF2 m5 (w_clk, P1_ir[19:15], P1_ir[24:20], w_r1, w_r2,
17            P2_rd, !P2_s & !P2_b & P2_v, w_rt);
18    m_adder m6 (w_imm, P1_pc, w_tpc);
19    m_mux m7 (w_r2, w_imm, !w_r & !w_b, w_s2);
20    always @(posedge w_clk) begin
21      {P1_v, P2_v} <= {!w_miss, !w_miss & P1_v};
22      {r_pc, P1_ir, P1_pc} <= {w_pcin, w_ir, r_pc};
```

213

```
23        {P2_r1, P2_r2, P2_s2} <= {w_r1, w_r2, w_s2};
24        {P2_pc, P2_tpc, P2_rd} <= {P1_pc, w_tpc, P1_ir[11:7]};
25        {P2_s, P2_b, P2_ld} <= {w_s, w_b, w_ld};
26     end
27     m_alu m8 (P2_r1, P2_s2, w_alu, w_tkn);
28     m_am_dmem m9 (w_clk, w_alu, P2_s & P2_v, P2_r2, w_ldd);
29     m_mux m10 (w_alu, w_ldd, P2_ld, w_rt);
30  endmodule
```

5行目で、有効ビットを意味するパイプラインレジスタのP1_vとP2_vを追加します。この値が1'b0であれば、その命令はNOP命令と判断します。bne命令の結果が成立の場合に、フラッシュする命令の有効ビットを1'b0にします。

11行目では、フラッシュするかどうかを示すフラグとしてw_missを宣言します。EXステージで実行している命令がbne命令で (P2_b)、その分岐結果が成立で (w_tkn)、有効な命令のとき (P2_v) にフラッシュするので、w_missはP2_b & w_tkn & P2_vという記述になります。

17行目では、レジスタファイルに書き込む条件に、有効な命令を示すP2_vを追加します。28行目では、データメモリに書き込む条件に、有効な命令を示すP2_vを追加します。21行目で、P1_v、P2_vの更新方法を記述します。P2_vの更新では、普段はP1_vの値を利用しますが、w_missが1'b1のときにフラッシュする必要があるので、そのときには1'b0に設定します。

コード6-12のm_proc7mをm_proc7に修正してシミュレーションします。シミュレーションの表示における、最後の10行を出力6-11に示します。各行の左側から、クロック識別子、r_pc、P1_pc、P2_pc、P2_r1、P2_s2、w_rtの値を表示します。

出力6-11

```
CC500 00000010 0000000c 0000001c        0         0         0
CC501 00000014 00000010 0000000c     4851        99      4950
CC502 00000018 00000014 00000010       99         1       100
CC503 0000001c 00000018 00000014      100       101       201
CC504 0000000c 0000001c 00000018     4950         0      4950
CC505 00000010 0000000c 0000001c        0         0         0
CC506 00000014 00000010 0000000c     4950       100      5050
CC507 00000018 00000014 00000010      100         1       101
CC508 0000001c 00000018 00000014      101       101       202
CC509 00000020 0000001c 00000018     5050         0      5050
```

　アドレス32'h18のHALT命令の処理に関する部分を灰色にしました。CC509で、正しい値の5050が得られています。

　次に、例題で扱った0〜63のそれぞれに4を乗算した値の合計値の8064を求めるコード6-10の命令列を利用してシミュレーションしましょう。この命令列には、プロセッサproc7が実行できるadd、addi、lw、sw、bne命令というすべての種類の命令が含まれます。

　シミュレーションの表示における、最後の10行を出力6-12に示します。各行の左側から、クロック識別子、r_pc、P1_pc、P2_pc、P2_r1、P2_s2、w_rtの値を表示します。

出力6-12

```
CC698 00000028 00000024 00000020       248        4        252
CC699 0000002c 00000028 00000024      7564      248       7812
CC700 00000030 0000002c 00000028       252      256        508
CC701 0000001c 00000030 0000002c      7812        0       7812
CC702 00000020 0000001c 00000030         0        0          0
CC703 00000024 00000020 0000001c       252        0        252
CC704 00000028 00000024 00000020       252        4        256
CC705 0000002c 00000028 00000024      7812      252       8064
CC706 00000030 0000002c 00000028       256      256        512
CC707 00000034 00000030 0000002c      8064        0       8064
```

　シミュレーションの表示から、CC707で正しい値の8064が得られることがわかります。

6-4 パイプライン処理（4段）の プロセッサの設計と実装

proc7mを修正して、4段のパイプライン処理のプロセッサproc8mを設計します。IFのステップを最初のステージ、IDのステップを2番目のステージ、EX、MAのステップを3番目のステージ、WBのステップを4番目のステージとします。これらのステージを、IF、ID、EX、WBステージと呼ぶことにします。

この4段のパイプライン処理を実現するために、EXステージとWBステージの間にパイプラインレジスタの**P3**を挿入します。また、WBステージで生成するw_rtをALUとデータメモリに供給するために、**マルチプレクサのm11、m12、m13を追加**します。このように変更した構成を図6-12に示します。

図6-12 4段のパイプライン処理のプロセッサproc8

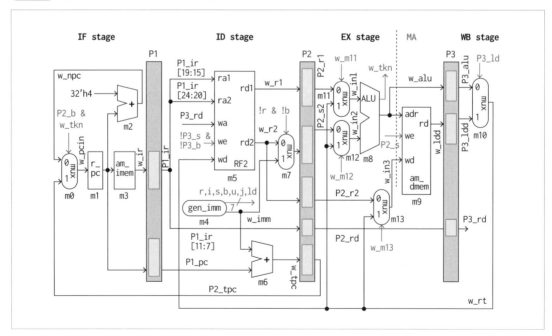

　EXステージで生成するw_aluの値を保持するパイプラインレジスタとしてP3_aluを追加します。同様に、w_ldd、P2_rdの値を保持するパイプラインレジスタとして、P3_ldd、P3_rdを追加します。図には示していませんが、P2_s、P2_b、P2_ldの制御信号の値を保持するパイプラインレジスタとして、P3_s、P3_b、P3_ldを追加します。

　この構成のプロセッサproc8mの記述をコード6-17に示します。

コード6-17
Verilog HDLの
コード

```verilog
 1  module m_proc8m(w_clk);
 2    input wire w_clk;
 3    reg [31:0] P1_ir=32'h13, P1_pc=0, P2_pc=0, P3_pc=0;
 4    reg [31:0] P2_r1=0, P2_s2=0, P2_r2=0, P2_tpc=0;
 5    reg [31:0] P3_alu=0, P3_ldd=0;
 6    reg P2_r=0, P2_s=0, P2_b=0, P2_ld=0, P3_s=0, P3_b=0, P3_ld=0;
 7    reg [4:0] P2_rd=0, P2_rs1=0, P2_rs2=0, P3_rd=0;
 8    wire [31:0] w_npc, w_ir, w_imm, w_r1, w_r2, w_s2, w_rt;
 9    wire [31:0] w_alu, w_ldd, w_tpc, w_pcin, w_in1, w_in2, w_in3;
10    wire w_r, w_i, w_s, w_b, w_u, w_j, w_ld, w_tkn;
11    reg [31:0] r_pc = 0;
12    m_mux m0 (w_npc, P2_tpc, P2_b & w_tkn, w_pcin);
13    m_adder m2 (32'h4, r_pc, w_npc);
14    m_am_imem m3 (r_pc, w_ir);
15    m_gen_imm m4 (P1_ir, w_imm, w_r, w_i, w_s, w_b, w_u, w_j, w_ld);
16    m_RF2 m5 (w_clk, P1_ir[19:15], P1_ir[24:20], w_r1, w_r2,
17              P3_rd, !P3_s & !P3_b, w_rt);
18    m_adder m6 (w_imm, P1_pc, w_tpc);
19    m_mux m7 (w_r2, w_imm, !w_r & !w_b, w_s2);
20    always @(posedge w_clk) begin
21      {r_pc, P1_ir, P1_pc, P2_pc} <= {w_pcin, w_ir, r_pc, P1_pc};
22      {P2_r1, P2_r2, P2_s2, P2_tpc} <= {w_r1, w_r2, w_s2, w_tpc};
23      {P2_r, P2_s, P2_b, P2_ld} <= {w_r, w_s, w_b, w_ld};
24      {P2_rs2, P2_rs1, P2_rd} <= {P1_ir[24:15], P1_ir[11:7]};
25      {P3_pc, P3_ld} <= {P2_pc, P2_ld};
26      {P3_alu, P3_ldd, P3_rd} <= {w_alu, w_ldd, P2_rd};
27    end
28    m_alu m8 (w_in1, w_in2, w_alu, w_tkn);
29    m_am_dmem m9 (w_clk, w_alu, P2_s, w_in3, w_ldd);
30    m_mux m10 (P3_alu, P3_ldd, P3_ld, w_rt);
31    wire w_f =!P3_s & !P3_b & |P3_rd;
32    m_mux m11 (P2_r1, w_rt, w_f & P2_rs1==P3_rd, w_in1);
33    m_mux m12 (P2_s2, w_rt, w_f & P2_rs2==P3_rd & (P2_r|P2_b), w_in2);
34    m_mux m13 (P2_r2, w_rt, w_f & P2_rs2==P3_rd, w_in3);
35  endmodule
```

6

217

　proc7mのコードからの主な変更点を青色にしました。

　3〜7行目で、追加したパイプラインレジスタを宣言します。25〜26行目で、これらのパイプラインレジスタの更新を記述します。16〜17行目で、バイパスを追加したレジスタファイルのm_RF2を利用するように修正します。32行目で追加したマルチプレクサのm11を、33行目で追加したマルチプレクサのm12を、34行目で追加したマルチプレクサのm13を生成します。その他、追加したパイプラインレジスタを利用するように、WBステージの配線を修正します。

　コード6-18を利用して、この回路をシミュレーションしましょう。コード6-13の命令列をasm.txtの内容とします。

コード6-18
Verilog HDLの
コード

```
1   module m_sim(w_clk, w_cc); /* please wrap me by m_top_wrapper */
2     input wire w_clk; input wire [31:0] w_cc;
3     m_proc8m m (w_clk);
4     initial begin
5       `define MM m.m3.mem
6       `include "asm.txt"
7     end
8     initial #99 forever #100 $display("CC%1d %h %h %h %h %d %d %d",
9       w_cc, m.r_pc, m.P1_pc, m.P2_pc, m.P3_pc,
10      m.w_in1, m.w_in2, m.w_alu);
11  endmodule
```

　図6-13に、この実行におけるパイプライン図を示します。

図6-13
4段のパイプライン
処理のプロセッサ
procの
パイプライン図

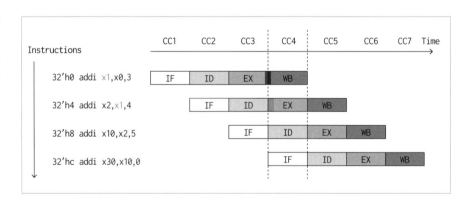

　CC3のEXステージで、最初のaddi x1, x0, 3の演算結果が生成され、暗い青色で示すCC3の右のタイミングで、パイプラインレジスタのP3_aluに書き込まれます。明るい青色で示すように、CC4のEXステージで、2番目の命令のaddi x2, x1，4は、w_rtからm10とm11のマルチプレクサを経由してオペランドを取得して、加算を実行できます。

　このように、演算結果をパイプラインレジスタに書き込んで、その後に（パイプライン図における右側で）、値を読み出して利用するので、2番目の命令では正しい結果を生成できます。

　このように、レジスタファイルを経由しないで、ALUの右側のパイプラインレジスタ（この例ではP3）からマルチプレクサを経由してALUにデータを供給する手法を**フォワーディング**（forwarding）と呼びます。

　シミュレーションの表示は出力6-13になります。各行の左側から、クロック識別子、r_pc、P1_pc、P2_pc、P3_pc、w_in1、w_in2、w_aluの値を表示します。w_in1、w_in2、w_aluというALUの入力と出力の表示がEXステージの値になっている点に注意しましょう。

出力6-13

```
CC1 00000000 00000000 00000000 00000000:          0        0        0
CC2 00000004 00000000 00000000 00000000:          0        0        0
CC3 00000008 00000004 00000000 00000000:          0        3        3
CC4 0000000c 00000008 00000004 00000000:          3        4        7
CC5 00000010 0000000c 00000008 00000004:          7        5       12
CC6 00000014 00000010 0000000c 00000008:         12        0       12
CC7 00000018 00000014 00000010 0000000c:          x        x        x
```

　青色で示した1番目の命令の結果の32'd3が、CC4のEXステージで処理される2番目の命令で利用されて、正しい結果になっています。

　このプロセッサのブロック図の青色で示す制御信号について考えます。m4のgen_immが生成する制御信号は、IDステージで処理されている命令の信号です。この命令と、m7のマルチプレクサを使う命令が同じなので、このm7の制御信号はgen_immが生成するw_rとw_bを利用します。

　このとき、EXステージではIDステージで実行している命令の直前の命令が処理されています。EXステージで処理されている命令の制御信号は、前のクロックサイクルにgen_immで生成されて、P2パイプラインレジスタに格納されています。このため、EXステージのm9のデータメモリの書き込みを指示する信号は、w_sではなく、P2_sを利用する必要があります。

　さらに、このとき、WBステージではEXステージで実行している命令の直前の命令が処理されています。WBステージで処理されている命令の制御信号は、P3パイプラインレジスタに格納されています。このため、WBステージのm10のマルチプレクサはP3_ldを利用します。

bne命令がEXステージで処理されているとき、w_tknがその分岐の成立あるいは不成立の結果を、P2_bがbne命令であるかどうかを示します。m0のマルチプレクサの制御には、これらの信号を利用します。

フォワーディングのためのマルチプレクサのm11の制御には注意が必要です。まず、EXステージで処理されている命令がs形式かb形式であればレジスタを更新しないのでフォワーディングしません。また、書き込むレジスタがx0の場合には、レジスタファイルが出力する値の32'd0を利用するのでフォワーディングしません。これらの条件の!P3_s & !P3_b & |P3_rdを、31行目の配線w_fとして記述します。

また、EXステージで実行している命令の1番目のオペランドのレジスタ番号のP2_rs1とWBステージで実行している命令の書き込みレジスタ番号のP3_rdが一致するときには、w_rtを1番目のオペランドとして利用する必要があるので、w_rtをフォワーディングします。つまり、m11の制御信号は、(w_f & (P2_rs1==P3_rd))になります。

フォワーディングのためのマルチプレクサのm12の制御は少し複雑になります。m11と同様の制御に加えて、gen_immが生成する即値を利用するときには、フォワーディングされるw_rtを使ってはいけません。このため、gen_immが生成する即値を利用しないという条件の(P2_r | P2_b)が追加されます。つまり、m12の制御信号は、(w_f & (P2_rs2==P3_rd) & (P2_r | P2_b))になります。

フォワーディングのためのマルチプレクサのm13の制御は、m11と同様に記述します。

次に、1〜100の合計値を求める命令列をコード6-19に示します。3段のパイプライン処理のプロセッサproc7mと同様に、proc8mでは、3番目のステージで分岐命令の結果が得られるので、6行目のbne命令の後に**2個のNOP命令**を挿入します。

コード6-19
命令メモリに格納する命令列

```
1  `MM[0]={12'd0,5'd0,3'h0,5'd10,7'h13};        // 00   addi x10,x0,0
2  `MM[1]={12'd0,5'd0,3'h0,5'd3,7'h13};         // 04   addi x3,x0,0
3  `MM[2]={12'd101,5'd0,3'h0,5'd1,7'h13};       // 08   addi x1,x0,101
4  `MM[3]={7'd0,5'd3,5'd10,3'h0,5'd10,7'h33};   // 0c L:add x10,x10,x3
5  `MM[4]={12'd1,5'd3,3'h0,5'd3,7'h13};         // 10   addi x3,x3,1
6  `MM[5]={~12'd0,5'd1,5'd3,3'h1,5'b11001,7'h63};// 14  bne  x3,x1,L
7  `MM[6]={12'd0,5'd0,3'h0,5'd0,7'h13};         // 18   NOP
8  `MM[7]={12'd0,5'd0,3'h0,5'd0,7'h13};         // 1c   NOP
9  `MM[8]=32'h00050f13;                         // 20   HALT
```

　この命令列を利用してシミュレーションしましょう。シミュレーションの表示における、最後の10行を出力6-14に示します。各行の左側から、クロック識別子、r_pc、P1_pc、P2_pc、P3_pc、w_in1、w_in2、w_aluの値を表示します。

出力6-14

```
CC503 0000001c 00000018 00000014 00000010        100        101        201
CC504 0000000c 0000001c 00000018 00000014          0          0          0
CC505 00000010 0000000c 0000001c 00000018          0          0          0
CC506 00000014 00000010 0000000c 0000001c       4950        100       5050
CC507 00000018 00000014 00000010 0000000c        100          1        101
CC508 0000001c 00000018 00000014 00000010        101        101        202
CC509 00000020 0000001c 00000018 00000014          0          0          0
CC510 00000024 00000020 0000001c 00000018          0          0          0
CC511 00000028 00000024 00000020 0000001c       5050          0       5050
CC512 0000002c 00000028 00000024 00000020          x          x          x
```

　512サイクルで終了して、5050という正しい値が出力されます。NOP命令を含めて、509個の命令が実行されています。CC1、CC2、CC3で有効な命令が実行されないので、CC512が示す512から3を引いた509が実行された命令数です。

　次に、3段のパイプライン処理のプロセッサのときと同様に、bne命令が成立するときに不要な命令をフラッシュする方法を見ていきます。考え方は、proc7mをproc7に変更した方法と同様です。分岐命令がEXステージで実行されて、分岐の結果が成立になったときに、IFステージとIDステージで処理されている2個の命令をNOP命令に置き換えるフラッシュにより、bne命令の問題に対処します。

　そのように修正したプロセッサproc8の記述をコード6-20に示します。proc8mのコードからの主な変更点を青字で示します。

コード6-20
Verilog HDLの
コード

```verilog
module m_proc8(w_clk);
  input wire w_clk;
  reg [31:0] P1_ir=32'h13, P1_pc=0, P2_pc=0, P3_pc=0;
  reg [31:0] P2_r1=0, P2_s2=0, P2_r2=0, P2_tpc=0;
  reg [31:0] P3_alu=0, P3_ldd=0;
  reg P2_r=0, P2_s=0, P2_b=0, P2_ld=0, P3_s=0, P3_b=0, P3_ld=0;
  reg [4:0] P2_rd=0, P2_rs1=0, P2_rs2=0, P3_rd=0;
  reg P1_v=0, P2_v=0, P3_v=0;
  wire [31:0] w_npc, w_ir, w_imm, w_r1, w_r2, w_s2, w_rt;
  wire [31:0] w_alu, w_ldd, w_tpc, w_pcin, w_in1, w_in2, w_in3;
  wire w_r, w_i, w_s, w_b, w_u, w_j, w_ld, w_tkn;
  reg [31:0] r_pc = 0;
  wire w_miss = P2_b & w_tkn & P2_v;
```

```
14    m_mux m0 (w_npc, P2_tpc, w_miss, w_pcin);
15    m_adder m2 (32'h4, r_pc, w_npc);
16    m_am_imem m3 (r_pc, w_ir);
17    m_gen_imm m4 (P1_ir, w_imm, w_r, w_i, w_s, w_b, w_u, w_j, w_ld);
18    m_RF2 m5 (w_clk, P1_ir[19:15], P1_ir[24:20], w_r1, w_r2,
19              P3_rd, !P3_s & !P3_b & P3_v, w_rt);
20    m_adder m6 (w_imm, P1_pc, w_tpc);
21    m_mux m7 (w_r2, w_imm, !w_r & !w_b, w_s2);
22    always @(posedge w_clk) begin
23      {P1_v, P2_v, P3_v} <= {!w_miss, !w_miss & P1_v, P2_v};
24      {r_pc, P1_ir, P1_pc, P2_pc} <= {w_pcin, w_ir, r_pc, P1_pc};
25      {P2_r1, P2_r2, P2_s2, P2_tpc} <= {w_r1, w_r2, w_s2, w_tpc};
26      {P2_r, P2_s, P2_b, P2_ld} <= {w_r, w_s, w_b, w_ld};
27      {P2_rs2, P2_rs1, P2_rd} <= {P1_ir[24:15], P1_ir[11:7]};
28      {P3_pc, P3_ld} <= {P2_pc, P2_ld};
29      {P3_alu, P3_ldd, P3_rd} <= {w_alu, w_ldd, P2_rd};
30    end
31    m_alu m8 (w_in1, w_in2, w_alu, w_tkn);
32    m_am_dmem m9 (w_clk, w_alu, P2_s & P2_v, w_in3, w_ldd);
33    m_mux m10 (P3_alu, P3_ldd, P3_ld, w_rt);
34    wire w_f =!P3_s & !P3_b & |P3_rd & P3_v;
35    m_mux m11 (P2_r1, w_rt, w_f & P2_rs1==P3_rd, w_in1);
36    m_mux m12 (P2_s2, w_rt, w_f & P2_rs2==P3_rd & (P2_r|P2_b), w_in2);
37    m_mux m13 (P2_r2, w_rt, w_f & P2_rs2==P3_rd, w_in3);
38  endmodule
```

8行目で、有効ビットを意味するパイプラインレジスタのP1_v、P2_v、P3_vを
追加します。この値が1'b0であれば、その命令はNOP命令と判断します。bne命
令の結果が成立の場合に、フラッシュする命令の有効ビットを1'b0にします。

13行目では、フラッシュするかどうかを示すフラグとしてw_missを宣言しま
す。EXステージで実行している命令がbne命令で（P2_b）、その分岐結果が成立で
（w_tkn）、有効な命令のとき（P2_v）にフラッシュするので、w_missをP2_b & w_
tkn & P2_vとして記述できます。

19行目では、レジスタファイルに書き込む条件に、有効な命令を示すP3_vを追
加します。32行目では、データメモリに書き込む条件に、有効な命令を示すP3_v
を追加します。34行目でフォワーディングの条件に有効な命令を示すP3_vを追加
します。23行目で、P1_v、P2_v、P3_vの更新方法を記述します。

　コード6-18のm_proc8mをm_proc8に修正してシミュレーションしましょう。シミュレーションの表示における、最後の10行を出力6-15に示します。各行の左側から、クロック識別子、r_pc、P1_pc、P2_pc、P3_pc、w_in1、w_in2、w_alu の値を表示します。

出力6-15

```
CC501 00000014 00000010 0000000c 0000001c     4851       99     4950
CC502 00000018 00000014 00000010 0000000c       99        1      100
CC503 0000001c 00000018 00000014 00000010      100      101      201
CC504 0000000c 0000001c 00000018 00000014     4950        0     4950
CC505 00000010 0000000c 0000001c 00000018        0        0        0
CC506 00000014 00000010 0000000c 0000001c     4950      100     5050
CC507 00000018 00000014 00000010 0000000c      100        1      101
CC508 0000001c 00000018 00000014 00000010      101      101      202
CC509 00000020 0000001c 00000018 00000014     5050        0     5050
CC510 00000024 00000020 0000001c 00000018        0        0        0
```

　シミュレーションの表示から、510サイクルで終了して、正しい値の5050が得られることがわかります。CC509で表示されている5050はw_aluの値なので、EXステージで処理されている命令の値です。この値がレジスタファイルに格納されるのはCC510になります。

　次に、コード6-10の8064を求める命令列を使ってシミュレーションしましょう。シミュレーションの表示における、最後の10行を出力6-16に示します。各行の左側から、クロック識別子、r_pc、P1_pc、P2_pc、P3_pc、w_in1、w_in2、w_aluの値を表示します。

出力6-16

```
CC699 0000002c 00000028 00000024 00000020     7564      248     7812
CC700 00000030 0000002c 00000028 00000024      252      256      508
CC701 0000001c 00000030 0000002c 00000028     7812        0     7812
CC702 00000020 0000001c 00000030 0000002c        0        0        0
CC703 00000024 00000020 0000001c 00000030      252        0      252
CC704 00000028 00000024 00000020 0000001c      252        4      256
CC705 0000002c 00000028 00000024 00000020     7812      252     8064
CC706 00000030 0000002c 00000028 00000024      256      256      512
CC707 00000034 00000030 0000002c 00000028     8064        0     8064
CC708 00000038 00000034 00000030 0000002c        0        0        0
```

　シミュレーションの表示から、708サイクルで終了して、正しい値の8064が得られることがわかります。

6-5 パイプライン処理のプロセッサと同期式メモリ

　パイプライン処理のプロセッサには、Fmaxを向上できるという利点があります。加えて、同期式メモリを利用できるという利点もあります。FPGAの多くは、同期式メモリとして利用できる **BRAM** と呼ばれるメモリが内蔵されています。このようなデバイスでは、同期式メモリを利用することでプロセッサの実装の効率を大幅に向上できます。

　これまでに使ってきた非同期式の命令メモリの記述をコード6-21に示します。このコードはクロック信号を利用しません。

コード6-21
Verilog HDLのコード

```
1  module m_am_imem(w_pc, w_insn);
2    input  wire [31:0] w_pc;
3    output wire [31:0] w_insn;
4    reg [31:0] mem [0:63];
5    assign w_insn = mem[w_pc[7:2]];
6    integer i; initial for (i=0; i<64; i=i+1) mem[i] = 32'd0;
7  endmodule
```

　次に、同期式の命令メモリのsm_imemの記述をコード6-22に示します。非同期式メモリのコードから変更した部分を青色にしました。

コード6-22
Verilog HDLのコード

```
1  module m_sm_imem(w_clk, w_pc, r_insn);
2    input wire w_clk;
3    input wire [31:0] w_pc;
4    output reg [31:0] r_insn;
5    reg [31:0] mem [0:63];
6    always @(posedge w_clk) r_insn <= mem[w_pc[7:2]];
7    integer i; initial for (i=0; i<64; i=i+1) mem[i] = 32'd0;
8  endmodule
```

　6行目に示すように、クロック信号の立ち上がりエッジで、レジスタのr_insnをメモリから読み出した値で更新します。このr_insnがモジュールの出力になります。

　同様に、同期式のデータメモリのsm_dmemの記述をコード6-23に示します。非同期式メモリのコードから変更した部分を青色にしました。

```
1  module m_sm_dmem(w_clk, w_adr, w_we, w_wd, r_rd);
2    input  wire w_clk, w_we;
3    input  wire [31:0] w_adr, w_wd;
4    output reg  [31:0] r_rd;
5    reg [31:0] mem [0:63];
6    always @(posedge w_clk) r_rd <= mem[w_adr[7:2]];
7    always @(posedge w_clk) if (w_we) mem[w_adr[7:2]] <= w_wd;
8    integer i; initial for (i=0; i<64; i=i+1) mem[i] = 32'd0;
9  endmodule
```

　これらの同期式メモリを利用するように修正した4段のパイプライン処理のプロセッサの構成を図6-14に示します。

図6-14　同期式メモリを利用する4段のパイプライン処理のプロセッサ

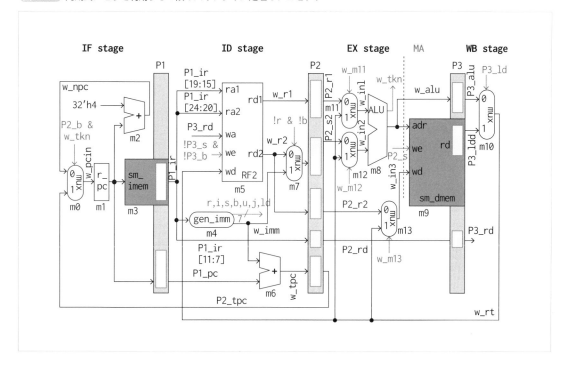

m3の命令メモリとm9のデータメモリを同期式メモリに変更しています。また、これらの同期式メモリに含まれるレジスタを、メモリの内部に記入しています。このように、m3とm9の内部のレジスタをパイプラインレジスタとして利用することによって、非同期式メモリを利用する場合と同じタイミングで処理されます。

このように、非同期式の命令メモリとデータメモリの出力の信号が、直接、パイプラインレジスタに接続される構成を持つプロセッサでは、パイプラインレジスタと非同期式のメモリを、同期式メモリによって置き換えることができます。また、同期式メモリを利用して、プロセッサの実装の効率を向上できます。

図6-14の同期式メモリを利用するプロセッサと、図6-12の非同期式メモリを利用するプロセッサは似ています。近年のCADツールでは、非同期式メモリのプロセッサの記述であっても、そのメモリの出力が、直接、レジスタに接続している場合には、同期式メモリを使うように最適化されるものがあります。このようなツールを利用する場合には、非同期式、同期式から好ましい記述を選んで利用することができます。

命令メモリを例にして、同期式メモリのいくつかの構成について補足します。

図6-15に、メモリのなかのレジスタの使い方の異なる4種類の構成を示します。(a) は、メモリのなかにレジスタを持たない非同期式メモリです。(b) は、読み出した値をレジスタに格納して出力する構成の同期式メモリです。(c) は、読み出すアドレスをレジスタに格納して、それを使って読み出す構成です。この構成も同期式メモリになります。(d) は、読み出すアドレスをレジスタに格納して、それを使って読み出した値もレジスタに格納して出力する構成です。この構成も同期式メモリです。

図6-15
非同期式メモリと
同期式メモリの
構成

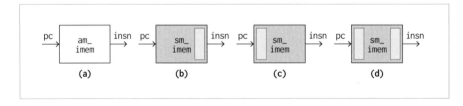

次ページのコード6-24に、(c) の同期式メモリのコードを示します。5行目でレジスタr_pcを宣言します。7行目で、入力の値w_pcをレジスタに格納します。8行目で、レジスタr_pcを使ってmemを参照して、得られた値を出力します。

同期式メモリを利用する場合には、(b)、(c)、(d) の構成から適切なものを選択して利用します。

コード6-24

Verilog HDLの
コード

```
1   module m_sm_imem_c(w_clk, w_pc, w_insn);
2     input wire w_clk;
3     input wire [31:0] w_pc;
4     output wire [31:0] w_insn;
5     reg [31:0] r_pc;
6     reg [31:0] mem [0:63];
7     always @(posedge w_clk) r_pc <= w_pc;
8     assign w_insn = mem[r_pc[7:2]];
9     integer i; initial for (i=0; i<64; i=i+1) mem[i] = 32'd0;
10  endmodule
```

6

6-6

パイプライン処理（5段）の
プロセッサの設計と実装

　proc8mを修正して、5段のパイプライン処理のプロセッサproc9mmを設計します。それぞれのステージはIF、ID、EX、MA、WBです。

　5段のパイプライン処理を実現するために、EXステージとWBステージの間にパイプラインレジスタを挿入します。4段のパイプライン処理のプロセッサproc8で、EXステージとWBステージの間で利用していたP3に関するレジスタの名前をP4に変更します。その後に、EXステージとMAステージの間にパイプラインレジスタの**P3**を挿入します。また、P2、P3、P4のパイプラインレジスタからALUにデータを供給するために、マルチプレクサのm11、m12、m13の構成を、3個の入力から選択して出力できる構成（3入力のマルチプレクサ）に変更します。

　3入力のマルチプレクサは2個の2入力のマルチプレクサで実現できます。図6-16にその構成を示します。図の左に示す制御信号sが0、1、2のときにa、b、cを出力する3入力のマルチプレクサm1は、図の右に示すm2とm3を利用する構成で実現できます。例えば、sが2（sの上位ビットが1で、下位ビットが0）のとき、m2のマルチプレクサでcが出力され、m3のマルチプレクサでもcが出力されます。

図6-16
3入力の
マルチプレクサ
（左）と2入力の
マルチプレクサに
よる実現（右）

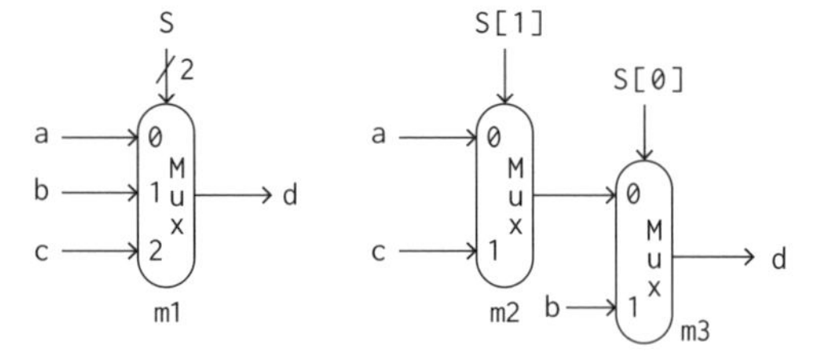

　この3入力のマルチプレクサを使用するプロセッサproc9mmの構成を図6-17に示します。m11のマルチプレクサは、2ビットの制御信号w_m11が0、1、2のときに、それぞれ、P2、P3、P4からのデータをw_in1に接続します。同様に、m12と

　m13のマルチプレクサは、2ビットの制御信号が0、1、2のときに、それぞれ、P2、P3、P4からのデータを出力します。

図6-17 5段のパイプライン処理のプロセッサproc9

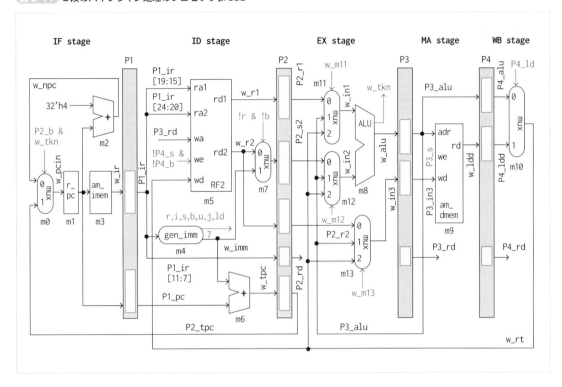

　コード6-13の命令列を実行したときのパイプライン図を図6-18に示します。

図6-18
5段のパイプライン処理の
プロセッサproc9
のパイプライン図

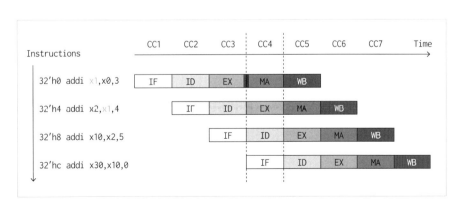

CC3のEXステージで、最初のaddi x1，x0，3の結果が生成され、暗い青色で示すCC3の右端のタイミングで、パイプラインレジスタのP3_aluに書き込まれます。明るい青色で示すように、CC4のEXステージで、2番目の命令のaddi x2，x1，4は、P3_aluからm11のマルチプレクサを経由するフォワーディングによって、必要とするオペランドを取得して加算を実行します。

この構成のプロセッサproc9mmの記述をコード6-25に示します。proc8mのコードからの主な変更点を青色にしました。

```
1   module m_proc9mm(w_clk);
2     input wire w_clk;
3     reg [31:0] P1_ir=32'h13, P1_pc=0, P2_pc=0, P3_pc=0, P4_pc=0;
4     reg [31:0] P2_r1=0, P2_s2=0, P2_r2=0, P2_tpc=0, P3_r2=0;
5     reg [31:0] P3_alu, P3_in3, P4_alu=0, P4_ldd=0;
6     reg P2_r=0, P2_s=0, P2_b=0, P2_ld=0, P4_s=0, P4_b=0, P4_ld=0;
7     reg P3_s=0, P3_b=0, P3_ld=0;
8     reg [4:0] P2_rd=0, P2_rs1=0, P2_rs2=0, P3_rd=0, P4_rd=0;
9     wire [31:0] w_npc, w_ir, w_imm, w_r1, w_r2, w_s2, w_rt;
10    wire [31:0] w_alu, w_ldd, w_tpc, w_pcin, w_in1, w_in2, w_in3;
11    wire w_r, w_i, w_s, w_b, w_u, w_j, w_ld, w_tkn;
12    reg [31:0] r_pc = 0;
13    m_mux m0 (w_npc, P2_tpc, P2_b & w_tkn, w_pcin);
14    m_adder m2 (32'h4, r_pc, w_npc);
15    m_am_imem m3 (r_pc, w_ir);
16    m_gen_imm m4 (P1_ir, w_imm, w_r, w_i, w_s, w_b, w_u, w_j, w_ld);
17    m_RF2 m5 (w_clk, P1_ir[19:15], P1_ir[24:20], w_r1, w_r2,
18              P4_rd, !P4_s & !P4_b, w_rt);
19    m_adder m6 (w_imm, P1_pc, w_tpc);
20    m_mux m7 (w_r2, w_imm, !w_r & !w_b, w_s2);
21    always @(posedge w_clk) begin
22      {r_pc, P1_ir, P1_pc, P2_pc} <= {w_pcin, w_ir, r_pc, P1_pc};
23      {P2_r1, P2_r2, P2_s2, P2_tpc} <= {w_r1, w_r2, w_s2, w_tpc};
24      {P2_r, P2_s, P2_b, P2_ld} <= {w_r, w_s, w_b, w_ld};
25      {P2_rs2, P2_rs1, P2_rd} <= {P1_ir[24:15], P1_ir[11:7]};
26      {P3_pc, P3_ld, P3_r2, P3_in3} <= {P2_pc, P2_ld, P2_r2, w_in3};
27      {P3_alu, P3_rd} <= {w_alu, P2_rd};
28      {P3_s, P3_b, P3_ld} <= {P2_s, P2_b, P2_ld};
29      {P4_pc, P4_s, P4_b, P4_ld} <= {P3_pc, P3_s, P3_b, P3_ld};
30      {P4_alu, P4_ldd, P4_rd} <= {P3_alu, w_ldd, P3_rd};
31    end
32    m_alu m8 (w_in1, w_in2, w_alu, w_tkn);
33    m_am_dmem m9 (w_clk, P3_alu, P3_s, P3_in3, w_ldd);
34    m_mux m10 (P4_alu, P4_ldd, P4_ld, w_rt);
```

```
35    wire w_f3 = !P3_s & !P3_b & |P3_rd;
36    wire w_f4 = !P4_s & !P4_b & |P4_rd;
37    wire w_fwd1_P3 = (w_f3 & P3_rd==P2_rs1);
38    wire w_fwd1_P4 = (w_f4 & P4_rd==P2_rs1);
39    wire w_fwd2_P3 = (w_f3 & P3_rd==P2_rs2 & (P2_r | P2_b));
40    wire w_fwd2_P4 = (w_f4 & P4_rd==P2_rs2 & (P2_r | P2_b));
41    wire w_fwd3_P3 = (w_f3 & P3_rd==P2_rs2);
42    wire w_fwd3_P4 = (w_f4 & P4_rd==P2_rs2);
43    assign w_in1 = (w_fwd1_P3) ? P3_alu : (w_fwd1_P4) ? w_rt : P2_r1;
44    assign w_in2 = (w_fwd2_P3) ? P3_alu : (w_fwd2_P4) ? w_rt : P2_s2;
45    assign w_in3 = (w_fwd3_P3) ? P3_alu : (w_fwd3_P4) ? w_rt : P2_r2;
46    endmodule
```

proc8mのパイプラインレジスタP3に関連するレジスタの名前をP4に変更した後に、新しいP3に関連するレジスタを追加します。このP3に関する記述を3～33行目で青字にしています。

35～45行目は、3入力のマルチプレクサの記述です。これらの制御は複雑になるので注意が必要です。

まず、m11のマルチプレクサについて考えます。m11は、ALUの入力w_in1にデータを供給するパイプラインレジスタをP2、P3、P4から選択します。P4よりもP3の方がEXステージで実行している命令に近いので、P4よりもP3を優先する必要があります。

37行目の記述では、35行目で記述するw_f3が1'b1であり、MAステージの命令の書き込みレジスタ番号（P3_rd）とEXステージで処理している命令の読み出しレジスタ番号（P2_rs1）が一致するとき（P3_rd==P2_rs1）に、制御信号w_fwd1_P3を1'b1に設定してフォワーディングします。このとき、43行目の記述により、P3_aluをw_in1に接続します。

38行目の記述では、36行目で記述するw_f4が1'b1であり、WBステージの書き込みレジスタ番号（P4_rd）とEXステージで処理している命令の読み出しレジスタ番号（P2_rs1）が一致するとき（P4_rd==P2_rs1）に、制御信号w_fwd1_P4を1'b1にしてフォワーディングします。このとき43行目の記述により、P4から生成されるw_rtをw_in1に接続します。そうでなければP2_r1をw_in1に接続します。

次に、m12のマルチプレクサについて考えます。39行目の記述では、w_f3が1'b1であり、MAステージの命令の書き込みレジスタ番号（P3_rd）とEXステージで処理している命令の読み出しレジスタ番号（P2_rs2）が一致して（P3_rd==P2_rs2）、即値を利用する命令でなければ（P2_r | P2_b）、制御信号w_fwd2_P3を1'b1にしてフォワーディングします。w_in2の入力として即値が利用される場合

には、データをフォワーディングしません。

　同様に、40行目の記述で制御信号w_fwd2_P4を生成し、これらを44行目のマルチプレクサで利用します。

　m13のマルチプレクサの記述は、rs1がrs2に変わる点を除いて、m11の記述と同様です。41～42行目で記述する制御信号を利用して、45行目でマルチプレクサm13を記述します。

　次に、bne命令が成立するときに不要な命令をフラッシュするしくみを追加します。考え方は、proc8mをproc8に変更した方法と同様です。

　分岐命令がEXステージで実行されて、分岐の結果が成立になったときに、IFステージとIDステージで処理されている2個の命令をNOP命令に置き換えるフラッシュにより、bne命令の問題を解決します。この構成のプロセッサproc9mの記述をコード6-26に示します。proc9mmから変更した部分を青字にしました。

コード6-26
Verilog HDLの
コード

```verilog
1   module m_proc9m(w_clk);
2     input wire w_clk;
3     reg [31:0] P1_ir=32'h13, P1_pc=0, P2_pc=0, P3_pc=0, P4_pc=0;
4     reg [31:0] P2_r1=0, P2_s2=0, P2_r2=0, P2_tpc=0, P3_r2=0;
5     reg [31:0] P3_alu, P3_in3, P4_alu=0, P4_ldd=0;
6     reg P2_r=0, P2_s=0, P2_b=0, P2_ld=0, P4_s=0, P4_b=0, P4_ld=0;
7     reg P3_s=0, P3_b=0, P3_ld=0;
8     reg [4:0] P2_rd=0, P2_rs1=0, P2_rs2=0, P3_rd=0, P4_rd=0;
9     reg P1_v=0, P2_v=0, P3_v=0, P4_v=0;
10    wire [31:0] w_npc, w_ir, w_imm, w_r1, w_r2, w_s2, w_rt;
11    wire [31:0] w_alu, w_ldd, w_tpc, w_pcin, w_in1, w_in2, w_in3;
12    wire w_r, w_i, w_s, w_b, w_u, w_j, w_ld, w_tkn;
13    reg [31:0] r_pc = 0;
14    wire w_miss = P2_b & w_tkn & P2_v;
15    m_mux m0 (w_npc, P2_tpc, w_miss, w_pcin);
16    m_adder m2 (32'h4, r_pc, w_npc);
17    m_am_imem m3 (r_pc, w_ir);
18    m_gen_imm m4 (P1_ir, w_imm, w_r, w_i, w_s, w_b, w_u, w_j, w_ld);
19    m_RF2 m5 (w_clk, P1_ir[19:15], P1_ir[24:20], w_r1, w_r2,
20              P4_rd, !P4_s & !P4_b & P4_v, w_rt);
21    m_adder m6 (w_imm, P1_pc, w_tpc);
22    m_mux m7 (w_r2, w_imm, !w_r & !w_b, w_s2);
23    always @(posedge w_clk) begin
24      {P1_v, P2_v} <= {!w_miss, !w_miss & P1_v};
25      {r_pc, P1_ir, P1_pc, P2_pc} <= {w_pcin, w_ir, r_pc, P1_pc};
26      {P2_r1, P2_r2, P2_s2, P2_tpc} <= {w_r1, w_r2, w_s2, w_tpc};
27      {P2_r, P2_s, P2_b, P2_ld} <= {w_r, w_s, w_b, w_ld};
28      {P2_rs2, P2_rs1, P2_rd} <= {P1_ir[24:15], P1_ir[11:7]};
```

```
29    {P3_pc, P3_ld, P3_r2, P3_in3} <= {P2_pc, P2_ld, P2_r2, w_in3};
30    {P3_v, P4_v} <= {P2_v, P3_v};
31    {P3_alu, P3_rd} <= {w_alu, P2_rd};
32    {P3_s, P3_b, P3_ld} <= {P2_s, P2_b, P2_ld};
33    {P4_pc, P4_s, P4_b, P4_ld} <= {P3_pc, P3_s, P3_b, P3_ld};
34    {P4_alu, P4_ldd, P4_rd} <= {P3_alu, w_ldd, P3_rd};
35   end
36   m_alu m8 (w_in1, w_in2, w_alu, w_tkn);
37   m_am_dmem m9 (w_clk, P3_alu, P3_s & P3_v, P3_in3, w_ldd);
38   m_mux m10 (P4_alu, P4_ldd, P4_ld, w_rt);
39   wire w_f3 = !P3_s & !P3_b & |P3_rd & P3_v;
40   wire w_f4 = !P4_s & !P4_b & |P4_rd & P4_v;
41   wire w_fwd1_P3 = (w_f3 & P3_rd==P2_rs1);
42   wire w_fwd1_P4 = (w_f4 & P4_rd==P2_rs1);
43   wire w_fwd2_P3 = (w_f3 & P3_rd==P2_rs2 & (P2_r | P2_b));
44   wire w_fwd2_P4 = (w_f4 & P4_rd==P2_rs2 & (P2_r | P2_b));
45   wire w_fwd3_P3 = (w_f3 & P3_rd==P2_rs2);
46   wire w_fwd3_P4 = (w_f4 & P4_rd==P2_rs2);
47   assign w_in1 = (w_fwd1_P3) ? P3_alu : (w_fwd1_P4) ? w_rt : P2_r1;
48   assign w_in2 = (w_fwd2_P3) ? P3_alu : (w_fwd2_P4) ? w_rt : P2_s2;
49   assign w_in3 = (w_fwd3_P3) ? P3_alu : (w_fwd3_P4) ? w_rt : P2_r2;
50   endmodule
```

39〜40行目でフォワーディングの条件の一部を記述します。先のコードで求めた条件に、有効な命令（P3_vまたはP4_v）という条件を追加します。

このm_proc9mには、もう少し修正が必要になります。5段のパイプライン処理では、ALUによる実行とデータメモリの参照を別のパイプラインステージに割り当てました。このために、データ・ハザードが生じます。先の命令列の1番目の命令をlw x1, 8(x0)に置き換えて描いたパイプライン図を図6-19に示します。

図6-19
5段のパイプライン
処理のプロセッサ
proc9の
パイプライン図

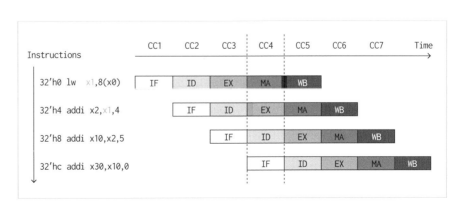

CC4のMAステージで、1番目のlw x1, 8(x0)がデータメモリからロードした
データは、暗い青色で示すCC4の右端のタイミングで、パイプラインレジスタの
P4_lddに書き込まれます。

一方で、2番目の命令が処理される理想的なタイミングのCC4のEXステージで、
2番目の命令のaddi x2, x1, 4を実行することはできません。これは、明るい青
色で示すタイミングでロードした値を利用できないためです。つまり、lw命令と、
その直後のaddi命令のデータ・ハザードにより、図6-19に示したタイミングで
addi命令を実行できません。

このように、lw命令がロードしたデータを後続の命令が利用するために生じる
データ・ハザードを**ロードユース**（load-use）と呼びます。制御ハザードのために
NOP命令を挿入したように、ロードユースのハザードが生じるlw命令の直後にNOP
命令を挿入するソフトウェア的な方法で、このハザードに対処できます。

ハードウェア的に解決する別の方法を考えましょう。図6-20に示すように、実
行時にロードユースのハザードの有無を確認して、そのハザードが検出された場合
には、lw命令がMAステージで処理されているサイクルのCC4で、次のaddi命令
をEXステージで処理できないので、そのaddi命令のEXステージの処理をCC5で
実行するために留めておきます。このように、命令をパイプラインステージに留め
る処理を**ストール**（stall）と呼びます。

図6-20
5段のパイプライン
処理のプロセッサ
のパイプライン図

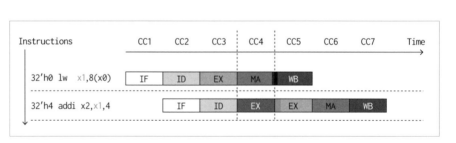

ロードユースのハザードで2番目のaddi命令のEXステージでの処理をストール
させるのですが、この場合にはID、IFという前のステージの処理もすべてストー
ルさせる必要があります。そうしないで、後のステージの処理がストールしている
ときに、前のステージの処理を進めてしまうと、パイプラインで命令の衝突が発生
して、衝突したどちらかの命令が消えてしまいます。例えば、図6-19の3番目の
addi命令はCC5にEXステージで処理されますが、これは、図6-20のストールに
よって遅らせたCC5における2番目のaddiのEXステージの処理と衝突します。同
じクロックサイクルに、同じステージで2個の命令を処理することはできません。

この衝突を回避するためには、CC4で、IF、ID、EXのステージの命令をすべて

ストールさせます。この様子を図6-21に示します。この図では、ストールさせるCC4のEX、ID、IFステージを暗い青色で示しました。

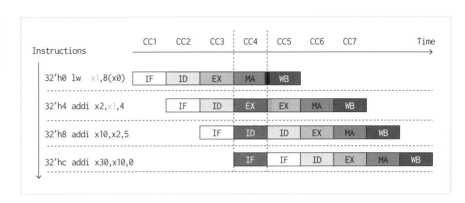

図6-21
5段のパイプライン
処理のプロセッサ
のパイプライン図

次に、ストールさせるEXステージとその後のステージに注目します。CC4で、IF、ID、EXのステージをストールさせるのですが、後のMA、WBのステージでは処理を継続してデータ・ハザードを解消する必要があるのでストールさせてはいけません。このような場合に、ストールさせるEXステージと処理を進めるMAステージの間に、なんらかの命令が挿入されることになります。この挿入される命令はNOPとしてふるまえば良いのですが、このときに挿入される命令は**バブル**（bubble）と呼ばれます。このバブルを考慮して修正した処理の様子を図6-22に示します。

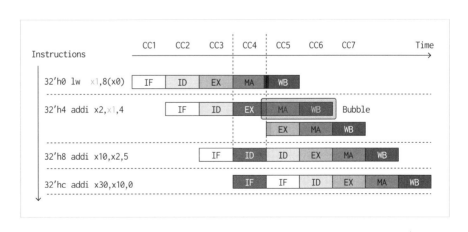

図6-22
5段のパイプライン
処理のプロセッサ
のパイプライン図

CC4でIF、ID、EXステージをストールさせるのですが、CC5のMAステージでは、なにかしらの命令が処理されるので、ここにはバブルが挿入されたと考えます。また、そのバブルはCC6にWBステージで処理されます。

次に、図6-17のブロック図の青色で示す制御信号について考えます。m4のgen_immが生成する制御信号は、IDステージで処理されている命令の信号です。この命令と、m7のマルチプレクサを使う命令が同じなので、このm7の制御信号はgen_immが生成するw_rとw_bを利用します。MAステージで処理されている命令の制御信号は、P3パイプラインレジスタに格納されています。このため、MAステージのm9のデータメモリの書き込みを指示する信号には、P3_sを利用します。WBステージで処理されている命令の制御信号は、P4パイプラインレジスタに格納されています。このため、WBステージのm10のマルチプレクサはP4_ldを利用します。

bne命令がEXステージで処理されているとき、w_tknがその分岐の成立あるいは不成立の結果を、P2_bがbne命令であるかどうかを示します。m0のマルチプレクサの制御信号には、これらの信号を利用します。

ロードユースのハザードに対応するm_proc9の記述をコード6-27に示します。m_proc9mからの変更点を青字にしました。

コード6-27
Verilog HDLの
コード

```
1   module m_proc9(w_clk);
2     input wire w_clk;
3     reg [31:0] P1_ir=32'h13, P1_pc=0, P2_pc=0, P3_pc=0, P4_pc=0;
4     reg [31:0] P2_r1=0, P2_s2=0, P2_r2=0, P2_tpc=0, P3_r2=0;
5     reg [31:0] P3_alu, P3_in3, P4_alu=0, P4_ldd=0;
6     reg P2_r=0, P2_s=0, P2_b=0, P2_ld=0, P4_s=0, P4_b=0, P4_ld=0;
7     reg P3_s=0, P3_b=0, P3_ld=0;
8     reg [4:0] P2_rd=0, P2_rs1=0, P2_rs2=0, P3_rd=0, P4_rd=0;
9     reg P1_v=0, P2_v=0, P3_v=0, P4_v=0;
10    wire [31:0] w_npc, w_ir, w_imm, w_r1, w_r2, w_s2, w_rt;
11    wire [31:0] w_alu, w_ldd, w_tpc, w_pcin, w_in1, w_in2, w_in3;
12    wire w_r, w_i, w_s, w_b, w_u, w_j, w_ld, w_tkn;
13    reg [31:0] r_pc = 0;
14    wire w_miss = P2_b & w_tkn & P2_v;
15    wire w_lduse = P3_v & P3_ld &
16        ((P3_rd==P2_rs1) | ((P3_rd==P2_rs2) & (P2_r | P2_b)));
17    m_mux m0 (w_npc, P2_tpc, w_miss, w_pcin);
18    m_adder m2 (32'h4, r_pc, w_npc);
19    m_am_imem m3 (r_pc, w_ir);
20    m_gen_imm m4 (P1_ir, w_imm, w_r, w_i, w_s, w_b, w_u, w_j, w_ld);
21    m_RF2 m5 (w_clk, P1_ir[19:15], P1_ir[24:20], w_r1, w_r2,
22            P4_rd, !P4_s & !P4_b & P4_v, w_rt);
23    m_adder m6 (w_imm, P1_pc, w_tpc);
24    m_mux m7 (w_r2, w_imm, !w_r & !w_b, w_s2);
25    always @(posedge w_clk) if (!w_lduse) begin
```

```
26      {P1_v, P2_v} <= {!w_miss, !w_miss & P1_v};
27      {r_pc, P1_ir, P1_pc, P2_pc} <= {w_pcin, w_ir, r_pc, P1_pc};
28      {P2_r1, P2_r2, P2_s2, P2_tpc} <= {w_r1, w_r2, w_s2, w_tpc};
29      {P2_r, P2_s, P2_b, P2_ld} <= {w_r, w_s, w_b, w_ld};
30      {P2_rs2, P2_rs1, P2_rd} <= {P1_ir[24:15], P1_ir[11:7]};
31    end
32    always @(posedge w_clk) begin
33      {P3_v, P4_v} <= {P2_v & !w_lduse, P3_v};
34      {P3_pc, P3_ld, P3_r2, P3_in3} <= {P2_pc, P2_ld, P2_r2, w_in3};
35      {P3_alu, P3_rd} <= {w_alu, P2_rd};
36      {P3_s, P3_b, P3_ld} <= {P2_s, P2_b, P2_ld};
37      {P4_pc, P4_s, P4_b, P4_ld} <= {P3_pc, P3_s, P3_b, P3_ld};
38      {P4_alu, P4_ldd, P4_rd} <= {P3_alu, w_ldd, P3_rd};
39    end
40    m_alu m8 (w_in1, w_in2, w_alu, w_tkn);
```

40行目のm8以降の記述は、m_proc9mと同じなので省略しました。15～16行目で、ロードユースを検出します。ロードユースのハザードが検出されるときにw_lduseが1'b1になります。ロードユースが検出されたときに、IF、ID、EXステージの命令をストールさせるので、25行目の記述によって、一部のパイプラインレジスタの更新を止めます。33行目では、バブルを挿入するために、P3_vを1'b0に設定して、無効な命令に変更します。

コード6-28を利用して、シミュレーションしましょう。asm.txtの内容は、コード5-32に示す1～100の合計値を求める命令列にします。

コード6-28
Verilog HDLの
コード

```
1    module m_sim(w_clk, w_cc); /* please wrap me by m_top_wrapper */
2      input wire w_clk; input wire [31:0] w_cc;
3      m_proc9 m (w_clk);
4      initial begin
5        `define MM m.m3.mem
6        `include "asm.txt"
7      end
8      initial #99 forever #100
9        $display("CC%1d %h %h %h %h %h %5d %5d %5d",
10         w_cc, m.r_pc, m.P1_pc, m.P2_pc, m.P3_pc, m.P4_pc,
11         m.w_in1, m.w_in2, m.w_alu);
12   endmodule
```

シミュレーションの表示における、最後の10行を出力6-17に示します。各行の左側から、クロック識別子、r_pc、P1_pc、P2_pc、P3_pc、P4_pc、w_in1、w_ in2、w_aluの値を表示します。

出力6-17

```
CC502 00000018 00000014 00000010 0000000c 0000001c     99    1  100
CC503 0000001c 00000018 00000014 00000010 0000000c    100  101  201
CC504 0000000c 0000001c 00000018 00000014 00000010   4950    0 4950
CC505 00000010 0000000c 0000001c 00000018 00000014      0    0    0
CC506 00000014 00000010 0000000c 0000001c 00000018   4950  100 5050
CC507 00000018 00000014 00000010 0000000c 0000001c    100    1  101
CC508 0000001c 00000018 00000014 00000010 0000000c    101  101  202
CC509 00000020 0000001c 00000018 00000014 00000010   5050    0 5050
CC510 00000024 00000020 0000001c 00000018 00000014      0    0    0
CC511 00000028 00000024 00000020 0000001c 00000018      0    0    0
```

　シミュレーションの表示から、511サイクルで終了して、5050という正しい値が出力されます。これで、5段のパイプライン処理のプロセッサproc9の設計と実装が終わりました。

ここまでのプロセッサの性能

これまでに設計してきたいくつかのプロセッサの性能について検討しましょう。まずは、これまでに設計してきたプロセッサの概要をまとめます。

- proc1は、汎用レジスタのx1と、常に値が0のレジスタのx0を持ち、add命令を処理できる単一サイクルのプロセッサです。
- proc2は、レジスタファイルを採用して、add命令を処理できる単一サイクルのプロセッサです。以降のプロセッサではレジスタファイルを採用します。
- proc3は、add命令とaddi命令を処理できる単一サイクルのプロセッサです。
- proc4は、add、addi、lw、sw命令を処理できる単一サイクルのプロセッサです。
- **proc5**は、add、addi、lw、sw、bne命令を処理できる単一サイクルのプロセッサです。
- proc6mは、2段のパイプライン処理のプロセッサです。bne命令を正しく実行するために命令列を修正して、bne命令の次に1個のNOP命令を挿入します。
- **proc6**は、proc6mに、bne命令のためのフラッシュのしくみを追加した版です。bne命令を正しく実行するために、NOP命令を挿入する必要はありません。
- proc7mは、3段のパイプライン処理のプロセッサです。bne命令を正しく実行するために命令列を修正して、bne命令の次に2個のNOP命令を挿入します。
- **proc7**は、proc7mに、bne命令のためのフラッシュのしくみを追加した3段のパイプライン処理のプロセッサです。bne命令を正しく実行するために、NOP命令を挿入する必要はありません。
- proc8mは、4段のパイプライン処理のプロセッサです。bne命令を正しく実行するために命令列を修正して、bne命令の次に2個のNOP命令を挿入します。
- **proc8**は、proc8mに、bne命令のためのフラッシュのしくみを追加した4段のパイプライン処理のプロセッサです。bne命令を正しく実行するために、NOP命令を挿入する必要はありません。

- proc9mmは、5段のパイプライン処理のプロセッサです。bne命令を正しく実行するために命令列を修正して、bne命令の次に2個のNOP命令を挿入します。また、ロードユースのハザードが生じる場合に、lw命令の次に1個のNOP命令を挿入します。
- proc9mは、proc9mmに、分岐の結果が成立のときにフラッシュするしくみを追加した5段のパイプライン処理のプロセッサです。bne命令を正しく実行するために、NOP命令を挿入する必要はありません。ロードユースのハザードが生じる場合に、lw命令の次に1個のNOP命令を挿入します。
- **proc9**は、proc9mに、ロードユースのハザードが検出されたときのストールのしくみを追加した5段のパイプライン処理のプロセッサです。bne命令とロードユースのハザードに対処するためにNOP命令を挿入する必要はありません。

このなかで、青字で示したproc5、proc6、proc7、proc8、proc9の性能を見積もって、それらを比較します。

6-7-1 プロセッサの最大の動作周波数とサイクル数の見積もり

それぞれのプロセッサの最大の動作周波数Fmaxを見積もります。各プロセッサで利用するモジュールの遅延として、次の値を利用します。

- r_pcなどのレジスタからの読み出しの遅延をdRegと記述し、その値を1nsとします。
- muxの遅延をdMuxと記述し、その値を1nsとします。
- RF2でデータをバイパスする遅延をdRbypassと記述し、その値を1nsとします。
- adderの遅延をdAdderと記述し、その値を2nsとします。
- RFとm_RF2の読み出しの遅延をdRFと記述し、その値を2nsとします。
- gen_immの遅延をdImmと記述し、その値を3nsとします。
- ALUの遅延をdALUと記述し、その値を3nsとします。
- am_imemの読み出しの遅延をdImemと記述し、その値を5nsとします。
- am_dmemの読み出しの遅延をdDmemと記述し、その値を5nsとします。

proc5 のクリティカルパスと Fmax

まず、プロセッサproc5のクリティカルパスとFmaxを考えます。proc5のクリティカルパスの遅延を**dP5**、Fmaxを**FmaxP5**と記述します。

proc5のクリティカルパスは、先に見たように図6-23の青の太線になります。つまり、(1) m1のr_pcの読み出しから、(2) m3の命令メモリの読み出し、(3) m4のgen_immによる即値の生成、(4) m7のマルチプレクサでの選択、(5) m8のALUによる加算、(6) m9のデータメモリの読み出し、(7) m10のマルチプレクサでの選択、そして、(8) m5のレジスタファイルへの書き込みまでがクリティカルパスになります。

このクリティカルパスの遅延は、dP5＝dReg＋dImem＋dImm＋dMux＋dALU＋dDmem＋dMuxによって計算されます。すなわち、dP5＝1＋5＋3＋1＋3＋5＋1＝19nsです。ここから、**FmaxP5=1000/19=52.6MHz**になります。

図6-23
proc5の
クリティカルパス

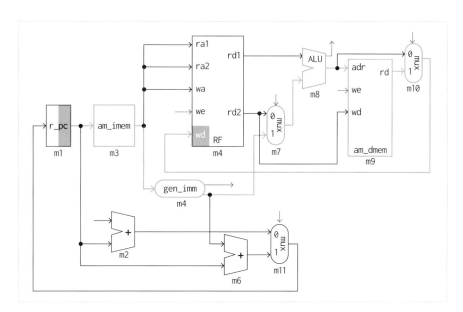

proc6 のクリティカルパスと Fmax

次に、proc6のクリティカルパスの**dP6**とFmaxの**FmaxP6**を考えます。proc6では、次ページの図6-24に示すように、P1_irを読み出してから、m4のgen_imm、m7のmux、m8のALU、m9のam_dmem、m10のmuxを経由して、m5のRFへの書き込みまでがクリティカルパスです。

すなわち、dP6=dReg+dImm+dMux+dALU+dDmem+dMuxによって計算されます。dP6=1+3+1+3+5+1=14nsになります。ここから、**FmaxP6=1000/14 =71.4MHz**になります。

図6-24
proc6の
クリティカルパス

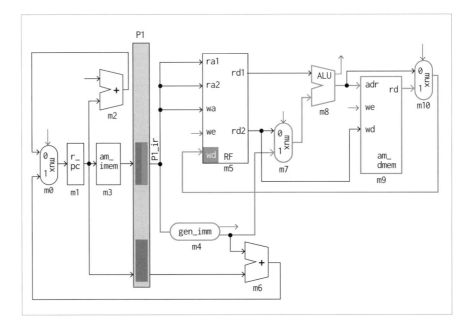

proc7 のクリティカルパスと Fmax

次に、proc7のクリティカルパスの**dP7**とFmaxの**FmaxP7**を考えます。

proc7では、図6-25に示すように、P2_r1を読み出してから、m8のALU、m9のam_dmem、m10のmuxを経由して、m5のRF2をバイパスして、m7のmuxを経由して、P2_s1に書き込むまでがクリティカルパスです（P2_s1から始まる同様のパスも同じ遅延を持ち、そちらを選んでも同じ結果になります）。dP7=dReg+dALU+dDmem+dMux+dRbypass+dMuxによって計算されます。すなわち、dP7=1+3+5+1+1+1=12nsになります。ここから、**FmaxP7=1000/12=83.3MHz**になります。

図6-25
proc7の
クリティカルパス

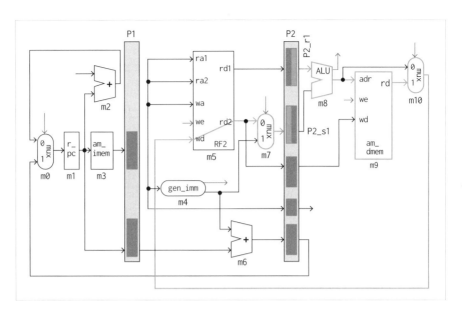

6

proc8 のクリティカルパスと Fmax

次に、proc8のクリティカルパスの**dP8**とFmaxの**FmaxP8**を考えます。

proc8では、図6-26に示すように、P3_aluを読み出してから、m10のm_muxを

図6-26 proc8のクリティカルパス

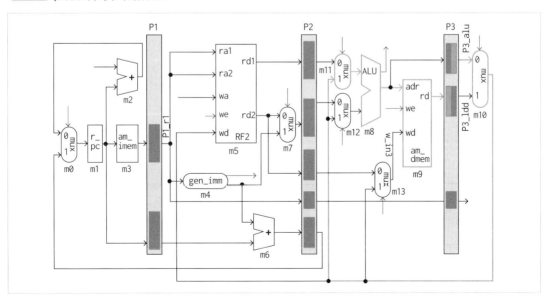

経由して、m11のmuxを経由して、m8のALU、m9のam_dmemを経由して、P3_lddへの書き込みまでがクリティカルパスです（他に同じ遅延を持つパスが存在します。そちらを選んでも同じ結果になります）。

dP8＝dReg＋dMux＋dMux＋dALU＋dDmemによって計算されます。すなわち、dP8＝1＋1＋1＋3＋5＝11nsになります。ここから、**FmaxP8=1000 / 11=90.9MHz**になります。

proc9 のクリティカルパスと Fmax

次に、proc9のクリティカルパスの**dP9**とFmaxの**FmaxP9**を考えます。

proc9では、図6-27に示すように、P4_aluを読み出してから、m10、m11のマルチプレクサを経由して、m8のALU、m0のマルチプレクサを経由して、m1のr_pcへの書き込みまでがクリティカルパスです。ここでは、m8のALUが生成する制御信号がクリティカルパスに含まれる点に注意してください。また、3入力に拡張したマルチプレクサm11の遅延d3Muxを2nsとします。

dP9＝dReg＋dMux＋d3Mux＋dALU＋dMuxによって計算されます。すなわち、dP9＝1＋1＋2＋3＋1＝8nsになります。ここから、**FmaxP9=1000/8=125MHz**です。

図6-27 proc9のクリティカルパス

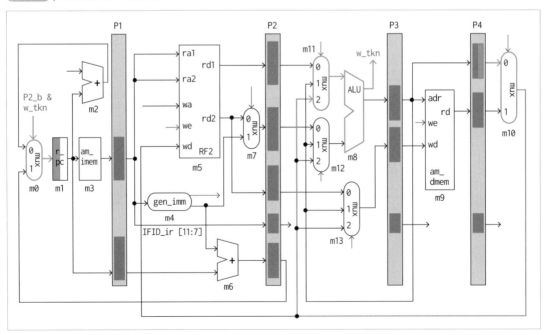

各プロセッサのクロックサイクル数

　次に、ある命令列を想定して、その処理が終了するまでに必要になるクロックサイクル数を求めます。そのために、今まで見てきた、0〜63のそれぞれに4を乗算した値の合計値の8064を求める第5章コード5-36の命令列を利用します。シミュレーションの表示から、proc5、proc6、proc7、proc8、proc9のプロセッサで必要になるクロックサイクル数は、それぞれ、453、580、707、708、709サイクルになります。

6-7-2 プロセッサの性能の比較

　これまでに求めてきた遅延とクロックサイクル数を利用して、それぞれのプロセッサの性能を見積もります。実行時間は、クロック周期であるクリティカルパスの遅延とクロックサイクル数の積で求めることができます。proc5、proc6、proc7、proc8、proc9のプロセッサの実行時間のExTimeP5、ExTimeP6、ExTimeP7、ExTimeP8、ExTimeP9は次になります。

ExTimeP5＝19ns×453cycles＝8,607ns
ExTimeP6＝14ns×580cycles＝8,120ns
ExTimeP7＝12ns×707cycles＝8,484ns
ExTimeP8＝11ns×708cycles＝7,788ns
ExTimeP9＝ 8ns×709cycles＝5,672ns

　このように、proc5の実行時間が最も長く、パイプライン処理を採用するproc6、proc7、proc8、proc9の実行時間が短いことがわかります。このとき、proc5に対するproc8の速度向上率SpeedupP8、proc5に対するproc9の速度向上率SpeedupP9は次式になります。すなわち、proc5に対して、proc8は1.11倍の速度向上（11%の速度向上）を達成します。proc5に対して、proc9は1.52倍の速度向上（52%の速度向上）を達成します。

SpeedupP8＝ExTimeP5/ExTimeP8＝8,607/7,788＝1.11
SpeedupP9＝ExTimeP5/ExTimeP9＝8,607/5,672＝1.52

　ここでは、性能の見積もり方法を説明するために、シンプルなプログラムを利用しました。このプログラムはbne命令の実行頻度が高く、また、非常に小さいプログラムであるため、プロセッサの性能評価には適していません。正確な性能を見積もるためには、適切なベンチマークプログラムを利用する必要があります。

演習問題

Q1 add、addi、lw、sw、bne命令に加えて、and命令も実行できるように、コード6-9のm_proc6とm_aluの記述を修正してください。次の命令列をシミュレーションして、その表示を示してください。

コード6-29
命令メモリに格納する命令列

```
1    `MM[0] ={12'd7, 5'd0,3'h0,5'd1,7'h13};              // 00    addi x1,x0,7
2    `MM[1] ={12'd11,5'd0,3'h0,5'd2,7'h13};              // 04    addi x2,x0,11
3    `MM[2] ={7'd0,5'd2,5'd1,3'b111,5'd10,7'h33};        // 08    and  x10,x1,x2
4    `MM[3] =32'h00050f13;                                // 0c    HALT
```

Q2 add、addi、lw、sw、bne命令に加えて、and、andi命令も実行できるように、コード6-9のm_proc6とm_aluの記述を修正してください。次の命令列をシミュレーションして、その表示を示してください。

コード6-30
命令メモリに格納する命令列

```
1    `MM[0] ={12'd7, 5'd0,3'h0,5'd1,7'h13};              // 00    addi x1,x0,7
2    `MM[1] ={12'd11,5'd0,3'h0,5'd2,7'h13};              // 04    addi x2,x0,11
3    `MM[2] ={7'd0,5'd2,5'd1,3'b111,5'd9,7'h33};         // 08    and  x9,x1,x2
4    `MM[3] ={12'd5,5'd9,3'b111,5'd10,7'h13};            // 0c    andi x10,x9,5
5    `MM[4] =32'h00050f13;                                // 10    HALT
```

Q3 add、addi、lw、sw、bne命令に加えて、and命令も実行できるように、コード6-20のm_proc8とm_aluの記述を修正してください。次の命令列をシミュレーションして、その表示を示してください。

コード6-31
命令メモリに格納する命令列

```
1    `MM[0] ={12'd7, 5'd0,3'h0,5'd1,7'h13};              // 00    addi x1,x0,7
2    `MM[1] ={12'd11,5'd0,3'h0,5'd2,7'h13};              // 04    addi x2,x0,11
3    `MM[2] ={7'd0,5'd2,5'd1,3'b111,5'd10,7'h33};        // 08    and  x10,x1,x2
4    `MM[3] =32'h00050f13;                                // 0c    HALT
```

Q4 add、addi、lw、sw、bne命令に加えて、and、andi命令も実行できるように、コード
6-20のm_proc8とm_aluの記述を修正してください。次の命令列をシミュレーションし
て、その表示を示してください。

コード6-32
命令メモリに
格納する命令列

```
1   `MM[0] ={12'd7, 5'd0,3'h0,5'd1,7'h13};          // 00   addi x1,x0,7
2   `MM[1] ={12'd11,5'd0,3'h0,5'd2,7'h13};          // 04   addi x2,x0,11
3   `MM[2] ={7'd0,5'd2,5'd1,3'b111,5'd9,7'h33};     // 08   and  x9,x1,x2
4   `MM[3] ={12'd5,5'd9,3'b111,5'd10,7'h13};        // 0c   andi x10,x9,5
5   `MM[4] =32'h00050f13;                           // 10   HALT
```

第 **7** 章

分岐予測

パイプライン処理の効率を低下させる原因である
ハザードは、制御ハザード、データ・ハザード、構
造ハザードという3種類に分類されます。
この章では、分岐命令の処理に起因する制御ハ
ザードへの対処として、分岐命令の結果を予測す
る分岐予測と呼ばれる手法を見ていきます。

7-1 分岐予測の枠組み

　分岐命令の結果を予測してプロセッサの性能向上を目指す手法が**分岐予測**（branch prediction）です。ここでは、4段のパイプライン処理のプロセッサproc8に分岐予測を実装しながら、その手法について考えていきます。

　まずは、強引なやりかたで分岐予測のしくみをプロセッサのコードに実装して、その効果を確認します。

　bne命令をIFステージで処理しているときに、分岐の成立あるいは不成立の結果を予測します。成立あるいは不成立のことを、成立／不成立と書くことがあります。加えて、分岐予測はフェッチしている命令が分岐命令かどうかも予測します。命令をデコードしてから分岐命令かどうかがわかるのはIDステージです。IFステージでは、フェッチしている命令が何なのかわかっていません。この予測を間違えると、add命令などをbne命令と判断して、間違った値でプログラムカウンタを更新することがあります。

　プロセッサのIFステージで、分岐結果の成立／不成立を**予測**（prediction）し、その後のEXステージで得られる分岐結果を利用して予測が正しいかどうかを判定します。判定して、予測が正しいことを**ヒット**（hit）、正しくないことを**ミス**（miss）と呼びます。

コード7-1
命令メモリに
格納する命令列

```
1    `MM[0]={12'd0,5'd0,3'h0,5'd10,7'h13};              // 00   addi x10,x0,0
2    `MM[1]={12'd0,5'd0,3'h0,5'd3,7'h13};               // 04   addi x3,x0,0
3    `MM[2]={12'd101,5'd0,3'h0,5'd1,7'h13};             // 08   addi x1,x0,101
4    `MM[3]={7'd0,5'd3,5'd10,3'h0,5'd10,7'h33};         // 0c L:add  x10,x10,x3
5    `MM[4]={12'd1,5'd3,3'h0,5'd3,7'h13};               // 10   addi x3,x3,1
6    `MM[5]={~12'd0,5'd1,5'd3,3'h1,5'b11001,7'h63};     // 14   bne  x3,x1,L
7    `MM[6]=32'h00050f13;                               // 18   HALT
```

　コード7-1に示す1〜100の合計値を求める命令列の実行を前提にして、proc8に、**強引なやりかた**で分岐予測を追加したプロセッサを考えます。proc8のコード

で変更する部分（13〜14行目）をコード7-2に示します。

コード7-2
Verilog HDLの
コード

```
13    wire w_miss = P2_b & w_tkn & P2_v;
14    m_mux m0 (w_npc, P2_tpc, w_miss, w_pcin);
```

proc8では分岐命令の結果が不成立という想定で処理を進めるので、13行目のように、EXステージでbne命令が処理されて分岐結果が成立のときに、w_missの値が1'b1になります。また、14行目で、w_missが1'b1のときには、EXステージで実行しているbne命令の飛び先のアドレスP2_tpcをw_pcinに接続します。

この2行をコード7-3に示す記述に置き換えましょう。

コード7-3
Verilog HDLの
コード

```
13    wire [31:0] w_ppc = 32'hc;
14    wire w_bp_tkn = (r_pc==32'h14);
15    wire [31:0] w_truepc = (P2_v & P2_b & w_tkn) ? P2_tpc : P2_pc+4;
16    wire w_miss = P2_v & P2_b & P1_v & (P1_pc!=w_truepc);
17    assign w_pcin = (w_miss) ? w_truepc : (w_bp_tkn) ? w_ppc : w_npc;
```

13行目では、IFステージで分岐結果を成立と予測するときに使う飛び先のアドレスを定義します。ここで実行するコード7-1の命令列では、アドレス32'h14のbne命令の**飛び先のアドレスが32'hc**になることがわかっています。このため、32'hcをw_ppcに接続します。ppcは、**predicted pc**から名付けました。ここで利用した**飛び先のアドレスを予測する方法**は、ひとつのbne命令しか持たない特定のプログラムの実行を前提とする強引なやりかたです。この記述は、後に、現実的な手法を利用するように修正します。

14行目は、IFステージで分岐結果の予測を保持する信号w_bp_tknを宣言します。tknは、成立を意味するtakenの省略として名付けました。この信号が1'b1であれば分岐結果が成立と予測され、1'b0であれば不成立と予測されることを意味します。

コード7-1に示したとおり、ここで実行する命令列では、アドレス32'h14のbne命令の結果が成立になる回数が（不成立になる回数よりも）多いので、14行目の記述では、**r_pc==32'h14**のときに、その命令がbne命令であり、その分岐結果を成立と予測します。この、**分岐結果の成立を予測する方法と、分岐命令かどうかを予測する方法**についても、ひとつのbne命令しか持たない特定のプログラムの実行を前提とする強引なやりかたです。こちらの記述も、後に、現実的な手法を利用するように修正します。

15行目では、EXステージで処理されている命令をAとすると、Aの次に処理す

251

る命令の正しいアドレスを求めて、w_truepcに接続します。truepcは、true pc の省略で、次の命令として処理する本当のアドレスという意味で名付けました。

EXステージで処理している命令が、有効であり（P2_v）、bne命令であり（P2_b）、分岐結果が成立であれば（w_tkn）、本当のアドレスは分岐の飛び先のアドレスP2_tpcになります。そうでなければ、EXステージで実行している命令のアドレスP2_pcに4を加算するP2_pc + 4が本当のアドレスになります。

16行目では、EXステージの判定によって、分岐予測がミスかどうかを示すw_missを定義します。EXステージで実行している命令が、有効であり（P2_v）、bne命令であり（P2_b）、IDステージで処理している命令が有効であり（P1_v）、そのアドレスと本当のアドレスが一致しなかったら（P1_pc!=w_truepc）、間違った命令をIDステージで処理していることになります。このときにミスと判定して、w_missを1'b1にします。そうでなければ、w_missを1'b0にします（ここでは、bne命令でしかミスが発生しないことを想定していますが、bne命令ではない命令でミスが発生する場合には、ここでのw_missの条件を修正する必要があります）。

17行目で、r_pcを更新するための配線w_pcinを定義します。ここでは、m_muxを利用せずに、条件演算子（? :）を利用して記述しています。もし、分岐予測がミスであれば、w_truepcをw_pcinに接続します。そうではなく、分岐結果が成立と予測されれば、w_ppcをw_pcinに接続します。そうでなければ、r_pcに4を加算して得られるw_npcをw_pcinに接続します。

proc8のコードの一部をコード7-3の記述に置き換えてシミュレーションします。シミュレーションの表示における、最後の10行を出力7-1に示します。各行の左側から、クロック識別子、r_pc、P1_pc、P2_pc、P3_pc、w_in1、w_in2、w_aluの値を表示します。

出力7-1

```
CC303 00000014 00000010 0000000c 00000014      4851        99      4950
CC304 0000000c 00000014 00000010 0000000c        99         1       100
CC305 00000010 0000000c 00000014 00000010       100       101       201
CC306 00000014 00000010 0000000c 00000014      4950       100      5050
CC307 0000000c 00000014 00000010 0000000c       100         1       101
CC308 00000010 0000000c 00000014 00000010       101       101       202
CC309 00000018 00000010 0000000c 00000014      5050       101      5151
CC310 0000001c 00000018 00000010 0000000c       101         1       102
CC311 00000020 0000001c 00000018 00000010      5050         0      5050
CC312 00000024 00000020 0000001c 00000018         0         0         0
```

CC303のIFステージでアドレス32'h14のbne命令が処理されます。このとき、w_bp_tknが1'b1になり、飛び先のアドレス32'hcがw_pcinに接続されます。こ

のため、次のサイクルのCC304で、飛び先のアドレス32'hcの命令がIFステージでフェッチされます。

このシミュレーションの出力から、312サイクルで正しい結果の5050が得られることがわかります。修正前のproc8では、この命令列の処理に510サイクルが必要でした。分岐予測を利用することで、かなりのクロックサイクルを削除しています。

分岐予測では、IFステージで処理している命令について、(a) 分岐命令かどうかの予測、(b) 飛び先のアドレスの予測、(c) 分岐結果の成立／不成立の予測、という3種類の予測が必要になります。これらのための現実的な手法を見ていきましょう。

7-2　分岐先バッファ

　（a）分岐命令かどうかの予測、（b）飛び先のアドレスの予測のための手法を考えます。bne命令が実行されたときに、そのアドレスの一部と飛び先のアドレスをプロセッサのなかの小容量のメモリに保存して、その情報を利用して予測します。このために、**分岐先バッファ**（branch target buffer, **BTB**）と呼ばれるメモリを利用します。

　ここでは、32エントリという小さいサイズの分岐先バッファを設計します。製品のプロセッサには、数百を超えるエントリ数の分岐先バッファが搭載されています。図7-1に、分岐先バッファの構成を示します。

図7-1
分岐先バッファの
構成

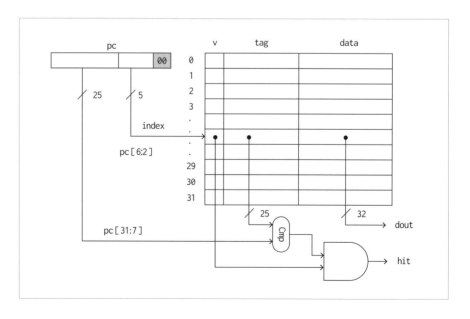

　各エントリは、**有効ビット**（valid bit, v）、**タグ**（tag）、**データ**（data）という
フィールドを持ちます。エントリに有効なデータが格納されているときに、有効
ビットが1'b1になります。BTBを参照して飛び先のアドレスを取得したいので、
データのフィールドには32ビットの飛び先のアドレスを格納します。

　命令列に含まれるたくさんのbne命令の飛び先のアドレスを区別するためにタグ
を使います。それぞれのbne命令（とその飛び先のアドレス）は、そのbne命令の
アドレスによって区別できます。そのため、命令のアドレスの一部（この構成では
25ビット）をタグとして利用します。各エントリのビット幅は、有効ビットの1、
タグの25、データの32の合計の58です。

　BTBを使った**予測の方法**を見ていきます。IFステージで、プロセッサの
r_pc[6:2]をインデックスとして利用して、BTBのなかのテーブルのエントリを
選択します。次に、その選択されたエントリに格納されているv、tag、dataフィー
ルドの値を読み出します。vの値が1'b1で、tagの値がr_pc[31:7]と一致してい
れば、配線hitが1'b1になり、dataの値が正しい飛び先のアドレスになります。こ
のdataは、出力信号のdoutに接続されます。配線hitが1'b1で、正しい飛び先の
アドレスを得ることを**BTBのヒット**と呼び、得られないことを**BTBのミス**と呼び
ます。

　次に、BTBの**更新の方法**を見ていきます。bne命令がEXステージで実行される
とき、その分岐命令のアドレスを利用してBTBのエントリを選択します。そして、
そのエントリの有効ビットを1'b1に、分岐命令のアドレスの一部を利用してtag
を、分岐命令の飛び先のアドレスを利用してdataを更新します。

　ここで利用するタグのビット幅には注意が必要です。まず、参照で利用するアド
レスr_pcの下位の2ビットは常に2'b0になるので、これを使う必要はありませ
ん。図7-1では、この2ビットを灰色で示しました。次に、インデックスとしてエ
ントリを選択するためにr_pc[6:2]の5ビットを利用しますが、これらもtagとし
て使う必要はありません。例えば、インデックスの値が3であれば、図7-1で3と
いうラベルの付いた上から4番目のエントリが利用されます。また、このエントリ
を使う場合には、そのインデックスが3になることは自明です。このため、イン
デックスが3になることを保存する必要はありません。つまり、r_pc[1:0]とr_
pc[6:2]を除いた25ビットの領域をタグとして使うことになります。

　分岐先バッファのm_btbの記述を次ページのコード7-4に示します。

```verilog
 1  module m_btb(w_clk, w_pc, w_hit, w_dout, w_wadr, w_we, w_wd);
 2    input  wire w_clk, w_we;
 3    input  wire [31:0] w_pc;
 4    input  wire [4:0] w_wadr;
 5    input  wire [57:0] w_wd;
 6    output wire w_hit;
 7    output wire [31:0] w_dout;
 8    wire w_v;
 9    wire [24:0] w_tag;
10    wire [31:0] w_data;
11    reg [57:0] mem [0:31];
12    always @(posedge w_clk) if (w_we) mem[w_wadr] <= w_wd;
13    assign {w_v, w_tag, w_data} = mem[w_pc[6:2]];
14    assign w_hit = w_v & (w_tag==w_pc[31:7]);
15    assign w_dout = w_data;
16    integer i; initial for (i=0; i<32; i=i+1) mem[i] = 0;
17  endmodule
```

8～10行目で、v、tag、dataを読み出すための配線を宣言します。13行目で、メモリを読み出して、これらの配線に接続します。15行目では、BTBのヒットを示すw_hitを記述します。有効ビットw_vが1'b1で、タグが一致するとき（w_tag==w_pc[31:7]）に、BTBのヒットになります。12行目は、メモリを更新するための記述です。

BTBを利用することで、(a) 分岐命令かどうかの予測、(b) 飛び先のアドレスの予測を解決します。BTBのヒットであれば、その命令が分岐命令であると予測します。また、BTBがヒットであれば、得られる出力を、飛び先のアドレスとして予測に利用します。

ここで見るBTBでは、w_pc[6:2]をインデックスとして利用します。実際のプログラムには、たくさんの分岐命令が含まれるので、アドレスの5ビット（w_pc[6:2]）が等しいいくつかの分岐命令がBTBの同じエントリを共有することになります。このため、BTBに格納されているあるbne命令の飛び先のアドレスが、別の命令によって上書きされると、そのbne命令のBTBの参照はミスになります。このような場合には、(a) 分岐命令かどうかの予測にミスしたことになります。

BTBを利用するようにコード7-3を修正します。変更した記述を次ページのコード7-5に示します。

コード7-5
Verilog HDLの
コード

```
13    wire [31:0] w_ppc;
14    wire [57:0] w_btb_wd = {1'b1, P2_pc[31:7], P2_tpc};
15    wire w_hit;
16    m_btb m14 (w_clk, r_pc, w_hit, w_ppc,
17            P2_pc[6:2], P2_v & P2_b, w_btb_wd);
18    wire w_bp_tkn = (r_pc==32'h14) & w_hit;
19    wire [31:0] w_truepc = (P2_v & P2_b & w_tkn) ? P2_tpc : P2_pc+4;
20    wire w_miss = P2_v & P2_b & P1_v & (P1_pc!=w_truepc);
21    assign w_pcin = (w_miss) ? w_truepc : (w_bp_tkn) ? w_ppc : w_npc;
```

16〜17行目でBTBのインスタンスのm14を定義します。14行目では、BTBを更新するための配線w_btb_wdを定義します。この値は、有効ビットの1'b1と、EXステージで実行している命令のアドレスの一部と、EXステージで得られた飛び先のアドレスの連結です。

BTBの更新は、EXステージで処理されている命令が有効で分岐命令のとき（P2_v & P2_b）、EXステージの命令のアドレスの一部（P2_pc[6:2]）をインデックスとして、w_btb_wdの値で更新します。

BTBを利用する予測に関しては、16行目の記述にあるように、IFステージでフェッチしている命令のアドレスr_pcを入力として、BTBのヒットかどうかを示す信号w_hitと、飛び先のアドレスを示す信号w_ppcを得ます。

18行目で記述するように、r_pcが32'h14と等しく、BTBがヒットのときに、分岐の結果を成立と予測します。また、21行目で、分岐の結果を成立と予測したときには、BTBから得られるw_ppcを飛び先のアドレスとして利用します。

7-3 ▶ 分岐の成立／不成立の予測

　次に、（c）分岐結果の成立／不成立の予測を考えます。分岐結果の系列では成立が続いたり、不成立が続いたりすることがあります。この特徴を利用して、ひとつ前の分岐結果を使って、今回の分岐の結果を予測するシンプルな手法を実装しましょう。

　このために、分岐結果を保存する1ビットのレジスタr_tknを利用します。そのように修正した記述をコード7-6に示します。

コード7-6
Verilog HDLの
コード

```
13    wire [31:0] w_ppc;
14    reg r_tkn=0;
15    always @(posedge w_clk) if(P2_v & P2_b) r_tkn <= w_tkn;
16    wire [64:0] w_btb_wd = {1'b1, P2_pc[31:7], P2_tpc};
17    wire w_hit;
18    m_btb m14 (w_clk, r_pc, w_hit, w_ppc,
19                  P2_pc[6:2], P2_v & P2_b, w_btb_wd);
20    wire w_bp_tkn = r_tkn & w_hit;
21    wire [31:0] w_truepc = (P2_v & P2_b & w_tkn) ? P2_tpc : P2_pc+4;
22    wire w_miss = P2_v & P2_b & P1_v & (P1_pc!=w_truepc);
23    assign w_pcin = (w_miss) ? w_truepc : (w_bp_tkn) ? w_ppc : w_npc;
```

　14行目で、分岐結果を保存するレジスタr_tknを宣言します。15行目の記述でr_tknの更新を記述します。EXステージでbne命令が処理されるときに、その分岐結果のw_tknを利用してr_tknを更新します。20行目で、r_tknが1'b1で、BTBがヒット（w_hit）のときに、分岐結果を成立と予測します。

　これで、強引なやりかたではなく、現実的な分岐予測を実現できました。この構成で、1〜100の合計値を求めるコード7-1の命令列の分岐予測の様子を次ページに示します。

```
Prediction: 0 1 1 1 1 1 1 1 1 1 1 1 1 1 1 1 1 1 1 1 1 1 ... 1 1 1
Result    : 1 1 1 1 1 1 1 1 1 1 1 1 1 1 1 1 1 1 1 1 1 1 ... 1 1 0
Hit/Miss  : M H H H H H H H H H H H H H H H H H H H H H ... H H M
```

　1行目のPredictionは、分岐予測の系列を示しています。分岐結果を成立と予測するときに1、不成立と予測するときに0を表示します。2行目のResultは分岐結果の系列です。3行目には、それぞれの分岐予測がヒットしたときにHを、ミスしたときにMを記入しました。

　この例のように、分岐の成立が続く場合には、ほとんどがヒットになります。この命令列では、101回の予測をおこなって、99回がヒット、2回がミスになります。分岐結果が成立あるいは不成立に強く偏っている場合には、実行時に偏りを保存して予測すれば良いのですが、複雑な構造を持つプログラムでは、このようにうまくはいきません。

　少し優れた分岐予測を見ていきましょう。コード7-7に示す命令列を考えます。

コード7-7
命令メモリに格納する命令列

```
1  `MM[0]={12'd0,5'd0,3'h0,5'd10,7'h13};          // 00    addi  x10,x0,0
2  `MM[1]={12'd0,5'd0,3'h0,5'd3,7'h13};           // 04    addi  x3,x0,0
3  `MM[2]={12'd101,5'd0,3'h0,5'd1,7'h13};         // 08    addi  x1,x0,101
4  `MM[3]={7'd0,5'd3,5'd10,3'h0,5'd10,7'h33};     // 0c L:add   x10,x10,x3
5  `MM[4]={~12'd0,5'd0,5'd0,3'h1,5'b11101,7'h63}; // 10    bne   x0,x0,L
6  `MM[5]={12'd1,5'd3,3'h0,5'd3,7'h13};           // 14    addi  x3,x3,1
7  `MM[6]={~12'd0,5'd1,5'd3,3'h1,5'b10001,7'h63}; // 18    bne   x3,x1,L
8  `MM[7]=32'h00050f13;                           // 1c    HALT
```

　ここでは、コード7-1に示した1～100の合計値を求めるプログラムの5行目に、分岐の結果が常に不成立になるbne命令を追加しました。この命令列の分岐結果の系列は次になります。

```
Prediction: 0 0 1 0 1 0 1 0 1 0 1 0 1 0 1 0 1 0 1 0 1 ... 1 0 1 0
Result    : 0 1 0 1 0 1 0 1 0 1 0 1 0 1 0 1 0 1 0 1 0 ... 0 1 0 0
Hit/Miss  : H M M M M M M M M M M M M M M M M M M M M ... M M M H
```

　1行目に分岐予測の系列、2行目に分岐結果の系列、3行目に分岐予測のヒット（H）／ミス（M）の系列を示します。このように、頻繁に分岐結果の成立／不成立が変化しながら50%が成立で、50%が不成立になる場合には、常に成立、あるいは常に不成立と予測するだけでは高いヒット率が得られません。さらに悪いことに、

前回の分岐結果を使って予測すると、最初と最後の予測がヒットになるだけで他はミスになります。この命令列では、202回の予測をおこなって、2回がヒット、200回がミスという残念な結果になります。

　少し優れた分岐予測では、アドレスの異なる分岐命令を区別して予測します。コード7-7の命令列におけるアドレス32'h10のbne命令にA、アドレス32'h18のbne命令にBというラベルを付けて区別すると、それぞれの分岐結果の系列は次になります。1行目がAの分岐の結果の系列（Result A）、2行目がBの分岐の結果の系列（Result B）です。

```
Result A: 0 0 0 0 0 0 0 0 0 0 0 0 0 0 0 0 0 0 ...
Result B: 1 1 1 1 1 1 1 1 1 1 1 1 1 1 1 1 1 1 ...
```

　このように、アドレスの異なる分岐命令を区別すると見通しが明るくなります。ここでは、Aの結果を不成立、Bの結果を成立と予測すれば良さそうです。このために、異なるアドレスの分岐命令のために異なる分岐結果を格納するメモリを利用します。この分岐予測のためのメモリは**パターン履歴表**（pattern history table, PHT）と呼ばれます。

　PHTを利用するm_phtの記述をコード7-8に示します。ここでは、32エントリの小さいメモリを利用しています。販売されているプロセッサでは、数千を超える大きいエントリ数のPHTが利用されます。

コード7-8
Verilog HDLの
コード

```
1   module m_pht(w_clk, w_radr, w_rd, w_wadr, w_we, w_wd);
2     input  wire w_clk, w_we;
3     input  wire [4:0] w_wadr, w_radr;
4     input  wire w_wd;
5     output wire w_rd;
6     reg [0:0] mem [0:31];
7     assign w_rd = mem[w_radr];
8     always @(posedge w_clk) if (w_we) mem[w_wadr] <= w_wd;
9     integer i; initial for (i=0; i<32; i=i+1) mem[i] = 0;
10  endmodule
```

　7行目でメモリの読み出しを記述して、8行目でメモリへの書き込みを記述します。このように、読み書きができる1ビット幅で32エントリのメモリに分岐結果を格納します。このPHTのコードを利用するプロセッサの分岐予測に関する記述を次ページのコード7-9に示します。

コード7-9
Verilog HDLの
コード

```
13    wire [31:0] w_ppc;
14    wire w_pred;
15    m_pht m15 (w_clk, r_pc[6:2], w_pred, P2_pc[6:2],
16            P2_v & P2_b, w_tkn);
17    wire [64:0] w_btb_wd = {1'b1, P2_pc[31:7], P2_tpc};
18    wire w_hit;
19    m_btb m14 (w_clk, r_pc, w_hit, w_ppc,
20            P2_pc[6:2], P2_v & P2_b, w_btb_wd);
21    wire w_bp_tkn = w_pred & w_hit;
22    wire [31:0] w_truepc = (P2_v & P2_b & w_tkn) ? P2_tpc : P2_pc+4;
23    wire w_miss = P2_v & P2_b & P1_v & (P1_pc!=w_truepc);
24    assign w_pcin = (w_miss) ? w_truepc : (w_bp_tkn) ? w_ppc : w_npc;
```

7

15～16行目で、m_phtのインスタンスのm15を生成します。このPHTには、EXステージで分岐の結果が得られるときに、分岐命令のアドレスをインデックスとして、分岐結果を格納します。IFステージでは、r_pcを利用してPHTを参照することで、分岐命令のアドレスで区別された分岐結果を出力してw_predに接続します。21行目では、w_predが1'b1で、BTBがヒット（w_hit）のときに分岐結果を成立と予測します。

PHTを利用する手法のAに関する分岐予測、分岐結果、予測のヒット／ミスの系列は次になります。

```
Prediction A: 0 0 0 0 0 0 0 0 0 0 0 0 0 0 0 0 0 0 0 ...
Result A    : 0 0 0 0 0 0 0 0 0 0 0 0 0 0 0 0 0 0 0 ...
Hit/Miss    : H H H H H H H H H H H H H H H H H H H ...
```

この分岐命令Aの結果は常に不成立なので、100%の精度で予測をヒットさせることができます。

PHTを利用する手法のBに関する分岐予測、分岐結果、予測のヒット／ミスの系列は次になります。

```
Prediction B: 0 1 1 1 1 1 1 1 1 1 1 1 1 1 1 1 1 1 1 ...
Result B    : 1 1 1 1 1 1 1 1 1 1 1 1 1 1 1 1 1 1 1 ...
Hit/Miss    : M H H H H H H H H H H H H H H H H H H ...
```

この分岐命令Aの結果は成立が続くので、高い精度で予測をヒットさせることができます。ここで利用した命令列では、AとBの合計で202回の分岐予測をおこ

なって、200回がヒット、2回がミスという良い結果になります。

　このように、命令のアドレスを利用して分岐命令を区別して、分岐結果をPHTと呼ばれるメモリに保持します。それを利用して予測することで、分岐命令ごとの偏りを利用できるようになります。これによって、分岐予測の精度を向上できます。

7-4 ▶ bimodal 分岐予測

さらに優れた分岐予測を見ていきましょう。コード7-10に示す、少し複雑な命令列を考えます。

コード7-10
命令メモリに
格納する命令列

```
 1   `MM[0] ={12'd4,   5'd0, 3'h0,5'd1, 7'h13};    // 00    addi x1,x0,4
 2   `MM[1] ={12'd101,5'd0, 3'h0,5'd2, 7'h13};    // 04    addi x2,x0,101
 3   `MM[2] ={12'd0,   5'd0, 3'h0,5'd10,7'h13};    // 08    addi x10,x0,0
 4   `MM[3] ={12'd0,   5'd0, 3'h0,5'd4 ,7'h13};    // 0c    addi x4,x0,0
 5   `MM[4] ={12'd0,   5'd0, 3'h0,5'd3 ,7'h13};    // 10 M:addi x3,x0,0
 6   `MM[5] ={12'd1,   5'd3 ,3'h0,5'd3, 7'h13};    // 14 L:addi x3,x3,1
 7   `MM[6] ={12'd1,   5'd10,3'h0,5'd10,7'h13};    // 18    addi x10,x10,1
 8   `MM[7] ={~12'd0,5'd1,5'd3,3'h1,5'b11001,7'h63};    // 1c    bne  x3,x1,L
 9   `MM[8] ={12'd1,   5'd4 ,3'h0,5'd4, 7'h13};    // 20    addi x4,x4,1
10   `MM[9] ={12'd1,   5'd10,3'h0,5'd10,7'h13};    // 24    addi x10,x10,1
11   `MM[10]={~12'd0,5'd2,5'd4,3'h1,5'b01001,7'h63};    // 28    bne  x4,x2,M
12   `MM[11]=32'h00050f13;                         // 2c    HALT
```

アドレス32'h1cのbne命令にA、アドレス32'h28のbne命令にBというラベルを付けて区別します。それぞれの分岐の結果は次になります。1行目がAの分岐結果の系列（Result A）、2行目がBの分岐結果の系列（Result B）です。

```
Result A: 1 1 1 0 1 1 1 0 1 1 1 0 1 1 1 0 1 1 ...
Result B: 1 1 1 1 1 1 1 1 1 1 1 1 1 1 1 1 1 1 ...
```

ここで、Aの分岐結果の系列では、1 1 1 0というパターンを繰り返します。また、Bの分岐結果の系列では1が連続します。この場合に、Aの分岐命令で、その直前の分岐結果を使って予測すると、次ページに示す系列になり、50%がヒット、50%がミスになります。

```
Prediction A: 0 1 1 1 0 1 1 1 0 1 1 1 0 1 1 1 0 ...
Result A    : 1 1 1 0 1 1 1 0 1 1 1 0 1 1 1 0 1 ...
Hit/Miss    : M H H M M H H M M H H M M H H M M ...
```

　先の命令列では、PHTを用いる手法でAとBを合わせて505回の予測をおこなって、301回がヒット、204回がミスになります。このときのヒット率は59.6%です。

　このときのミスを減らすためには、図7-2の右に示す**2ビットの飽和型カウンタ**（two-bit saturating counter）を使います。2ビットで取り得る2'b00、2'b01、2'b10、2'b11のそれぞれの状態に、強く不成立（strongly untaken）、弱く不成立（weakly untaken）、弱く成立（weakly taken）、強く成立（strongly taken）を割り当てます。状態を、分岐結果が成立であれば強く成立の方向に遷移し、不成立であれば強く不成立の方向に遷移します。

　このカウンタの状態が、強く成立あるいは弱く成立であれば成立と予測し、そうでなければ不成立と予測します。

図7-2
bimodal分岐予測
における予測

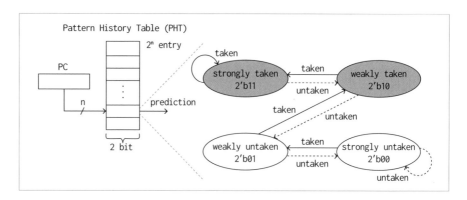

　図7-2に示すように、命令のアドレスの一部をインデックスとする2ビット幅のメモリをPHTとして利用する手法を**bimodal分岐予測**と呼びます。予測においては、命令のアドレスの一部をインデックスとして利用して、ひとつのエントリを選択します。選択されたエントリの2ビットの値を、図7-2の右に示す2ビットの飽和型カウンタの状態と解釈して、値が'2b11あるいは2'b10であれば成立、そうでなければ不成立と予測します。よく見ると、2ビットカウンタの上位ビットが予測になっていることがわかります。

　更新に関しては、EXステージで処理しているbne命令のアドレスをインデックスとしてエントリを選択して、図の右に示す遷移に基づいて状態を更新します。

　bimodal分岐予測を利用することで、Aの分岐結果の１１１０というパターンを繰り返す場合に、次に示すように、75%がヒット、25%がミスになり、ヒット率が改善されます。

```
Prediction A: 0 1 1 1 1 1 1 1 1 1 1 1 1 1 1 1 ...
Result A    : 1 1 1 0 1 1 1 0 1 1 1 0 1 1 1 0 1 ...
Hit/Miss    : M H H M H H H M H H H M H H H M H ...
```

　このように、2ビットの飽和型カウンタを利用して、直前の履歴（分岐の結果）だけではなく、過去の数回の履歴をうまく利用することで予測のヒット率が向上します。

　bimodal分岐予測の記述をコード7-11に示します。ここでは、32エントリの小さいPHTを利用します。販売されているプロセッサでは、数千を超える大きいエントリ数のPHTが利用されます。

コード7-11
Verilog HDLの
コード

```
1   module m_bimodal(w_clk, w_radr, w_pred, w_wadr, w_we, w_tkn);
2     input  wire w_clk, w_we;
3     input  wire [4:0] w_wadr, w_radr;
4     input  wire w_tkn;
5     output wire w_pred;
6     reg [1:0] mem [0:31];
7     wire [1:0] w_data = mem[w_radr];
8     assign w_pred = w_data[1];
9     wire [1:0] w_cnt  = mem[w_wadr];
10    always @(posedge w_clk) if (w_we)
11      mem[w_wadr] <= (w_cnt < 3 &  w_tkn) ? w_cnt + 1 :
12                     (w_cnt > 0 & !w_tkn) ? w_cnt - 1 : w_cnt;
13    integer i; initial for (i=0; i<32; i=i+1) mem[i] = 1;
14  endmodule
```

　6行目で、2ビット幅で32エントリのPHTを宣言します。7行目で、予測のためにPHTを参照して、8行目で、読み出した上位ビットを予測とします。

　11〜12行目で、2ビットの飽和型カウンタを更新します。飽和型のカウンタなので、値が3より小さくて分岐結果が成立のときに、値を1だけ増やします。そうでなく、カウンタの値が0より大きくて分岐結果が不成立のときに、値を1だけ減らします。

　コード7-9のm_phtをm_bimodalに変更して、bimodal分岐予測を利用する構成にします。bimodal分岐予測を利用することで、コード7-10に示した1〜100の合

計値を求める命令列では、505回の予測をおこなって、401回がヒット、104回がミスという良い結果になります。このときのヒット率は79.4%です。

コード7-11のbimodal分岐予測の実装では、7行目と9行目でメモリを読み出しているため、2個の読み出しポートが必要になります。読み出しポートを1個に削減する実装をコード7-12に示します。

コード7-12
Verilog HDLの
コード

```
1   module m_bimodal(w_clk, w_radr, w_pred, w_wadr, w_we, w_tkn);
2     input  wire w_clk, w_we;
3     input  wire [4:0] w_wadr, w_radr;
4     input  wire w_tkn;
5     output wire w_pred;
6     reg [1:0] mem [0:31];
7     wire [1:0] w_data = mem[w_radr];
8     assign w_pred = w_data[1];
9     reg [1:0] P1_cnt = 0, P2_cnt = 0;
10    always @(posedge w_clk) {P1_cnt, P2_cnt} <= {w_data, P1_cnt};
11    always @(posedge w_clk) if (w_we)
12      mem[w_wadr] <= (P2_cnt < 3 &  w_tkn) ? P2_cnt + 1 :
13                     (P2_cnt > 0 & !w_tkn) ? P2_cnt - 1 : P2_cnt;
14    integer i; initial for (i=0; i<32; i=i+1) mem[i] = 1;
15  endmodule
```

8行目で予測のために読み出した値を、9行目で宣言するパイプラインレジスタに格納します。12～13行目では、EXステージの時点の値のP2_cntを利用して2ビットの飽和型カウンタを更新します。ここで、パイプラインレジスタのP1やP2がストールする場合には、9行目で定義したP1_cntとP2_cntについても同様にストールさせる必要があります。

このように、予測のために読み出した値を更新のために再利用することにより、1個の読み出しポートを削減できます。メモリの読み出しポートの数を減らすことで、必要になるハードウェアの量を削減できます。少ない数のポートで実現できるように工夫しましょう。同様に、書き込みポートの数を減らすように工夫しましょう。

7-5 ▶ gshare分岐予測

bimodal分岐予測を利用することで、分岐結果の系列が１１１０というパターンを繰り返す場合に、次に示すように、75%がヒット、25%がミスになりました。

```
Prediction A: 0 1 1 1 1 1 1 1 1 1 1 1 1 1 1 1 ...
Result A    : 1 1 1 0 1 1 1 0 1 1 1 0 1 1 1 0 1 ...
Hit/Miss    : M H H M H H H M H H H M H H H M H ...
```

さらに予測の精度を改善する方法を考えましょう。この１１１０というパターンを繰り返す例では、4回の直前の分岐の結果が0、1、1、1のときに、分岐結果を不成立と予測すればよさそうです（実は、3回の直前の分岐の結果が1、1、1のときに、分岐結果を不成立と予測しても良いです）。

このために、最近のn回（nは1以上の整数）の分岐結果を保存しておくレジスタを導入します。このレジスタを**分岐履歴レジスタ**（branch history register, **BHR**）と呼びます。

BHRを搭載して、BHRとPCとのXORで計算するインデックスでPHTを参照する図7-3の構成を**gshare分岐予測**と呼びます。

図7-3
gshare分岐予測に
おける予測

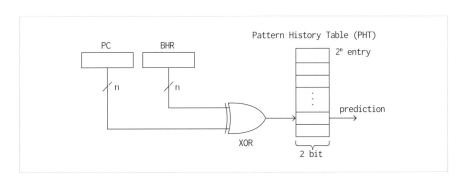

PHTは2ビット幅のメモリです。インデックスを生成する方法がbimodal分岐予測と異なりますが、エントリを選択した後の予測と更新の方法はbimodal分岐予測と同じです。

bimodal分岐予測では、命令のアドレスを利用して分岐命令を区別して結果を保持するところが鍵でした。一方のgshare分岐予測では、命令のアドレスだけでなく、分岐履歴レジスタの値によって区別して結果を保持するところが鍵になります。

ここでは、命令のアドレスの一部と分岐履歴レジスタのXORでインデックスを生成する構成とします。XORではない他の候補としては、連結、AND、OR、NAND、NORなどがありますが、XORを使う場合が最も高い予測の精度を達成できることが知られています。

gshare分岐予測の記述をコード7-13に示します。販売されているプロセッサでは、数千を超える大きいエントリ数のPHTが利用されますが、ここでは、32エントリの小さいメモリにします。32エントリなので ($2^5 = 32$なので)、図7-3におけるnの値は5になります。

コード7-13
Verilog HDLの
コード

```
1   module m_gshare(w_clk, w_radr, w_pred, w_wadr, w_we, w_tkn);
2     input  wire w_clk, w_we;
3     input  wire [4:0] w_wadr, w_radr;
4     input  wire w_tkn;
5     output wire w_pred;
6     reg [1:0] mem [0:31];
7     reg [4:0] r_bhr = 0;
8     always @(posedge w_clk) if (w_we) r_bhr <= {w_tkn, r_bhr[4:1]};
9     wire [1:0] w_data = mem[w_radr ^ r_bhr];
10    assign w_pred = w_data[1];
11    wire [1:0] w_cnt  = mem[w_wadr ^ r_bhr];
12    always @(posedge w_clk) if (w_we)
13      mem[w_wadr ^ r_bhr] <= (w_cnt < 3 &  w_tkn) ? w_cnt + 1 :
14                             (w_cnt > 0 & !w_tkn) ? w_cnt - 1 : w_cnt;
15    integer i; initial for (i=0; i<32; i=i+1) mem[i] = 1;
16  endmodule
```

7行目で、5ビットのレジスタとしてBHRを宣言します。8行目で、分岐の結果が得られるときに、シフトレジスタとしてBHRを更新します。具体的には、BHRの値を右に1ビットだけシフトして、最上位ビットに分岐の結果を格納します。ここでは、右の論理シフトを採用しましたが、左の論理シフトを利用して最下位ビットに分岐の結果を格納しても構いません。

　9、11、13行目では、アドレスとBHRのXORでインデックスを生成します。

　bimodal分岐予測で見たように、gshare分岐予測についても、読み出しのポート数が1個になるように修正することができます。

　コード7-9の m_pht を m_gshare に変更してシミュレーションしましょう。gshare分岐予測を利用することで、コード7-10に示す1〜100の合計値を求める命令列では、505回の予測をおこなって、496回がヒット、9回がミスという良い結果になります。このときのヒット率は98.2%です。一般的なベンチマークプログラムを利用して評価すると、4KB程度の容量のPHTを利用するgshare分岐予測のヒット率は95%程度に達することが知られています。

　ここでは、現在の製品に搭載されている分岐予測の基礎になる手法を見てきました。さらに洗練された分岐予測として、パターンマッチングを利用する手法、パーセプトロンを利用する手法、複数の分岐予測を組み合わせるハイブリッドの手法などが開発されて利用されています。

7

演習問題

Q1 コード7-11の記述を修正して、1024エントリのPHTを持つbimodal分岐予測のコードを記述してください。

Q2 コード7-13の記述を修正して、1024エントリのPHTを持つgshare分岐予測のコードを記述してください。

Q3 bimodal分岐予測とgshare分岐予測で用いる2ビットの飽和型カウンタを3ビットの飽和型カウンタに変更することで予測の精度が向上することがあります。3ビットの飽和型カウンタは、その値が7より小さくて分岐結果が成立のときに値を1だけ増やし、値が0より大きくて分岐結果が不成立のときに値を1だけ減らします。カウンタの値が3より大きいときに成立と予測します。コード7-13の記述を修正して、32エントリのPHTを持ち、3ビットの飽和型カウンタを採用するgshare分岐予測を記述してください。

第 **8** 章

////////////////////////////////

キャッシュメモリ

この章では、階層化されたメモリシステムを「容量が大きくて高速なメモリ」のように見せかけるための鍵となるキャッシュメモリについて見ていきます。

8-1 メインメモリとキャッシュ

　これまでは、高速な命令メモリとデータメモリを利用して、プロセッサを設計してきました。ここでは、WindowsやLinuxなどのオペレーティングシステムを動作させる**汎用プロセッサ**が採用する階層化されたメモリシステムについて見ていきます。

　第1章の図1-1に示したコンピュータの古典的な構成要素のひとつが記憶装置（メインメモリ）です。メインメモリとしては、価格あたりの性能に優れた**DRAM**（dynamic random access memory）と呼ばれる製品が利用されています。

図1-1
コンピュータを
構成する主な
ハードウェア

　このDRAMには、プロセッサからはlw命令とsw命令によって読み書きしますが、その読み出しの遅延（レイテンシ）は50ns程度と高速ではありません。読み出しに50nsだけ待たされるということは、2GHzで動作するプロセッサにとって、100サイクルも待たされることになります。例えば、プロセッサが命令をフェッチしようとDRAMを参照すると、その命令を読み出して利用できるまでに100サイクルが必要になります。これでは、とても低い性能のプロセッサになってしまいます。

　DRAMを改良して、その遅延を1サイクルより短くできれば良いのですが、そのようなDRAMを製造することは困難です。これは、「大容量のメモリの遅延は大きくなる」という原則のためです。例えば、第2章の図2-29で見たように、2個の2

入力のLUTを利用して、3入力のLUTを構成することで、搭載するレジスタの数を増やす（メモリの容量を大きくする）ことができますが、マルチプレクサの追加によりクリティカルパスの遅延が増加します。これと同様の考え方から、メモリの容量を大きくしていくと、どうしても遅延が増加してしまいます。

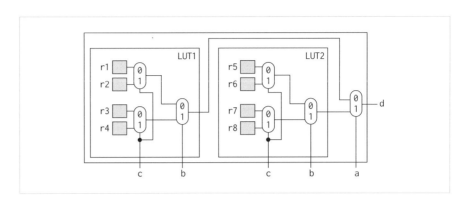

図2-29
2個の2入力のLUTを利用して実現した3入力のLUTの構成

近年のDRAMの容量が数GB（1GBは、1000,000,000B）に増加していることを考えると、そのような大容量のDRAMの遅延が50ns程度に長くなることは仕方がありません。

DRAMの遅延を改善することが難しいので、**キャッシュメモリ**（cache memory）と呼ばれる、容量が小さくて遅延の小さい高機能なメモリを導入します。キャッシュメモリを、**キャッシュ**と呼ぶことがあります。遅延が大きくて大容量のDRAMと、容量が小さくて遅延の小さいキャッシュという特徴の異なるメモリを活用して、「容量が大きくて遅延の小さいメモリのように見せかけるシステム」を実現します。

まずは、読み出しだけをサポートする命令メモリに注目して、キャッシュを導入していきます。その後に、書き込みにも対応するデータメモリについて考えます。

8-2 容量が大きくて遅いメモリ

これまでのプロセッサで利用してきた64個の命令を格納できる非同期メモリの記述を、もう一度、コード8-1に示します。容量が小さくて遅延の小さいメモリは扱いやすいのですが、**組み込みシステム**のような小さいコンピュータを除いて、多くのコンピュータでは大容量のメモリが必要になります。

コード8-1
Verilog HDLの
コード

```
1  module m_am_imem(w_pc, w_insn);
2    input  wire [31:0] w_pc;
3    output wire [31:0] w_insn;
4    reg [31:0] mem [0:63];
5    assign w_insn = mem[w_pc[7:2]];
6    integer i; initial for (i=0; i<64; i=i+1) mem[i] = 32'd0;
7  endmodule
```

ここでは、販売されているコンピュータの構成に近づけるために、メモリの容量を8KBに増やします。本当は64MB程度に大きくしたいのですが、シミュレーションが遅くなったり、FPGAへの実装が難しくなったりするので、8KBを選択しました。この8KBという容量は、1984年に発売されたMSX規格のコンピュータのメインメモリと同じです。

同期メモリに変更しながら、メモリの読み出しの要求を受けて、一定のクロックサイクルが経過してからデータを出力するように修正します。この記述をコード8-2に示します。モジュール名をm_imemとしました。

コード8-2
Verilog HDLの
コード

```
1  `define D_DELAY 5
2  module m_imem(w_clk, w_pc, w_re, r_insn, r_oe);
3    input  wire w_clk, w_re;
4    input  wire [31:0] w_pc;
5    output reg  [31:0] r_insn = 0;
6    output reg  r_oe = 0;
```

```
 7    reg [31:0] mem [0:2047];
 8    reg [31:0] r_c=1, r_pc=0;
 9    always@(posedge w_clk) begin
10      r_pc <= (r_c==1 & w_re) ? w_pc : r_pc;
11      r_c <= (r_c==1 & w_re) ? 2 : (r_c==1 | r_c==`D_DELAY) ? 1 : r_c+1;
12      r_oe <= (r_c==`D_DELAY-1);
13      r_insn <= (r_c==`D_DELAY-1) ? mem[r_pc[12:2]] : 0;
14    end
15    integer i; initial for (i=0; i<2048; i=i+1) mem[i] = 32'd0;
16  endmodule
```

1行目で、メモリを参照するための遅延のD_DELAYを定義します。ここでは、5サイクルを指定しますが、この値は変更して使うことがあります。

7行目で、2048個のワードを格納できるRAMのインスタンスmemを宣言します。これは、2048×4B＝8192B＝8KBの容量のメモリになります。13行目で、このmemを参照しますが、2^{11}＝2048なので、2048ワードを区別するために、11ビットのアドレスが必要です。このためにr_pc[12:2]の11ビットを使います。読み出しの要求があってから、D_DELAYの後にメモリを読み出すので、13行目ではw_pcではなく、読み出しの要求のときに保存したr_pcを利用します。

8行目で宣言する32ビットのカウンタのr_cを利用して、読み出しを制御します。r_cの値を1で初期化します。r_cの値が1であれば、このメモリは読み出しの要求を受け付けて処理していません。入力のw_re（reはread enableの意味）はメモリの読み出し要求です。

10行目で、読み出し要求があったときのw_pcの値を、r_pcに格納します。11行目で、読み出し要求があったときにr_cの値を2に増加させ、後続のサイクルで、3、4、5、...とD_DELAYまで増加させます。また、r_cがD_DELAYと等しくなったら、r_cを1に戻します。

12行目で、r_cがD_DELAYと等しくなったら、有効なデータが出力されていることを示す信号r_oe（oeはoutput enableの意味）を1'b1に設定します。

次ページのコード8-3を利用して、この遅いメモリをシミュレーションしましょう。

コード8-3
Verilog HDLの
コード

```
1   module m_sim(w_clk, w_cc); /* please wrap me by m_top_wrapper */
2     input wire w_clk; input wire [31:0] w_cc;
3     reg [31:0] r_pc = 0;
4     reg        r_re = 0;
5     wire [31:0] w_insn;
6     wire w_oe;
7     m_imem m (w_clk, r_pc, r_re, w_insn, w_oe);
8     initial begin
9       m.mem[0]=11; m.mem[1]=22; m.mem[2]=33; m.mem[3]=44;
10      #280 r_pc<=4; r_re<=1;
11      #100 r_pc<=0; r_re<=0;
12      #500 r_pc<=8; r_re<=1;
13      #100 r_pc<=0; r_re<=0;
14    end
15    initial #99 forever #100 $display("CC%02d %3d %3d %3d %3d %3d",
16      w_cc, m.w_pc, m.w_re, m.r_c, m.r_insn, m.r_oe);
17    initial #1450 $finish;
18  endmodule
```

9行目でメモリの内容を初期化します。10～13行目で読み出し要求を作ります。シミュレーションの表示を出力8-1に示します。各行の左側から、クロック識別子、w_pc、w_re、r_c、w_insn、r_oeの値です。

出力8-1

```
CC01   0   0   1    0   0
CC02   4   1   1    0   0
CC03   0   0   2    0   0
CC04   0   0   3    0   0
CC05   0   0   4    0   0
CC06   0   0   5   22   1
CC07   0   0   1    0   0
CC08   8   1   1    0   0
CC09   0   0   2    0   0
CC10   0   0   3    0   0
CC11   0   0   4    0   0
CC12   0   0   5   33   1
CC13   0   0   1    0   0
```

このシミュレーションでは、CC2でアドレス4の読み出しを要求します。その後のクロックサイクルで、r_cの値が2、3、4、5と増加して、r_cの値が5になるCC6で、mem[1]に格納されている値の22が出力されます。また、CC6では、有効

なデータの出力を知らせるr_oeが1'b1になります。その後、CC7でr_cの値が1
に戻り、r_oeの値も1'b0に戻ります。

　同様に、CC8でアドレス8の読み出しを要求し、CC12でmem[2]に格納されてい
る値の33が出力され、r_oeの値が1'b1になります。

　Verilog HDLのコードの1行目を、`define D_DELAY 3に変更してシミュレー
ションしてみます。シミュレーションの表示を出力8-2に示します。

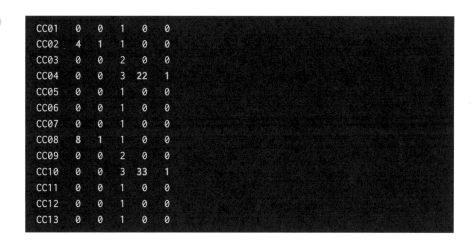

出力8-2

```
CC01    0    0    1    0    0
CC02    4    1    1    0    0
CC03    0    0    2    0    0
CC04    0    0    3   22    1
CC05    0    0    1    0    0
CC06    0    0    1    0    0
CC07    0    0    1    0    0
CC08    8    1    1    0    0
CC09    0    0    2    0    0
CC10    0    0    3   33    1
CC11    0    0    1    0    0
CC12    0    0    1    0    0
CC13    0    0    1    0    0
```

　今回は、CC2でアドレス4の読み出しを要求して、CC4にmem[1]の値の22が出
力されて、r_oeの値が1'b1になります。また、CC8でアドレス8の読み出しを要
求して、CC10にmem[2]の値の33が出力されて、r_oeの値が1'b1になります。

　このように、コード8-2に示すメモリが、読み出しの要求を受け付けてからD_
DELAYで指定するクロックサイクルだけ遅れてデータを出力することを確認できま
した。

8-3 プロセッサのストール

プロセッサの命令メモリを、D_DELAYで遅延を指定するコード8-2の記述に置き換えていきますが、その前に、プロセッサのストールについて見ていきます。また、命令メモリをプロセッサの外に配置します。あまり複雑な構成のプロセッサを使いたくないので、4段のパイプライン構成のプロセッサproc8を利用して、その構成を修正していきます。

命令メモリが遅くなってくる（遅延が長くなってくる）と、プロセッサが命令メ

図8-1 命令メモリをプロセッサの外に配置するプロセッサproc8_c1

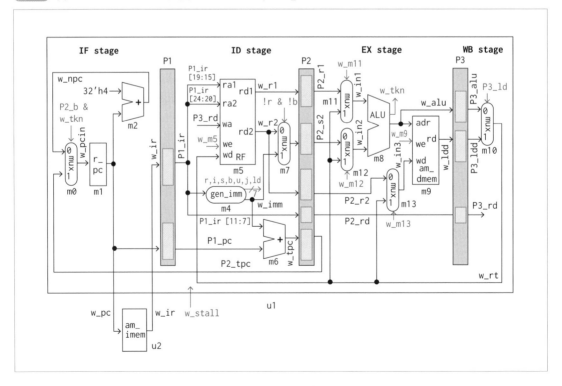

モリの読み出しの要求を出してから、その命令が利用できるまでに複数のサイクルが必要になります。この命令を待っている間は、プロセッサのすべての動作をストールさせます。

　そのように修正したプロセッサproc8_c1の構成を前ページの図8-1に示しました。

　プロセッサproc8_c1のインスタンスu1の外に、命令メモリのインスタンスu2を配置します。w_stallは、プロセッサをストールさせるための信号です。

　プロセッサproc8_c1の記述をコード8-4に示します。proc8のコードからの変更点を青字にしました。

コード8-4
Verilog HDLの
コード

```verilog
 1  module m_proc8_c1(w_clk, r_pc, w_ir, w_stall);
 2    input wire w_clk, w_stall;
 3    input wire [31:0] w_ir;
 4    output reg [31:0] r_pc = 0;
 5    reg [31:0] P1_ir=32'h13, P1_pc=0, P2_pc=0, P3_pc=0;
 6    reg [31:0] P2_r1=0, P2_s2=0, P2_r2=0, P2_tpc=0;
 7    reg [31:0] P3_alu=0, P3_ldd=0;
 8    reg P2_r=0, P2_s=0, P2_b=0, P2_ld=0, P3_s=0, P3_b=0, P3_ld=0;
 9    reg [4:0] P2_rd=0, P2_rs1=0, P2_rs2=0, P3_rd=0;
10    reg P1_v=0, P2_v=0, P3_v=0;
11    wire [31:0] w_npc, w_imm, w_r1, w_r2, w_s2, w_rt;
12    wire [31:0] w_alu, w_ldd, w_tpc, w_pcin, w_in1, w_in2, w_in3;
13    wire w_r, w_i, w_s, w_b, w_u, w_j, w_ld, w_tkn;
14    wire w_miss = P2_b & w_tkn & P2_v;
15    m_mux m0 (w_npc, P2_tpc, w_miss, w_pcin);
16    m_adder m2 (32'h4, r_pc, w_npc);
17    m_gen_imm m4 (P1_ir, w_imm, w_r, w_i, w_s, w_b, w_u, w_j, w_ld);
18    m_RF2 m5 (w_clk, P1_ir[19:15], P1_ir[24:20], w_r1, w_r2,
19             P3_rd, !P3_s & !P3_b & P3_v & !w_stall, w_rt);
20    m_adder m6 (w_imm, P1_pc, w_tpc);
21    m_mux m7 (w_r2, w_imm, !w_r & !w_b, w_s2);
22    always @(posedge w_clk) if (!w_stall) begin
23      {P1_v, P2_v, P3_v} <= {!w_miss, !w_miss & P1_v, P2_v};
24      {r_pc, P1_ir, P1_pc, P2_pc} <= {w_pcin, w_ir, r_pc, P1_pc};
25      {P2_r1, P2_r2, P2_s2, P2_tpc} <= {w_r1, w_r2, w_s2, w_tpc};
26      {P2_r, P2_s, P2_b, P2_ld} <= {w_r, w_s, w_b, w_ld};
27      {P2_rs2, P2_rs1, P2_rd} <= {P1_ir[24:15], P1_ir[11:7]};
28      {P3_pc, P3_ld} <= {P2_pc, P2_ld};
29      {P3_alu, P3_ldd, P3_rd} <= {w_alu, w_ldd, P2_rd};
30    end
31    m_alu m8 (w_in1, w_in2, w_alu, w_tkn);
32    m_am_dmem m9 (w_clk, w_alu, P2_s & P2_v & !w_stall, w_in3, w_ldd);
33    m_mux m10 (P3_alu, P3_ldd, P3_ld, w_rt);
```

8

33行目のm10以降の記述は、m_proc8と同じなので省略しました。

2行目で宣言するw_stallがストールのための入力信号です。この信号が1'b1のときにプロセッサをストールさせます。

プロセッサの状態は、pcとパイプラインレジスタを含むレジスタ、レジスタファイル、データメモリに格納されている値によって定義されます。ストールさせるときには、これらを変更しないで値を維持することで、そのプロセッサの状態を維持します。

具体的には、19行目のレジスタファイルRF2に書き込む制御信号に、ストールしていないという条件（!w_stall）を追加します。33行目のデータメモリに書き込む制御信号に、ストールしていないという条件（!w_stall）を追加します。レジスタの更新の22～30行目のブロックの更新についても、22行目で、ストールしていないという条件（!w_stall）を追加します。

コード8-5を利用してシミュレーションしましょう。ここでは、プロセッサproc8_c1のインスタンスu1と、高速な命令メモリ（まだ遅い命令メモリは使いません）のインスタンスu2を宣言します。asm.txtの内容は、1～100の合計値を求めるコード5-32とします。

コード8-5
Verilog HDLのコード

```
1   module m_sim(w_clk, w_cc); /* please wrap me by m_top_wrapper */
2     input wire w_clk; input wire [31:0] w_cc;
3     wire w_stall = 0;
4     wire [31:0] w_pc, w_ir;
5     m_proc8_c1 u1 (w_clk, w_pc, w_ir, w_stall);
6     m_am_imem u2 (w_pc, w_ir);
7     initial begin
8       `define MM u2.mem
9       `include "asm.txt"
10    end
11    initial #99 forever #100
12      $display("CC%02d %h %h %h %h %5d %5d %5d",
13        w_cc, u1.r_pc, u1.P1_pc, u1.P2_pc, u1.P3_pc,
14        u1.w_in1, u1.w_in2, u1.w_alu);
15  endmodule
```

5行目でプロセッサproc8_c1のインスタンスu1を生成して、その入出力の信号にw_pc、w_ir、w_stallなどを接続します。6行目で、命令メモリのインスタンスu2を生成します。ここでは、高速な命令メモリを利用するので、ストールさせる必要はありません。3行目で宣言するストール信号のw_stallの値を常に1'b0に設定します。

そのシミュレーションの表示の最初の20行を出力8-3に示します。各行の左側から、クロック識別子、r_pc、P1_pc、P2_pc、P3_pc、w_in1、w_in2、w_aluの値を表示します。

出力8-3

```
CC01 00000000 00000000 00000000 00000000     0     0     0
CC02 00000004 00000000 00000000 00000000     0     0     0
CC03 00000008 00000004 00000000 00000000     0     0     0
CC04 0000000c 00000008 00000004 00000000     0     0     0
CC05 00000010 0000000c 00000008 00000004     0   101   101
CC06 00000014 00000010 0000000c 00000008     0     0     0
CC07 00000018 00000014 00000010 0000000c     0     1     1
CC08 0000001c 00000018 00000014 00000010     1   101   102
CC09 0000000c 0000001c 00000018 00000014     0     0     0
CC10 00000010 0000000c 0000001c 00000018     0     0     0
CC11 00000014 00000010 0000000c 0000001c     0     1     1
CC12 00000018 00000014 00000010 0000000c     1     1     2
CC13 0000001c 00000018 00000014 00000010     2   101   103
CC14 0000000c 0000001c 00000018 00000014     1     0     1
CC15 00000010 0000000c 0000001c 00000018     0     0     0
CC16 00000014 00000010 0000000c 0000001c     1     2     3
CC17 00000018 00000014 00000010 0000000c     2     1     3
CC18 0000001c 00000018 00000014 00000010     3   101   104
CC19 0000000c 0000001c 00000018 00000014     3     0     3
CC20 00000010 0000000c 0000001c 00000018     0     0     0
```

この構成は命令メモリをプロセッサの外に移動しただけなので、proc8と同じ動作になります。シミュレーションはCC510で終了して、正しい値の5050が得られます。

それでは、D_DELAYで設定する遅延だけ遅らせるコード8-2の命令メモリに置き換えましょう。ここでは、D_DELAYの値を3に設定しましょう。コード8-6に示すm_simを利用してシミュレーションします。

コード8-6
Verilog HDLの
コード

```verilog
1  module m_sim(w_clk, w_cc); /* please wrap me by m_top_wrapper */
2    input wire w_clk; input wire [31:0] w_cc;
3    wire w_oe;
4    wire w_stall = !w_oe;
5    wire [31:0] w_pc, w_ir;
6    m_proc8_c1 u1 (w_clk, w_pc, w_ir, w_stall);
7    m_imem u2 (w_clk, w_pc, 1'b1, w_ir, w_oe);
8    initial begin
9      `define MM u2.mem
```

```
10        `include "asm.txt"
11      end
12      initial #99 forever #100
13        $display("CC%02d %h %h %h %h %b %5d %5d %5d",
14          w_cc, u1.r_pc, u1.P1_pc, u1.P2_pc, u1.P3_pc, w_stall,
15          u1.w_in1, u1.w_in2, u1.w_alu);
16    endmodule
```

7行目で、D_DELAYで遅延を設定するメモリのインスタンスu2を生成します。プロセッサがストールしていない場合には、常に命令メモリが命令を供給する必要があるので、4行目のストール信号w_stallは、命令メモリが有効なデータを出力していないとき（!w_oe）とします。また、7行目の命令メモリへの読み出し要求の信号線の値は常に1'b1とします。

シミュレーションの表示の最初の20行を出力8-4に示します。各行の左側から、クロック識別子、r_pc、P1_pc、P2_pc、P3_pc、**w_stall**、w_in1、w_in2、w_aluの値を表示します。w_stallの値が1'b1でストールしているクロックサイクルを青字にしました。

出力8-4

```
CC01 00000000 00000000 00000000 00000000 1        0        0        0
CC02 00000000 00000000 00000000 00000000 1        0        0        0
CC03 00000000 00000000 00000000 00000000 0        0        0        0
CC04 00000004 00000000 00000000 00000000 1        0        0        0
CC05 00000004 00000000 00000000 00000000 1        0        0        0
CC06 00000004 00000000 00000000 00000000 0        0        0        0
CC07 00000008 00000004 00000000 00000000 1        0        0        0
CC08 00000008 00000004 00000000 00000000 1        0        0        0
CC09 00000008 00000004 00000000 00000000 0        0        0        0
CC10 0000000c 00000008 00000004 00000000 1        0        0        0
CC11 0000000c 00000008 00000004 00000000 1        0        0        0
CC12 0000000c 00000008 00000004 00000000 0        0        0        0
CC13 00000010 0000000c 00000008 00000004 1        0      101      101
CC14 00000010 0000000c 00000008 00000004 1        0      101      101
CC15 00000010 0000000c 00000008 00000004 0        0      101      101
CC16 00000014 00000010 0000000c 00000008 1        0        0        0
CC17 00000014 00000010 0000000c 00000008 1        0        0        0
CC18 00000014 00000010 0000000c 00000008 0        0        0        0
CC19 00000018 00000014 00000010 0000000c 1        0        1        1
CC20 00000018 00000014 00000010 0000000c 1        0        1        1
```

　CC1にアドレス32'h0の命令をフェッチしようとしますが、命令メモリの参照の遅延のためにCC1とCC2はストールします。CC3で命令が供給されて、ここでアドレス32'h0の命令のIFステージの処理がおこなわれます。その次のCC4では、アドレス32'h4の命令をフェッチしようとしますが、同様に、命令メモリの参照の遅延のためにCC4とCC5でストールして、CC6でアドレス32'h4の命令をフェッチします。

　アドレス32'h8の命令に注目すると、CC9でIFステージ、CC12でIDステージ、CC15でEXステージ、CC18でWBステージの処理がおこなわれます。この実行では、正しい結果の5050が出力されて、その実行には1530サイクルが必要になります。

　D_DELAYの値を10に設定すると、ストールしているクロックサイクルが増えて、その実行には5100サイクルが必要になります。このように、命令メモリの遅延が増えていくと、プロセッサの性能は極端に低下してしまいます。

8

8-4 ダイレクトマップ方式の キャッシュメモリ

　命令メモリの遅延に対処するために、キャッシュを導入します。基本的なアイデアは、遅くて大容量のメインメモリから読み出したデータを、プロセッサのなかの小容量で速いメモリに格納して、そのデータが再び必要になったときに、小容量で高速なメモリからデータを供給することで高速化するというものです。このための小容量で高速なメモリがキャッシュです。

　シンプルなキャッシュの構成は、分岐予測で見た図7-1の分岐先バッファと同様です。この構成を図8-2に示します。ここでは、32エントリの小さいメモリにします。販売されているプロセッサでは、数百を超える大きいエントリ数のキャッシュが利用されます。

図8-2
シンプルな命令
キャッシュの構成
（分岐先バッファの
構成と同じ）

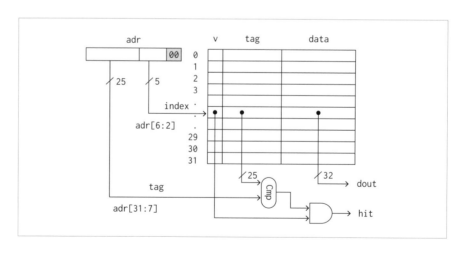

　命令を供給するために利用するキャッシュのことを**命令キャッシュ**と呼びます。メインメモリからフェッチした命令を図8-2の命令キャッシュに格納します。また、そのときに、命令のアドレスをインデックスとして選択するエントリの有効ビット（v）を1'b1で、タグ（tag）をアドレスの一部で、32ビットのデータ（data）

をメインメモリから読み出した命令で更新します。

　プロセッサが命令をフェッチするときには、まず、この命令キャッシュを参照します。もし、必要としている命令がキャッシュに格納されていれば、その命令をキャッシュから供給します。これをキャッシュの**ヒット**と呼びます。必要としている命令がキャッシュに格納されていなければ、メインメモリに読み出しの要求を出します。これをキャッシュの**ミス**と呼びます。

　命令キャッシュの記述をコード8-7に示します。モジュール名をm_cache1に変更して、読み出しのアドレスのための信号の名前をw_adrに変更しただけで、それ以外の記述はコード7-4のm_btbと同じです。ここでは、32エントリのキャッシュとしました。

コード8-7
Verilog HDLの
コード

```
1   module m_cache1(w_clk, w_adr, w_hit, w_dout, w_wadr, w_we, w_wd);
2      input  wire w_clk, w_we;
3      input  wire [31:0] w_adr;
4      input  wire [4:0] w_wadr;
5      input  wire [57:0] w_wd;
6      output wire w_hit;
7      output wire [31:0] w_dout;
8      wire w_v;
9      wire [24:0] w_tag;
10     reg [57:0] mem [0:31];
11     always @(posedge w_clk) if (w_we) mem[w_wadr] <= w_wd;
12     assign {w_v, w_tag, w_dout} = mem[w_adr[6:2]];
13     assign w_hit = w_v & (w_tag==w_adr[31:7]);
14     integer i; initial for (i=0; i<32; i=i+1) mem[i] = 0;
15  endmodule
```

8

　図8-2に示すように、あるデータを格納できる場所がひとつしかないキャッシュの構成を**ダイレクトマップ方式**と呼びます。少し先で見ることになりますが、いくつかの場所から選択してデータを格納できる構成を**セットアソシアティブ方式**と呼びます。

　ダイレクトマップ方式では、アドレスの一部をインデックスとしてメモリのエントリを選択します。BTBのところでも見たように、アドレスの下位の2ビットは常に2'b0になるので、これを使う必要はありません。ここで利用するメモリが32エントリ ($2^5=32$) なので、インデックスには5ビットが必要になります。アドレスの下位の2ビットを取り除いて、下位の5ビットをインデックスとして利用します。

　下位の2ビットとインデックスとして利用する5ビットを除く、32ビットのア

ドレスの上位の25ビットをタグとして利用します。

図8-1を修正して、濃い青色で示す命令キャッシュのインスタンスm3をプロセッサの内部に追加するproc8_c2の構成を図8-3に示します。

図8-3 命令キャッシュを追加するプロセッサproc8_c2

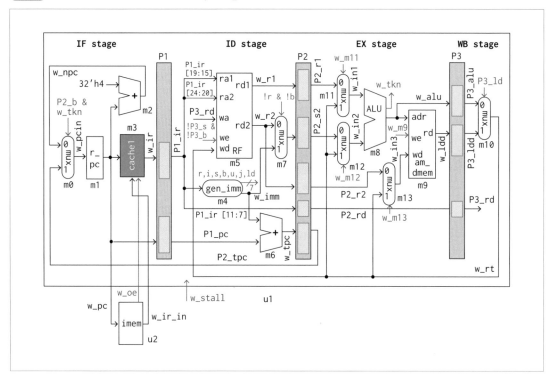

r_pcを利用して高速な命令キャッシュを参照して、ヒットのときには、すぐに命令が出力されます。このときには、これまでに見てきた高速な命令メモリを利用する場合と同様の好ましいタイミングで処理が進みます。

命令キャッシュにミスするときには、プロセッサの外に配置する命令メモリのu2に要求を出し、そこからの命令が届くまでの間はプロセッサをストールさせます。命令メモリから読み出した命令は、命令キャッシュに格納します。

命令キャッシュにミスするときには、メインメモリの遅延に相当するクロックサイクルだけ実行のためのサイクル数が増加し、プロセッサの性能が低下します。

このプロセッサproc8_c2の記述をコード8-8に示します。proc8_c1のコードからの変更点を青字にしました。

コード8-8

Verilog HDLの
コード

```verilog
1   module m_proc8_c2(w_clk, r_pc, w_ir_in, w_oe, w_re);
2     input wire w_clk, w_oe;
3     input wire [31:0] w_ir_in;
4     output reg [31:0] r_pc = 0;
5     output wire w_re;
6     reg [31:0] P1_ir=32'h13, P1_pc=0, P2_pc=0, P3_pc=0;
7     reg [31:0] P2_r1=0, P2_s2=0, P2_r2=0, P2_tpc=0;
8     reg [31:0] P3_alu=0, P3_ldd=0;
9     reg P2_r=0, P2_s=0, P2_b=0, P2_ld=0, P3_s=0, P3_b=0, P3_ld=0;
10    reg [4:0] P2_rd=0, P2_rs1=0, P2_rs2=0, P3_rd=0;
11    reg P1_v=0, P2_v=0, P3_v=0;
12    wire [31:0] w_npc, w_imm, w_r1, w_r2, w_s2, w_rt;
13    wire [31:0] w_alu, w_ldd, w_tpc, w_pcin, w_in1, w_in2, w_in3;
14    wire w_r, w_i, w_s, w_b, w_u, w_j, w_ld, w_tkn;
15    wire w_miss = P2_b & w_tkn & P2_v;
16    wire w_hit;
17    wire [31:0] w_dout;
18    wire [57:0] w_wd = {1'b1, r_pc[31:7], w_ir_in};
19    m_cache1 m3 (w_clk, r_pc, w_hit, w_dout, r_pc[6:2], w_oe, w_wd);
20    wire [31:0] w_ir = w_hit ? w_dout : w_ir_in;
21    wire w_stall = !w_hit;
22    assign w_re = !w_hit;
23    m_mux m0 (w_npc, P2_tpc, w_miss, w_pcin);
```

2行目で、有効な命令が入力されていることを示す信号w_oeを宣言します。3行目で、外部から入力される命令を示す信号w_ir_inを宣言します。5行目で、命令メモリへの読み出し要求を指示するための信号w_reを宣言します。16～22行目が、命令キャッシュに関する記述です。23行目のm0以降の記述は、proc8_c1と同じなので省略しました。

19行目で命令キャッシュのインスタンスのm3を生成します。20行目で記述するように、命令キャッシュにヒットするときには、命令キャッシュの出力w_doutを利用して、そうでないときには、命令メモリの出力w_ir_inを利用します。21行目では、キャッシュがミスのとき（!w_hit）に、プロセッサをストールさせるw_stallを1'b1にします。22行目では、キャッシュがミスのときに、命令メモリへの読み出し要求の信号w_reを1'b1にします。18行目では、命令キャッシュへの書き込みの信号w_wdを有効ビット、タグ、命令の連結によって生成します。このw_wdはw_oeが1'b1のときに、命令キャッシュに書き込まれます。

次ページのコード8-9に示すs_simを利用して、この回路をシミュレーションしましょう。ここでは、D_DELAYの値を3に設定します。

コード8-9
Verilog HDLの
コード

```verilog
1   module m_sim(w_clk, w_cc); /* please wrap me by m_top_wrapper */
2     input wire w_clk; input wire [31:0] w_cc;
3     wire w_re, w_oe;
4     wire [31:0] w_pc, w_ir;
5     m_proc8_c2 u1 (w_clk, w_pc, w_ir, w_oe, w_re);
6     m_imem u2 (w_clk, w_pc, w_re, w_ir, w_oe);
7     initial begin
8       `define MM u2.mem
9       `include "asm.txt"
10    end
11    initial #99 forever #100
12      $display("CC%02d %h %h %h %h %b %5d %5d %5d",
13        w_cc, u1.r_pc, u1.P1_pc, u1.P2_pc, u1.P3_pc, u1.w_stall,
14        u1.w_in1, u1.w_in2, u1.w_alu);
15  endmodule
```

シミュレーションの表示の最後の20行を出力8-5に示します。各行の左側から、クロック識別子、r_pc、P1_pc、P2_pc、P3_pc、**w_stall**、w_in1、w_in2、w_aluの値を表示します。w_stallの値が1'b1でストールしているクロックサイクルを青字にしました。

出力8-5

```
CC521 00000018 00000014 00000010 0000000c 0     98     1     99
CC522 0000001c 00000018 00000014 00000010 0     99   101    200
CC523 0000000c 0000001c 00000018 00000014 0   4851     0   4851
CC524 00000010 0000000c 0000001c 00000018 0      0     0      0
CC525 00000014 00000010 0000000c 0000001c 0   4851    99   4950
CC526 00000018 00000014 00000010 0000000c 0     99     1    100
CC527 0000001c 00000018 00000014 00000010 0    100   101    201
CC528 0000000c 0000001c 00000018 00000014 0   4950     0   4950
CC529 00000010 0000000c 0000001c 00000018 0      0     0      0
CC530 00000014 00000010 0000000c 0000001c 0   4950   100   5050
CC531 00000018 00000014 00000010 0000000c 0    100     1    101
CC532 0000001c 00000018 00000014 00000010 0    101   101    202
CC533 00000020 0000001c 00000018 00000014 1   5050     0   5050
CC534 00000020 0000001c 00000018 00000014 1   5050     0   5050
CC535 00000020 0000001c 00000018 00000014 1   5050     0   5050
CC536 00000020 0000001c 00000018 00000014 0   5050     0   5050
CC537 00000024 00000020 0000001c 00000018 1      0     0      0
CC538 00000024 00000020 0000001c 00000018 1      0     0      0
CC539 00000024 00000020 0000001c 00000018 1      0     0      0
CC540 00000024 00000020 0000001c 00000018 0      0     0      0
```

　この実行では、正しい結果の5050が出力されて、その実行には540サイクルが必要になります。このように、キャッシュを利用して、そのヒットの回数を増やしてミスの回数を減らすことで、メインメモリの参照によるストールを削減して、プロセッサの性能を向上できます。

　キャッシュを有効に機能させるためには、すべての参照に対するヒットの割合として定義される**ヒット率**を高くすることが重要です。このために、コンピュータで動作させるプログラムが持っている偏りの**局所性**（locality）を利用します。

　キャッシュが活用する主な局所性には、**時間的局所性**（temporal locality）と**空間的局所性**（spatial locality）があります。時間的局所性は、あるデータを参照すると、そのデータが近い将来に利用されることが多いという性質です。一方、空間的局所性は、あるデータを参照すると、近いアドレスのデータが近い将来に利用されることが多いという性質です。

　図8-2に示すダイレクトマップ方式のキャッシュは、時間的局所性を活用します。この方式のキャッシュでは、ミスしたときにメインメモリから得られる命令をキャッシュに格納します。これは、参照している命令が近い将来に利用されることが多いので、近い将来にヒットになるように参照している命令をキャッシュに格納する方式になっているためです。

8

8-5 マルチワードの ダイレクトマップ方式の キャッシュメモリ

　ここでは、空間的局所性を活用するキャッシュの方式を見ていきます。空間的局所性から、参照しているデータに近いアドレスのデータが近い将来に利用されることが多くなります。具体的な例としては、アドレス32'h14の命令が利用されると、近い将来に、アドレス32'h10やアドレス32'h18の命令が利用されることが多いということです。

　この空間的局所性を利用するためには、管理するデータの単位を大きくします。大きくしたデータのかたまりを**ブロック**（block）と呼びます。キャッシュが管理するブロックのことを**キャッシュライン**と呼ぶことがあります。

　図8-2に示すキャッシュでは、4バイトの単位でデータを管理していました。それを大きくして、8バイトのブロックで管理するキャッシュの構成を図8-4に示します。この構成のキャッシュもダイレクトマップ方式です。

図8-4
マルチワードブロックのダイレクトマップ方式のキャッシュ

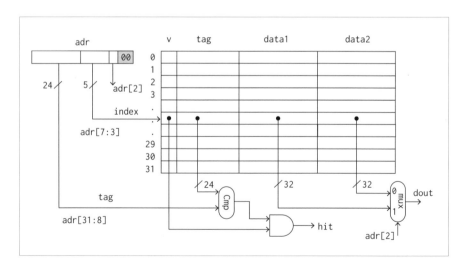

図8-2の構成とは異なり、各エントリのdata1とdata2というフィールドに、8バイトのブロックを格納します。このように、エントリに複数のワードを格納する構成を**マルチワードブロック**のキャッシュと呼びます。

メインメモリはバイトごとにアドレスが割り振られるので、それぞれのバイトのアドレスは、0、1、2、3、4、...になります。また、それぞれのワードのアドレスは、0、4、8、12、16、...という4の倍数になります。同様に、8バイトのブロックであれば、それぞれのブロックのアドレスは、0、8、16、24、32、...という8の倍数になります。

このように、ブロックを指定するときのアドレスは0、8、16、24、32、...という8の倍数になるので、アドレスの下位の3ビットは使用しません。32エントリ($2^5=32$) のキャッシュであれば、アドレスの信号をadrとして、adr[7:3]の**5ビットをインデックスとして利用します。下位の3ビットとインデックスの5ビットを除く上位の24ビットをタグとして利用します。adr[2]のビットは、ブロックに含まれる2個のワードからひとつを選択するために利用します。

この構成のキャッシュのエントリのビット幅は、有効ビットの1ビット、タグの24ビット、データの64ビットの合計で、89ビットになります。

マルチワードの命令キャッシュの記述をコード8-10に示します。ここでは、8バイトのブロック、32エントリのキャッシュとしました。

コード8-10
Verilog HDLの
コード

```verilog
1   module m_cache2(w_clk, w_adr, w_hit, w_dout, w_wadr, w_we, w_wd);
2     input  wire w_clk, w_we;
3     input  wire [31:0] w_adr;
4     input  wire [4:0] w_wadr;
5     input  wire [88:0] w_wd;
6     output wire w_hit;
7     output wire [31:0] w_dout;
8     wire w_v;
9     wire [23:0] w_tag;
10    wire [31:0] w_d1, w_d2;
11    reg [88:0] mem [0:31];
12    always @(posedge w_clk) if (w_we) mem[w_wadr] <= w_wd;
13    assign {w_v, w_tag, w_d1, w_d2} = mem[w_adr[7:3]];
14    assign w_hit = w_v & (w_tag==w_adr[31:8]);
15    assign w_dout = (w_adr[2]) ? w_d1 : w_d2;
16    integer i; initial for (i=0; i<32; i=i+1) mem[i] = 0;
17  endmodule
```

11行目で、89ビット幅で32エントリのメモリを宣言します。13行目で、メモリの読み出しを記述します。15行目は、ブロックに含まれるdata1、data2からひとつを選択して、doutに接続します。このために、w_adr[2]を利用します。

コード7-1に示す1〜100の合計値を求める命令列を例にして、図8-2のシンプルな構成のキャッシュのヒット、ミスの結果の系列を示します。1行目は16進数で表示する命令のアドレスの系列、2行目は参照のヒット（H）、ミス（M）の結果の系列です。

```
PC       : 00 04 08 0c 10 14 0c 10 14 0c 10 14 ...
Hit/Miss : M  M  M  M  M  M  H  H  H  H  H  H  ...
```

最初の6回は、初めて処理する命令への参照なのでミスになります。7〜12回は、過去に参照してキャッシュに保存されている命令への参照なのでヒットになります。

次に、同じ命令列における、図8-4の8バイトのブロックで管理するキャッシュのヒット、ミスの結果の系列を示します。

```
PC       : 00 04 08 0c 10 14 0c 10 14 0c 10 14 ...
Hit/Miss : M  H  M  H  M  H  H  H  H  H  H  H  ...
```

最初のアドレス32'h0の参照でミスになりますが、このとき、アドレス32'h0と32'h4の2個の命令を含むブロックがキャッシュに格納されるので、次のアドレス32'h4の参照はヒットになります。同様に、アドレス32'h8の参照でミスになりますが、アドレス32'h8のブロックにはアドレス32'hcの命令も含まれているので、4番目のアドレス32'hcの参照はヒットになります。

このように、ブロックのサイズを大きくすることで、空間的局所性を利用できるようになります。大きすぎると逆効果になりますが、適切なサイズのブロックを採用することで、キャッシュのヒット率を向上できます。

8-6 セットアソシアティブ方式の キャッシュメモリ

コード8-11の命令列を実行するときの、図8-2に示すダイレクトマップ方式の命令キャッシュの動作を考えましょう。

コード8-11
命令メモリに格納する命令列

```
 1   `MM[0] ={12'd0,5'd0,3'h0,5'd10,7'h13};                // 00    addi  x10,x0,0
 2   `MM[1] ={12'd0,5'd0,3'h0,5'd3,7'h13};                 // 04    addi  x3,x0,0
 3   `MM[2] ={12'd101,5'd0,3'h0,5'd1,7'h13};               // 08    addi  x1,x0,101
 4   `MM[3] ={7'd0,5'd3,5'd10,3'h0,5'd10,7'h33};           // 0c L:add   x10,x10,x3
 5   `MM[4] =32'h06009863;                                 // 10    bne x1, x0, M
 6   `MM[5] ={12'd1,5'd3,3'h0,5'd3,7'h13};                 // 14 N:addi x3,x3,1
 7   `MM[6] ={~12'd0,5'd1,5'd3,3'h1,5'b10101,7'h63};       // 18    bne   x3,x1,L
 8   `MM[7] =32'h00050f13;                                 // 1c    HALT
 9   `MM[32]={12'd0,5'd0,3'h0,5'd0,7'h13};                 // 80 M:NOP
10   `MM[33]={12'd0,5'd0,3'h0,5'd0,7'h13};                 // 84    NOP
11   `MM[34]={12'd0,5'd0,3'h0,5'd0,7'h13};                 // 88    NOP
12   `MM[35]={12'd0,5'd0,3'h0,5'd0,7'h13};                 // 8c    NOP
13   `MM[36]={12'd0,5'd0,3'h0,5'd0,7'h13};                 // 90    NOP
14   `MM[37]={12'd0,5'd0,3'h0,5'd0,7'h13};                 // 94    NOP
15   `MM[38]={12'd0,5'd0,3'h0,5'd0,7'h13};                 // 98    NOP
16   `MM[39]=32'hf6009ce3;                                 // 9c    bne  x1,x0,N
```

　この命令列は、1～100の合計値を求める命令列に、アドレス32'h80に分岐する5行目のbne命令を追加しています。分岐先では、9～15行目の7個のNOP命令を実行して、16行目のbne命令でアドレス32'h14に戻ります。このように、この命令列は、32エントリのキャッシュのインデックスが0～7のエントリを2個の命令で共有します。

　例えば、インデックスが3のキャッシュのエントリに注目すると、4行目のadd命令をフェッチしてエントリに格納し、その後に、12行目のNOP命令をフェッチしてエントリを更新します。これらの更新を繰り返すので、4行目のadd命令と12行目のNOP命令はともにキャッシュにミスします。

コード8-11の処理で必要となる命令は1216個ですが、図8-2のダイレクトマップ方式のキャッシュを搭載するproc8_c2で必要とするサイクル数は5492になり、プロセッサの性能が大幅に低下します。

このような性能の低下は、ブロックを1か所にしか配置できないダイレクトマップ方式の制約が原因です。**セットアソシアティブ方式**と呼ばれるキャッシュでは、この制限を緩和して、ブロックをいくつかの場所に配置できるようにします。あるブロックをnか所に配置できる構成を、**nウェイのセットアソシアティブ方式**と呼びます。

ブロックのサイズを4バイトとする2ウェイのセットアソシアティブ方式のキャッシュの構成を図8-5に示します。図8-2に示すダイレクトマップ方式のキャッシュを複製して利用します。図では、それぞれにway 1とway 2というラベルを付加した2個を利用します。

図8-5
セットアソシア
ティブ方式の
キャッシュの構成

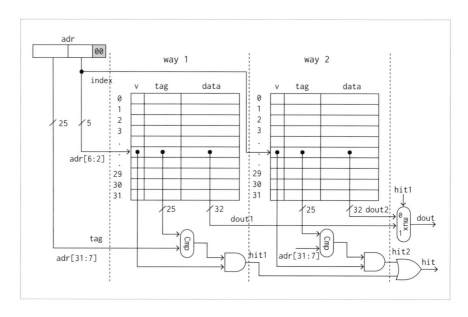

参照するときには、ダイレクトマップ方式と同じ方法でインデックスを作成し、way 1とway 2のエントリを参照します。way 1でヒットするときは、出力のdout1をdoutに接続します。そうではなく、way 2でヒットするときは、その出力のdout2をdoutに接続します。

ミスのときには、メインメモリから読み出したブロックをキャッシュに格納します。このとき、way 1とway 2のなかから適切な方を選択します。この格納すべき場所を選択する手法を**置き換えアルゴリズム**と呼びます。置き換えアルゴリズムと

してランダムを利用することがありますが、**LRU**（least recently used）が広く利用されています。LRUは、候補になるいくつかのエントリのなかで、**最も古い時刻に使われたもの**を選択して更新する方法です。

2ウェイのセットアソシアティブ方式のキャッシュの記述をコード8-12に示します。ここでは、ブロックサイズを4バイト、32エントリのキャッシュにしました。

コード8-12
Verilog HDLの
コード

```verilog
1   module m_cache3(w_clk, w_adr, w_hit, w_dout, w_wadr, w_we, w_wd);
2     input  wire w_clk, w_we;
3     input  wire [31:0] w_adr;
4     input  wire [4:0] w_wadr;
5     input  wire [57:0] w_wd;
6     output wire w_hit;
7     output wire [31:0] w_dout;
8     wire w_hit1, w_hit2, w_we1, w_we2;
9     wire [31:0] w_dout1, w_dout2;
10    m_cache1 way1 (w_clk, w_adr, w_hit1, w_dout1, w_wadr, w_we1, w_wd);
11    m_cache1 way2 (w_clk, w_adr, w_hit2, w_dout2, w_wadr, w_we2, w_wd);
12    assign w_hit = w_hit1 | w_hit2;
13    assign w_dout = (w_hit1) ? w_dout1 : w_dout2;
14    reg [0:0] lru [0:31];
15    always @(posedge w_clk) if (w_hit) lru[w_adr[6:2]] <= w_hit1;
16    assign w_we1 = (w_we & lru[w_wadr]==0);
17    assign w_we2 = (w_we & lru[w_wadr]==1);
18    integer i; initial for (i=0; i<32; i=i+1) lru[i] = 0;
19  endmodule
```

10～11行目で、ダイレクトマップ方式のキャッシュm_cache1のインスタンスway1、way2を作成します。14行目では、LRUの情報を格納するための1ビット幅のメモリを宣言します。

15行目では、キャッシュがヒットのときに、way1を使った場合には1'b1を、way2を使った場合には1'b0を利用したエントリに対応するLRUのメモリに格納します。16～17行目で、そのLRUのメモリを読み出して、近い過去にway2を使って値が1'b0であればway1に書き込み、近い過去にway1を使って値が1'b1であればway2に書き込む制御信号を記述します。

proc8_c2で利用するキャッシュをm_cache3のセットアソシアティブ方式に変更して、コード8-11の命令列をシミュレーションします。図8-2のダイレクトマップ方式を搭載する構成で必要とするサイクル数は5492でしたが、このm_cache3を利用する構成で必要とするサイクル数は1886に改善されます。

nウェイのセットアソシアティブ方式でnの値を1にすると、配置できる場所が1か所になり、ダイレクトマップ方式になります。また、nを大きくしていくと、ブロックをどこにでも配置できる構成になります。この構成を**フルアソシアティブ方式**（fully associative）と呼びます。

8-7　データキャッシュ

　命令キャッシュでは、読み出しの要求しか発生しませんでした。ここでは、書き込みの要求も発生するデータキャッシュについて考えます。

　データキャッシュにおいても、lw命令が処理されて、データを読み出すときの動作は命令キャッシュと同じです。ここでは、sw命令が処理されて、データを書き込むときの動作を考えます。また、ブロックのサイズが4バイトのときと、4バイトより大きいときで動作の一部が異なります。ここでは、一般的な4バイトより大きいブロックのキャッシュの動作を考えます。

　まず、データキャッシュへの書き込みがヒットする場合について考えます。

　この場合、キャッシュに格納されているブロックのなかの当該データを更新すれば良いと思うかもしれません。しかし、それだけでは、キャッシュに格納されているデータとメインメモリのデータの値が異なる状況が生じます。

　あるアドレスのデータに注目したとき、キャッシュに格納されている値と、メインメモリに格納されている値を一致させるためには、データキャッシュにヒットした場合であっても、キャッシュとメインメモリの両方の値を更新します。この方式をライトスルー（write-through）と呼びます。そうではなく、キャッシュの値だけを更新して、その後にブロックがキャッシュから追い出されるときにメインメモリに書き戻す方式をライトバック（write-back）と呼びます。

　キャッシュを設計する際には、ライトスルーとライトバックから適切なものを選択します。

　次に、データキャッシュの書き込みでミスする場合について考えます。ミスの場合には、当該データを含むブロックはキャッシュにありません。このとき、このブロックが近い将来に利用されると判断して、そのブロックをメインメモリから読み出してキャッシュに格納する方式をライトアロケート（write allocate）と呼びます。そうではなく、キャッシュミスしたときに、メインメモリのデータだけを更新して、そのデータを含むブロックをキャッシュに格納しない方式をノーライトアロケート（no write allocate）と呼びます。

　キャッシュを設計する際には、ライトアロケートとノーライトアロケートから適切なものを選択します。

　ライトスルーの場合には、sw命令が実行されるたびに（キャッシュにヒットしてもミスしても）、メインメモリへの書き込みが発生します。このとき、メインメモリへの書き込みが終わるまでプロセッサをストールさせると、キャッシュにヒットしているのにストールが発生して、プロセッサの性能が大幅に低下します。この問題を解決するために、**ライトバッファ**（write buffer）と呼ばれるしくみを導入します。プロセッサへの書き込みの要求をライトバッファに入れておいて、実際の書き込みが終了するのを待たずにプロセッサは処理を継続します。それと同時に、ライトバッファの内容を利用して、（プロセッサではない）コントローラがメインメモリへの書き込みの処理を代行します。

　これらのキャッシュの構成の選択肢のなかで、ライトスルー、ノーライトアロケートのキャッシュがシンプルです。このキャッシュの構成は、先に見た命令キャッシュと同じです。この構成を図8-6に示します。ここでは、ブロックサイズを4バイト、32エントリのダイレクトマップ方式のキャッシュとしました。

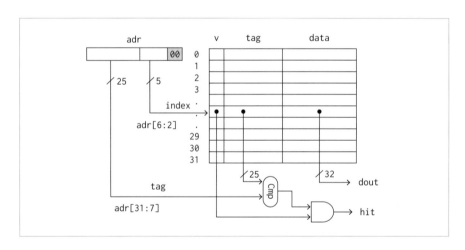

図8-6
ダイレクトマップ
方式のキャッシュ

　命令キャッシュとデータキャッシュを搭載するプロセッサの構成を、次ページの図8-7に示します。キャッシュを濃い青色で示します。これらのキャッシュでは、局所性を活用して、プロセッサが参照して、近い将来に利用されそうなブロックを格納することで、メインメモリへの参照を削減してプロセッサの高速化を達成します。

図8-7 命令キャッシュとデータキャッシュを利用するプロセッサ

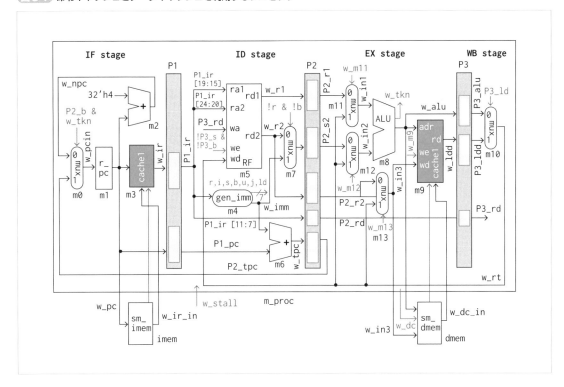

　図8-7の左下のimemは命令メモリ、右下のdmemはデータメモリです。この図には描いていませんが、データメモリとデータキャッシュの間にライトバッファを配置します。

　命令キャッシュとデータキャッシュのヒット率が高ければ、メインメモリへの参照の頻度が下がるので、命令メモリとデータメモリを分けるのではなく、1個のメモリによってメインメモリを実現できます。

　ライトバッファを搭載して、ストール信号の生成や、メインメモリへの読み書きの制御を担当する回路を**メモリコントローラ**と呼びます。プロセッサu1、メモリコントローラu2、メインメモリu3を持つコンピュータの構成を図8-8に示します。

　m3の命令キャッシュから命令を供給できて、m9のデータキャッシュからデータを供給できてプロセッサをストールさせる必要がなければ、これらのキャッシュを用いてプロセッサは高速に処理を進めることができます。sw命令が実行されてメインメモリを更新する場合も、ライトバッファが満杯でなければ、メインメモリへの書き込みをメモリコントローラに代行させることで、プロセッサはストールすることなく処理を継続できます。

図8-8 メモリコントローラとメインメモリを持つコンピュータ

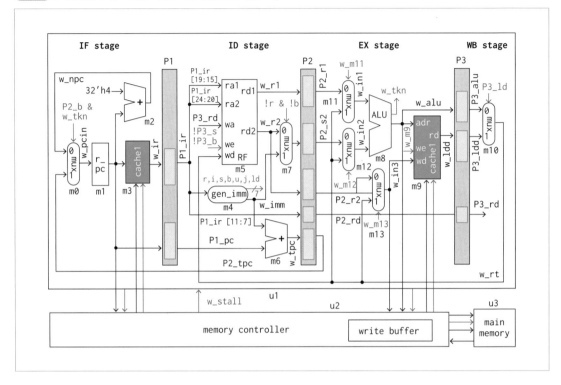

　ライトバッファが満杯になっていてメインメモリへの書き込みの要求を受け付けられないときと、プロセッサが必要とする命令あるいはデータをメインメモリから読み出しているときは、プロセッサへのストール信号w_stallを1'b1にして、プロセッサの処理を停止させます。あるサイクルに、命令キャッシュとデータキャッシュの両方から要求があった場合には、どちらかのキャッシュを優先して処理を受け付けて、もう一方のキャッシュからの要求を保留します。

　図8-8には描いていませんが、コンピュータの入力装置と出力装置はそれらを制御する入出力コントローラ（I/Oコントローラ）を経由して、メモリコントローラに接続されます。

　これで最初の図に示したコンピュータの基本構成にたどり着きました。次ページにもう一度、図1-1を示します。

　「コンピュータの内部では、プロセッサが実行する小さい処理の単位である機械命令を記憶装置から取り出して、その指示に従ってプロセッサに格納されているデータ、あるいは記憶装置から取り出したデータに対する演算をおこないます。また、得られた演算の結果はプロセッサの内部に格納したり、記憶装置に格納したりします。コンピュータの外部からのデータを記憶装置に書き込むのが入力装置であり、記憶装置から読み出したデータを出力するのが出力装置です。」

図 1-1
コンピュータを
構成する主な
ハードウェア

　本書では、ディジタル回路の基礎、ハードウェア記述言語Verilog HDL、RISC-V命令セットアーキテクチャ、単一サイクルのプロセッサ、プロセッサの高性能化の手法を学んできました。次の章（最後の章）では、FPGA評価ボードを利用して、設計・実装したプロセッサを含むコンピュータを動作させる方法を見ていきます。

演習問題

Q1 コード8-10の記述を修正して、8バイトのブロックを採用する32エントリのダイレクトマップ方式のキャッシュのコードを記述してください。

Q2 コード8-10の記述を修正して、16バイトのブロックを採用する32エントリのダイレクトマップ方式のキャッシュのコードを記述してください。

Q3 コード8-12の記述を修正して、8バイトのブロックを採用する32エントリの2ウェイのセットアソシアティブ方式のキャッシュのコードを記述してください。

Q4 コード8-12の記述を修正して、4バイトのブロックを採用する32エントリの3ウェイのセットアソシアティブ方式のキャッシュのコードを記述してください。置き換えアルゴリズムはLRUを利用してください。

第 **9** 章

////////////////////////////////////

FPGA評価ボードを
利用した動作の確認

設計したプロセッサproc8のハードウェア記述を
使用して、FPGA評価ボードでプロセッサを動作
させる方法を見ていきます。同様の方法で、
proc9などの他のプロセッサや、設計したコン
ピュータを動作させることができます。

9-1 ▶ ファイルの準備

　プロセッサproc8のコードには出力信号がありませんでした。シミュレーションでは問題ありませんが、FPGA評価ボードで動作させる場合には問題になります。出力信号を持たないハードウェアは、何もないハードウェアと区別できないので、CADツールの最適化によって何も含まないハードウェアになってしまいます。

　これを避けるために、出力信号r_doutを追加します。修正したproc8の記述をコード9-1に示します。モジュール名をm_proc8_Fにして、修正した部分を青字で示します。

コード9-1
Verilog HDLの
コード

```
1   module m_proc8_F(w_clk, r_dout);
2     input wire w_clk;
3     output reg [31:0] r_dout=0;
4     reg [31:0] P1_ir=32'h13, P1_pc=0, P2_pc=0, P3_pc=0;
5     reg [31:0] P2_r1=0, P2_s2=0, P2_r2=0, P2_tpc=0;
6     reg [31:0] P3_alu=0, P3_ldd=0;
7     reg P2_r=0, P2_s=0, P2_b=0, P2_ld=0, P3_s=0, P3_b=0, P3_ld=0;
8     reg [4:0] P2_rd=0, P2_rs1=0, P2_rs2=0, P3_rd=0;
9     reg P1_v=0, P2_v=0, P3_v=0;
10    wire [31:0] w_npc, w_ir, w_imm, w_r1, w_r2, w_s2, w_rt;
11    wire [31:0] w_alu, w_ldd, w_tpc, w_pcin, w_in1, w_in2, w_in3;
12    wire w_r, w_i, w_s, w_b, w_u, w_j, w_ld, w_tkn;
13    always @(posedge w_clk)
14      r_dout <= (!P3_s & !P3_b & P3_v & P3_rd==30) ? w_rt : r_dout;
15    reg [31:0] r_pc = 0;
16    wire w_miss = P2_b & w_tkn & P2_v;
17    m_mux m0 (w_npc, P2_tpc, w_miss, w_pcin);
```

　17行目のマルチプレクサm0の記述より後の変更はないので、それらの記述は省略しました。3行目で、出力信号のr_doutを宣言します。13〜14行目で、このr_doutの更新を記述します。x30にw_rtを書き込むときに、その値をr_doutに

格納して出力します。

　次に、命令メモリm_am_imemの記述をコード9-2のように変更します。青字が修正した部分です。

コード9-2
Verilog HDLの
コード

```
1   module m_am_imem(w_pc, w_insn);
2     input  wire [31:0] w_pc;
3     output wire [31:0] w_insn;
4     reg [31:0] mem [0:63];
5     assign w_insn = mem[w_pc[7:2]];
6     integer i; initial for (i=0; i<64; i=i+1) mem[i] = 32'd0;
7     initial begin
8       `define MM mem
9       `include "asm.txt"
10    end
11  endmodule
```

　シミュレーションでは、モジュールm_simのなかで命令メモリの内容を設定していましたが、ここではm_simを利用しません。そのため、命令メモリの記述の9行目で、asm.txtをインクルードして命令列を設定します。

　次に、m_proc8_FをFPGAに実装するためのトップのモジュールのm_mainを記述します。この記述をコード9-3に示します。

コード9-3
Verilog HDLの
コード

```
1   module m_main(w_clk, r_out);
2     input wire w_clk;
3     output reg r_out = 0;
4     wire [31:0] w_rslt;
5     reg [31:0] r_rslt = 0;
6     m_proc8_F m1 (w_clk, w_rslt);
7     always @(posedge w_clk) r_rslt <= w_rslt;
8     vio_0 m2 (w_clk, r_rslt);
9     reg [25:0] r_cnt = 0;
10    always @(posedge w_clk) r_cnt <= r_cnt + 1;
11    always @(posedge w_clk) r_out <= ^r_rslt ^ r_cnt[25];
12  endmodule
```

　1〜3行目に示すように、モジュールm_mainはクロック信号のw_clkを入力として、1ビットの信号r_outを出力とするシンプルな構成です。

　8行目の記述で、FPGAの内部の値を読み書きする機能を持つ**VIO**（virtual input/output）とよばれるモジュールを利用します。プロセッサの出力である32ビット

のw_rsltの値をFPGA評価ボードのLEDに表示しても良いのですが、LEDの構成や使い方はFPGA評価ボードごとに異なっています。このため、さまざまな評価ボードに対応するのは大変です。ここでは、仮想的なIOを利用して、32ビットのw_rsltの値を確認します。

ソフトウェアの開発では既存のライブラリを利用して、新規に開発するコードの量を削減します。同様に、ハードウェアの開発では、部品として利用する回路のことを**IP**（intellectual property）と呼びます。ここで利用するVIOは、FPGAベンダーが提供するIPです。

6行目で、プロセッサのインスタンスm1を作成して、その出力をw_rsltに接続します。モジュールの出力w_rsltは、直ぐにr_rsltというレジスタに格納します。r_rsltに格納する前に組み合わせ回路を経由しないようにします。これにより、モジュールの出力w_rsltを含むパスの遅延が増大することを防ぎます。

32ビットのr_rsltをm_mainの出力としても良いのですが、32ビットの信号を適切に配線するのは大変です。このため、32ビットの信号を1ビットの信号に変換します。このために、^r_rsltというリダクション演算子を利用します。また、動作を確認するために、一定の間隔で、出力r_outに接続するLEDを点滅させたいので、11行目でr_cnt[25]とのXORでr_outを更新します。

ここでコードを示したモジュールm_main、m_proc8_F、m_am_imemと、それらが利用するm_mux、m_adder、m_gen_imm、m_get_type、m_get_imm、m_RF2、m_am_dmem、m_aluのすべての記述を**main.v**という名前のファイルに格納します。

命令メモリに格納する命令列を記述する**asm.txt**を用意します。ここでは、1〜100の合計値を求めるコード6-7に示した内容とします。

Arty A7評価ボードを利用する場合には、コード9-4に示す内容の**main.xdc**という名前のファイルを用意します。拡張子がxdcのテキスト形式のファイルは、**制約ファイル**（design constraint file）と呼びます。

コード9-4
Arty A7のための
テキスト形式の
制約ファイル
main.xdcの内容

```
set_property -dict {PACKAGE_PIN H5 IOSTANDARD LVCMOS33} [get_ports r_out];
set_property -dict {PACKAGE_PIN E3 IOSTANDARD LVCMOS33} [get_ports w_clk];
create_clock -add -name sys_clk -period 10.00 [get_ports w_clk];
```

1行目で、m_mainで記述した信号r_outを、FPGAの**H5**というピン（端子）に割り当てます。2行目で、m_mainで記述した信号w_clkを、FPGAの**E3**というピンに割り当てます。3行目で、w_clkに接続されているクロック信号のサイクル時間が**10.00nsec**になることを指定します。

Arty A7ではないFPGA評価ボードを利用する場合には、図9-1を参考にしなが

ら、1行目の**H5**の部分のLEDに接続するピン、2行目の**E3**の部分のクロック信号に接続するピン、3行目の**10.00**の部分のサイクル時間を修正してください。

図9-1
FPGAボードと
設定項目

評価ボード	FPGA	周波数	サイクル時間	Clockピン	LEDピン
Arty A7	xc7a35ticsg324-1L	100MHz	10.00	E3	H5
Nexys A7 Nexys 4 DDR	xc7a100tcsg324-1	100MHz	10.00	E3	H17
Nexys 4	xc7a100tcsg324-1	100MHz	10.00	E3	H17
Cmod A7	xc7a35tcpg236-1	12MHz	83.34	L17	A17

例えば、Cmod A7評価ボードを利用する場合には、コード9-5の内容の`main.xdc`という名前のファイルを用意します。

コード9-5
Cmod A7のための
テキスト形式の
制約ファイル
main.xdcの内容

```
set_property -dict {PACKAGE_PIN A17 IOSTANDARD LVCMOS33} [get_ports r_out];
set_property -dict {PACKAGE_PIN L17 IOSTANDARD LVCMOS33} [get_ports w_clk];
create_clock -add -name sys_clk -period 83.34 [get_ports w_clk];
```

これで、ファイルの準備が整いました。必要なファイルは、(1) `main.v`、(2) `asm.txt`、(3) `main.xdc`の3個です。これらのファイルを同じディレクトリ (フォルダ) に格納しておきます。

Vivadoで論理合成、配置・配線してFPGAで動作確認

AMDが提供するVivadoと呼ばれるソフトウェアで、FPGAをターゲットに**論理合成**して、**配置・配線**します。論理合成、配置・配線の説明は省略します。詳しくは、ACRiブログなどを参照してください*。

*巻末の参考文献にURLを掲載しています。

図9-2
Vivadoの画面

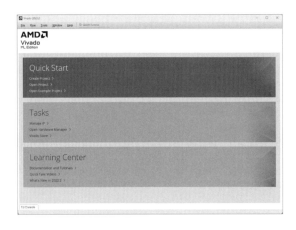

ここでは、Vivado 2023.1という版を利用します。少し古い版のVivadoであっても同様の操作です。それでは、Vivadoを利用して作業を進めていきましょう。

1. Vivado 2023.1を立ち上げます。
2. Vivadoの画面から、Create Projectをクリックします。
3. New Projectウィンドウで、Nextをクリックします。
4. Project name: に適切なプロジェクト名を入力して、Project location: で適切なフォルダを選択して、Nextをクリックします。例えば、プロジェクト名はprojにすると良いでしょう。
5. Project Typeのウィンドウで、RTL Projectを選択して、Nextをクリックします。

6. Add Sourcesのウィンドウで、先に作成したmain.vを追加して、Nextをクリックします。

7. Add Constraints (optional) のウィンドウで、先に作成したmain.xdcを追加して、Nextをクリックします。

8. Default Partで、コード9-5の評価ボードに搭載されているFPGAを選択します。Arty A7評価ボードを利用する場合には、xc7a35ticsg324-1Lを選択して、Nextをクリックします。Search: の部分にxc7a35ticsg324-1Lと入力すると、一致するFPGAが表示されます。そこから選択すると簡単です。

9. New Project Summaryで設定が表示されます。内容を確認して、Finishをクリックします。

これで新しいプロジェクトが作成されました。次に、VIOのIPを利用するための作業を進めます。

10. Flow NavigatorからPROJECT MANAGERのIP Catalogをクリックします。

11. Search:のボックスにvioと入力します。出てくるVIO (Virtual Input/Output) をダブルクリックします。

12. Customize IP，VIO (Virtual Input/Output) (3.0) というウィンドウが表示されます。Input Probe Countを1に、Output Probe Countを0に変更します。

13. 同じウィンドウのPROBE_IN Ports (0..0) をクリックして、PROBE_IN0のProbe Width[1 - 256]を32に変更します。ウィンドウのOKをクリックします。

14. Generate Output Productsのウィンドウで、表示されている設定を修正しないで、Generateをクリックします。

15. Generate Output Productsのウィンドウで、Out-of-context module run was ... というメッセージが表示されるのでOKをクリックします。

これで、VIOのIPを生成できました。IPの作業は難しいので注意が必要です。IPが正しく生成されていれば、Vivadoの画面が次ページの図9-3の左から右に変わります。トップモジュールのm_mainに含まれるm2の前に表示されていた赤色の「?」が消えていれば、正しくIPが生成されています。

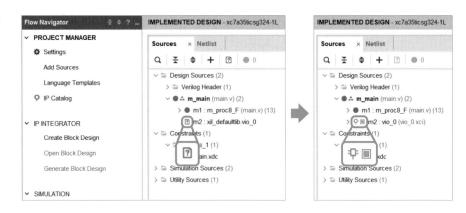

図9-3

VIOを生成すると
右の画面のように
？が黄色の四角に
なります

次に、論理合成、配置・配線、ビットストリームファイルの生成、そして動作確認の作業に進みます。

16. Flow Navigator下部のPROGRAM AND DEBUGからGenerate Bitstreamをクリックします。

17. No Implementation Results Availableのウィンドウのメッセージを確認して、Yesをクリックします。その後、Launch Runsウィンドウが表示されることがあります。その場合には設定を変更しないでOKをクリックしてください。

18. 論理合成、配置・配線、ビットストリームファイルの生成の処理が始まるので、終わるまで待ちましょう。Vivadoの右上の緑の丸が回転しているときは、作業が進んでいる状態です。

19. Vivadoの右上に、write_bitstream Completeと表示されれば成功です。ここまでの処理でエラーが出ることがあります。そのときは、エラーの内容を確認しながら、エラーが出なくなるように修正します。Vivadoの操作方法を説明しているACRiブログを参考にしましょう*。

*巻末の参考文献に
URLを掲載してい
ます。

20. コンピュータにArty A7評価ボードを接続して、Arty A7評価ボードの電源LEDが光っていることを確認します。

21. Flow Navigator下部のPROGRAM AND DEBUGからOpen Hardware Managerをクリックします。

22. HARDWARE MANAGERの緑色のバーのOpen targetをクリックして、表示されるAuto Connectを選択してクリックします。

23. Hardwareウィンドウに、xc7a35tが表示されます。表示されない場合には、FPGAボードが適切に接続されていないかもしれません。または、FPGAボードのドライバーが正しくインストールされていないかもしれません。

＊巻末の参考文献に
URLを掲載してい
ます。

ACRiブログなどを参考にして、問題を解決しましょう＊。

24．HARDWARE MANAGERの緑色のバーのProgram deviceをクリックします。

25．Program Deviceのウィンドウが表示されるので、Bitstream file:の右の ... をクリックして、Specify Bitstream Fileのウィンドウを開きます。

26．Specify Bitstream Fileのウィンドウで、指定したフォルダのなかの、プロジェクト名.runsというフォルダ（プロジェクト名をprojとした場合には、proj.runsというフォルダ）のなかの、impl_1というフォルダのなかのm_main.bitというファイルをダブルクリックします。ここは難しいかもしれません、なんとか、m_main.bitというファイルを見つけましょう。

27．Program DeviceのウィンドウのBitstream File:とDebug probes files:に適切にファイル名が記入されてProgramがハイライトされます。Programをクリックします。

28．コンフィギュレーションが始まり、数秒後に、コンフィギュレーションが終了します。また、FPGAが動き始めます。

29．FPGAボードのLEDのひとつが点滅しているはずです。確認しましょう。

30．Hardwareウィンドウのhw_vio_1をダブルクリックします。
New Dashboardウィンドウが表示されるので、OKをクリックします。
hw_vio1のウィンドウが表示されるので、＋をクリックします。

31．Add Probesのウィンドウで、r_rslt[31:0]を選択して、OKをクリックします。

32．r_rslt[31:0]のValueが**[H]0000_13BA**と表示されます。10進数の5050は16進数で表現すると32'h13baなので、この表示から、正しい値の5050が出力されていることがわかります。このときのVivadoの画面を、図9-4に示します。

図9-4
FPGAで動作
させている様子

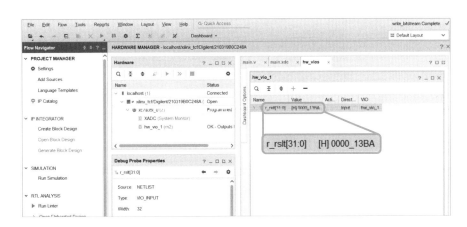

めでたく、設計・実装したプロセッサproc8_FをFPGAで動作させて、その出力が正しい値の5050になることを確認できました。

同様の方法で、分岐予測を実装したプロセッサや、キャッシュを実装したプロセッサの動作を確認してみましょう。

Vivadoでは、論理合成、配置・配線によって得られたハードウェアの構成を簡単に確認できます。また、設計・実装したハードウェアのクリティカルパスになっている回路を確認したり、そのクリティカルパスを構成する遅延の詳細を確認したりすることができます。

図9-5に、論理合成、配置・配線によって得られたハードウェアの構成を示します。図の右の中央に見える部分が、設計した回路で利用されているLUTやレジスタなどのFPGAに搭載されているハードウェアです。

図9-5
FPGAをターゲットに論理合成、配置・配線した結果

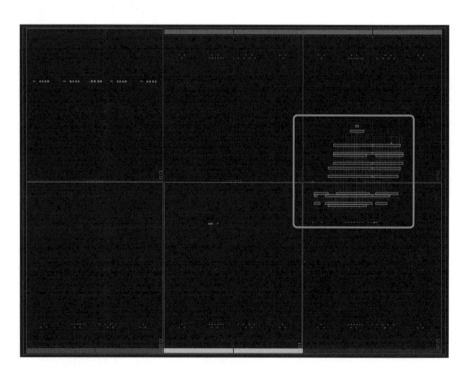

設計・実装したプロセッサproc8_Fは、Arty A7の5%のLUT、4%のレジスタしか利用していません。利用できるハードウェア資源を有効に活用して、洗練された高速なコンピュータを実装する余地があります。

参考文献

第9章9-2を補足する参考文献を紹介します。

FPGA評価ボードをお持ちでない方も、ACRiルームを利用することで動作確認が可能となります。そこで、ACRiルーム利用方法の参考情報もあわせて紹介します。

FPGA評価ボードを持っている方／いない方（共通）

- Vivadoによる論理合成、配置・配線について

  『4ビットカウンタでわかるFPGAのための論理回路入門』(3)(4)

  https://www.acri.c.titech.ac.jp/wordpress/archives/category/20q1-06a

- VIO、IPについて

  『FPGAをもっと活用するためにIPコアを使ってみよう』(1)〜(5)

  https://www.acri.c.titech.ac.jp/wordpress/archives/category/20q1-08b

- VivadoによるLED点滅回路の動作確認

  『Vivadoのインストールと使いかた (2) 基本フローとLED点滅回路の動作確認』

  https://www.acri.c.titech.ac.jp/wordpress/archives/2111

FPGA評価ボードを持っている方

- Vivadoインストール手順について

  『Xilinx開発ツールのインストール：(1) Vivado MLのインストール』

  https://www.acri.c.titech.ac.jp/wordprcss/archivcs/12916

  『Vivadoのインストールと使いかた (3) HLx Edition WebPACKの概要とインストール (Linux編)』

  https://www.acri.c.titech.ac.jp/wordpress/archives/3403

FPGA評価ボードを持っていない方

- ACRiルームの利用準備について
  『ACRiルームへようこそ！』
  https://gw.acri.c.titech.ac.jp/wp/

- ACRiルームのサーバ利用方法
  『ACRiルームのFPGA利用環境の予約・使用方法』
  https://gw.acri.c.titech.ac.jp/wp/manual/how-to-reserve

- ローカル環境からのサーバへの接続
  『Windows 10の「リモートデスクトップ接続」とPowerShellでFPGA利用環境（ACRiルーム）を使う』
  https://www.acri.c.titech.ac.jp/wordpress/archives/12855

- サーバでのVivado起動・利用方法
  『サーバでVivadoとVitis（またはSDK）を使用する』
  https://gw.acri.c.titech.ac.jp/wp/manual/vivado-vitis

- Vivadoを活用したFPGAの動作確認の方法
  『カウンタ回路をFPGAで動作させて挙動を確認しよう（入門編）』
  https://www.acri.c.titech.ac.jp/wordpress/archives/13417

索 引 Index

■著者紹介
吉瀬 謙二（きせ・けんじ）
東京工業大学教授。アダプティブコンピューティング研究推進体の代表、ACRiブログの編集長を務める。コンピュータアーキテクチャとFPGAシステムの研究と教育に従事している。

● 装丁　　　　　　　　　　石間 淳
● カバーイラスト　　　　　花山 由理
● 本文デザイン／レイアウト　BUCH⁺

新・標準プログラマーズライブラリ
RISC-Vで学ぶ
コンピュータアーキテクチャ 完全入門

2024年 3月 8日　初版　第1刷発行

著　者　　　　吉瀬 謙二
発行者　　　　片岡 巌
発行所　　　　株式会社技術評論社
　　　　　　　東京都新宿区市谷左内町 21-13
　　　　　　　電話　03-3513-6150　販売促進部
　　　　　　　　　　03-3513-6166　書籍編集部
印刷／製本　　図書印刷株式会社

定価はカバーに表示してあります。

ISBN978-4-297-14008-3 C3055
Printed in Japan

本書に関するご質問については、本書に記載されている内容に関するもののみとさせていただきます。本書の内容を超えるものや、本書の内容と関係のないご質問につきましては、一切お答えできませんので、あらかじめご了承ください。また、電話でのご質問は受け付けておりませんので、ウェブの質問フォームにてお送りください。封書もしくはFAXでも受け付けております。
本書に掲載されている内容に関して、各種の変更などの開発・カスタマイズは必ずご自身で行ってください。弊社および著者は、開発・カスタマイズは代行いたしません。
ご質問の際に記載いただいた個人情報は、質問の返答以外の目的には使用いたしません。また、質問の返答後は速やかに削除させていただきます。

● 質問フォームのURL
　https://gihyo.jp/book/2024/
　978-4-297-14008-3
　※本書内容の訂正・補足についても上記URL
　　にて行います。あわせてご活用ください。

● FAXまたは書面の宛先
　〒162-0846
　東京都新宿区市谷左内町 21-13
　株式会社技術評論社　書籍編集部
　「RISC-Vで学ぶコンピュータアーキテクチャ
　完全入門」係
　FAX：03-3513-6183